陳宏銘・著

環境微生物及生物處理 第3版

Environmental Microbiology and Biological Treatment

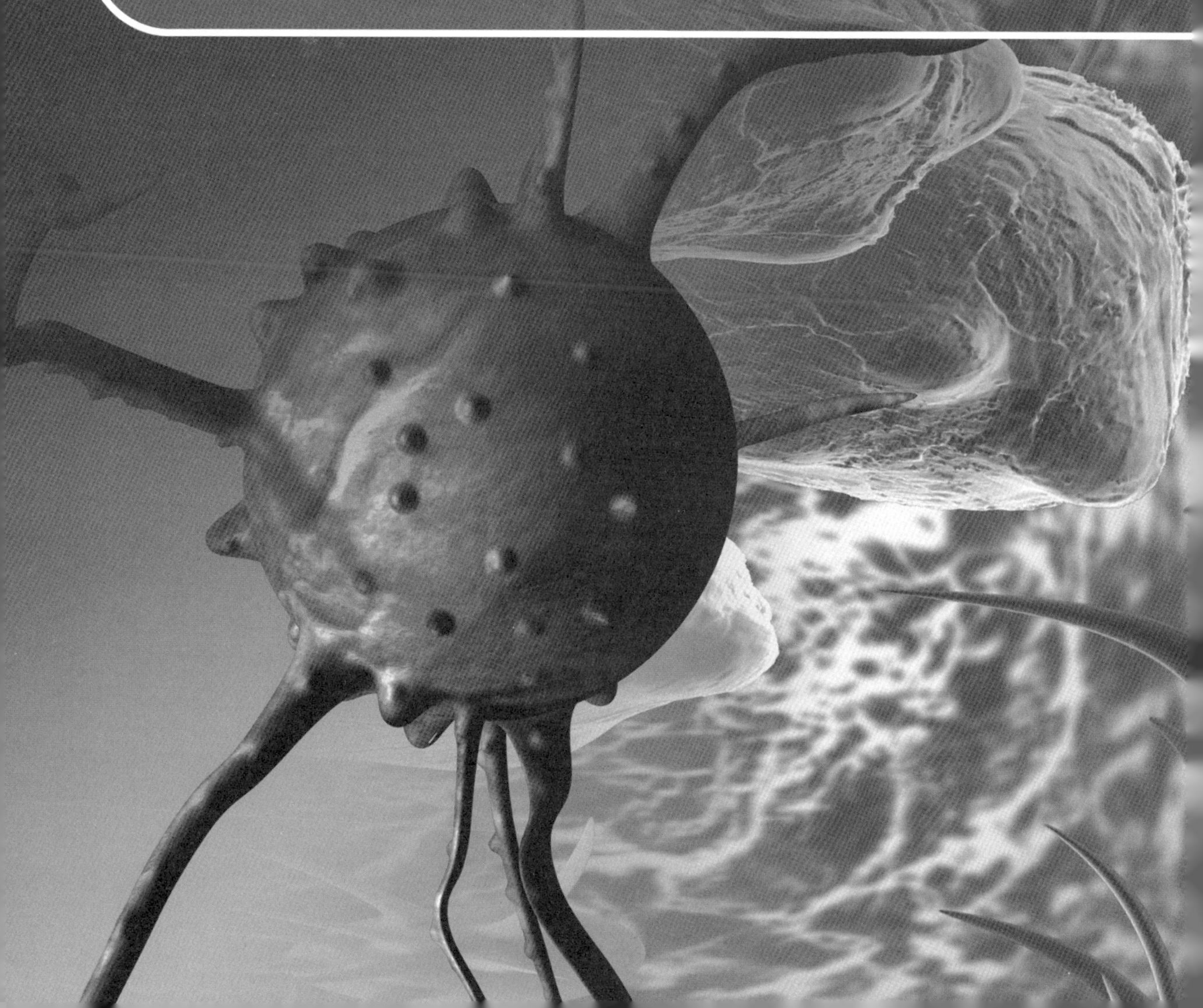

三版序

筆者自民國 83 年從事下水道工程建設迄今已逾 27 年，從當時的全國污水處理率僅約 3%，至 110 年 8 月底之逾 60% 亦令人欣慰，惟距離歐、美、日等先進國家尚有不足，亟待迎頭趕上。早期之建設著重於廠區施工，主、次幹管之布設，支管及用戶接管之申辦，大抵以硬體爲主，然而現今當臺灣已有 71 座都市污水處理廠（水資源回收中心）營運及運轉時，整體之操作及生物相、生物處理程序之理論、調整適應及最佳化之操作相對重要。

基於廠區操作維護及理念推廣之重要，從事下水道建設之人員必須對環境微生物之性質、生物處理之實務應有基本認識及仿效先進國家成就之企圖心，故筆者以多年經驗介紹環境微生物之知識，從水體污染、微生物之代謝及相關動力學之分析，佐以相當實務之污水處理廠之設計理念，導入生態工程、人工濕地、礫間曝氣等之操作資料，使從事下水道工程或環境工程之初學者以及有志於下水道百年大計之工程師，循序漸進瞭解建設及實務設計之邏輯。

本書之安排第一章至第五章介紹水體污染與微生物之基本知識，第六章則以化學動力學之概念說明生物處理之理論，第七章至第十章介紹生物處理之機制及理論及方法，至於最熱門之氮、磷處理及其他高級處理於十一及十二章加以詳述，十三及十四章則總結及輔以案例說明，並以附錄之形式補充相關歷屆高普考及技師考題，全書一氣呵成兼顧理論及實務。

由於本人於各大學環境工程及生物工程學系兼課教授，再加入下水道實際設計操作資料，兩者結合爲一，定書名爲《環境微生物及生物處理》，其內容由淺入深，相信對於本行業之從事者有所助益，對國家之下水道建設有一定程度之提升，同時近年來下水道更加重視維護、長壽命及 e 化之智慧化觀念，因此下水道 2.0 版之概念已逐漸形成且亟待推廣。另外本書對有志從事高、普考及技師考之學生及從業人員，可更明瞭理論及流程，對於成績之精進當助益頗多。

本書蒐集資料頗豐，感謝相關人員的協助，包括我就讀於環工系三年級的女兒昱晏全心的協助及幫忙，同時部分參考內政部營建下水道工程設計規範一併致謝，此值付梓之時爰請諸多前輩及同儕、後進等妥予指正，最後再次感謝各位讀者，撥冗讀完本序，均致以謝忱。謹將本書獻給所有支持我的人，祝福你們天天順利，一切安好。

陳宏銘
2021 年 8 月於
中原大學、臺北市政府工務局

目錄

第一章 總　論

1.1 微生物在環境及生態的角色

微生物依其字義爲形體微小，僅能在顯微鏡下才能辨識的生物，其普通存在水、空氣或土壤中，對於環境工程而言其主要扮演「分解者」（Decomposer）的角色，使能量流（Energy flow）及養分流（Nutrient flow）得以循環。同時環境工程界利用其分解污染物質之特質，應用於廢水之生物處理使高負荷之污染物降低其能階，高能物質被分解爲無機營養物回歸大自然，使生態系得以周而復始循環，成爲一穩定之系統。

因微生物對於環境有主要分解及對生態有平衡之角色，在重視環保的 20 世紀後半期及 21 世紀伊始，對於微生物在環境及生態之功能必須充分瞭解，才能妥善掌握造福人類及生態。

1.2 環境微生物與生物處理之關連性

有機性廢污水的處理，凡利用水的自淨作用過程之一部分，藉人工設施以提高處理效率的方法，稱爲生物處理法。生物處理顧名思義爲採用微生物之特性有效去除及降低污染負荷之程序，傳統上生物處理有懸浮性（Suspended growth biological treatment）以及生物膜法（Attached growth and combined biological treatment）等二大類（Mecalf & Eddy, Wastewater Engineering: Treatment and Reuse (Fourth edition)）。另依據生物之分解作用（Decomposition or Biodegradation）（李公哲，環境工程，1989）又可區分爲好氧及厭氧分解作用，因之不同之狀況有不同之反應機制。

活性污泥爲環境工程生物處理之主要核心內容，不同生物處理程序雖然有一定去除污染負荷能力，然而其反應機制中所存在之生物相及生物群並不盡相同，即便是同一種生物處理程序於 A 廠或於 B 廠其進入基質之不同，亦有不同之生物群聚。

「環境微生物」爲「生物處理」之核心，「生物處理」爲「環境微生物」之表徵，兩者互爲表裡。於實務學習上兩門學科通常分別獨立講授，缺少有系統之連結，爲利於有生物處理基礎再深入瞭解微生物，以及有微生物學基礎更有實務瞭解生物處理之程序，將兩者合而爲一，於實務操作上相得益彰。

1.3 生物處理之重要性

環境工程之單元操作主要有物理性、化學性及生物性等三大類，其中生物性意即生物處理爲貼近自然及符合生態原則之處理方式，對於物質流及能源流之循環貢獻顯著。爲使永續發展之精神持續，生物處理儼然成爲環境工程單元操作之主流。

1.3.1 生物處理之種類

自 1914 年開發及應用活性污泥法污水處理技術迄今已逾 100 年，一直是污水處理的主流。隨著時代的演變對於處理對象物質及水污染問題的變化，其處理程序也一直在改變及進步中，其中 1930 年代後爲提高能源利用效率而發展出遞減曝氣法及階梯式等活性污泥法，接著爲了要超量處理污水，進而發展出高率法等。另於 1960 年代因要處理小規模之污水發展長時間曝氣、氧化渠法及接觸穩定法等，至 1970 年代爲使既有處理設施空間中提高處理容量，又續發展出深層、超深層曝氣法，純氧曝氣法等，以及去除優養物質氮、磷爲目的的厭氧好氧活性污泥法，分批式活性污泥法及氧化渠法。

以往既有之放流水標準，以去除 BOD 爲對象多採用傳統活性污泥法，惟自民國 82 年及 87 年之放流水標準皆訂有氮鹽、磷酸鹽之水質標準後，污水處理採用活性污泥法者，必須考慮到能併同去除氮、磷的處理程序，同時選用提升有效用地面積之方法爲一主流重點。生物處理包括有活性污泥法、生物膜法以及安定池法等好氧性，另亦有厭氧性的消化處理等。然近年則開發出有去除營養鹽類及回收蛋白資源爲目的的特殊生物處理法，詳如表 1.3-1。（參考經濟部工業局工業污染防治技術「活性污泥法新技術」手冊，1991；以及下水道工程學，歐陽嶠暉，2011）。

生物處理法之淨化，與細菌、菌類、原生動物、微小後生動物等各種微生物有關，生活污泥爲由數十種以上的混合體所組成，活性污泥法爲各種生物處理法中最具效率的處理方法，由於可獲致良好的處理水質，故爲世界各國主要採用的處理方法。

表 1.3-1　生物處理之種類

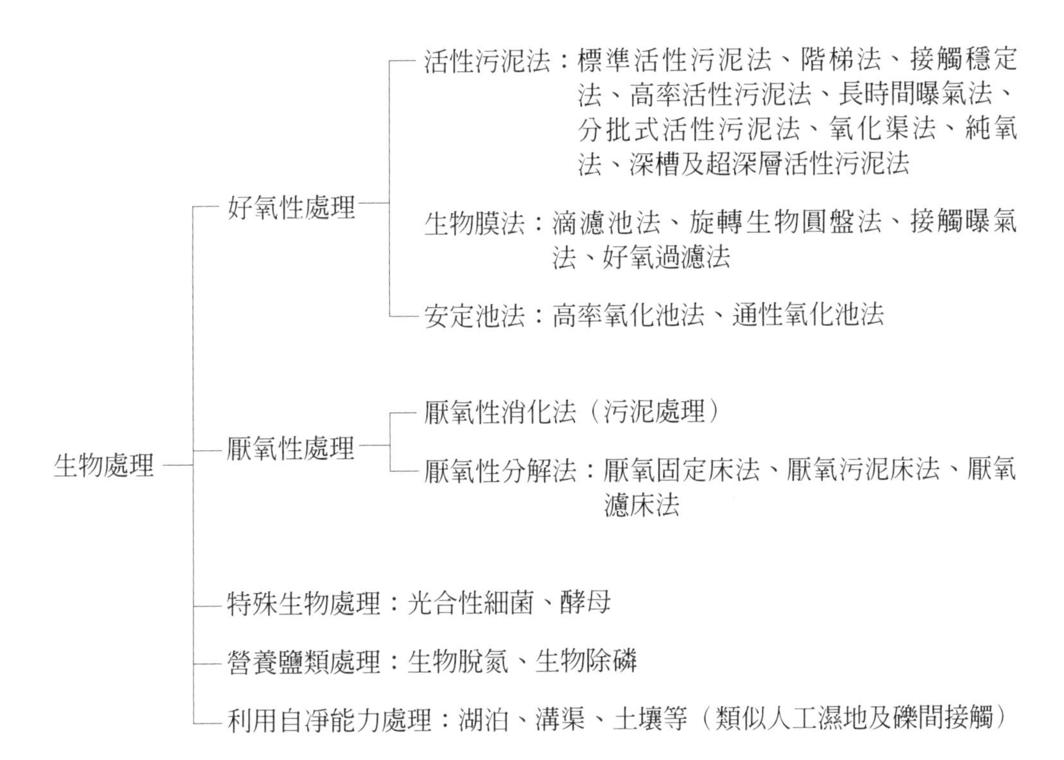

1.3.2 生物處理活性污泥法開發及經過

生物處理之活性污泥法為 1914 年由英國之 Arden 及 Lockett 所開發的方法，對於都市人口增加之水污染防治具有極大的貢獻，雖經一再的修正改良，其形態並無太大的改變，近年來由於土地利用的高度化，人口集中及環境惡化造成水污染問題嚴重，原來的方法達到需進一步提升的瓶頸。因此活性污泥的發展提升在於環境微生物技術的改良，表 1.3-2 反應出生物處理微生物濃度之變遷。表中自然產生型的生物膜法有如表 1.3-1 之實用化旋轉生物圓盤法、接觸曝氣法，惟單位面積之微生物量有限，且單位容積處理效率低。因此相對微生物的人工固定化活性污泥法，其固定之擔體的比重及形態，如何維持高濃度及提高處理效率一直持續研究中。同時在其後之研究，朝向提升容積處理效率、省能源及優養化對策方向發展。

表 1.3-2 生物處理法反應槽內微生物之高濃度化之變遷

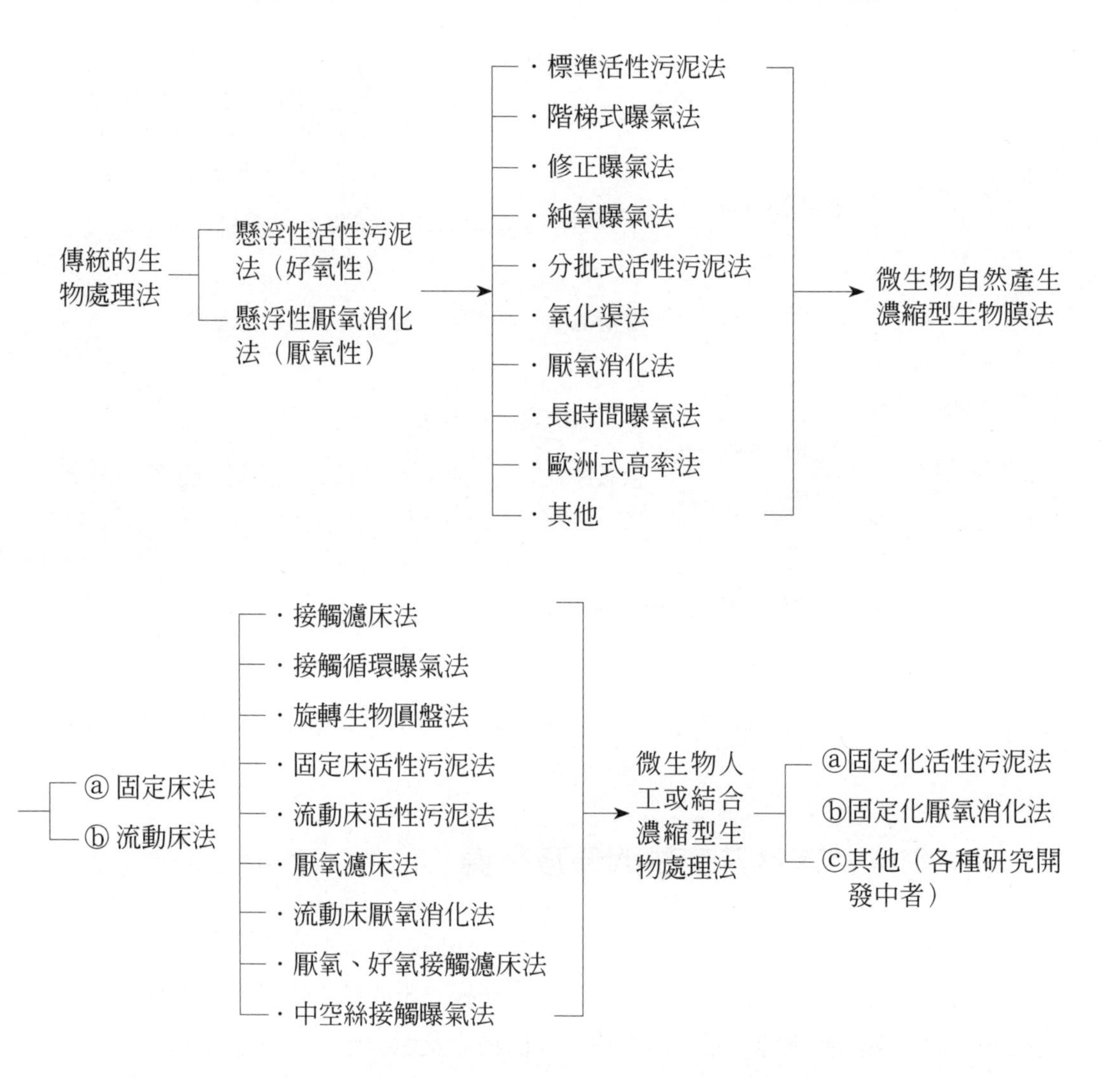

承上，根據文獻，有關活性污泥法之修正最初推出的是 Mohlman（1930 年）對消耗氧量所進行之研究，其命名爲 Tapered aeration（遞減曝氣法）以及階梯曝氣法。由於遞減曝氣法爲於消耗氧量較少的曝氣槽後半部減少曝氣量故可節省能源，至於階梯法爲配合送風量，將流入水分段注入於曝氣槽後半段仍維持一定污染負荷量。前述方式皆爲節能減碳目的而開發，尤以階梯曝氣法對容積改善及效率提升爲甚。

於二戰末期，由於美國人口及污水量仍持續增加，各既有污水處理廠爲減少負荷而發展修正曝氣法；而歐洲卻發展出大量提升 MLSS 之高率法。接著由於人口向鄉下地方發展，於是發展出少污泥且易於操作管理之氧化渠法。由於 1960 年代工業的發展，水污染嚴重，於封閉區域水域中優養化，一些先進國家開始了去氮、除磷之研究，因此產生了許多相關之設計規範，表 1.3-3 顯示生物除氮之硝化脫氮之研究。

表 1.3-3 生物除氮之硝化脫氮之相關研究

年代	研究者	內容
1877	Schloesing & Müntz	發現微生物的作用，可使水中的氨氮硝化
1890	Winogradsky	將硝化菌純粹分離
1891	Warington	確認硝化爲兩階段之反應
1937	Lanz	發現滴濾池下部氮濃度減少的現象
1953~1964	Wuhrmann	追蹤調查 Lanz 的發現，而開發出細胞內物質供脫氮反應利用之 Wuhrmann system
1959~1961	Bringmann	開發出以都市污水中之有機物供脫氮反應利用之 Bringmann system
1961	Ludzack	開發出迴流曝氣槽混合液之 Semi-Aerobic activated sludge 法
1972	Barnard	發展 Semi-Aerobic activated sludge system 法爲 Barnard 法
1979	Galdierri	發展 AO 法，使磷與氮可同時去除之 A_2O 法
1995	Mulder	發展出厭氧氨氧化（Anaerobic ammonia oxidation）
1998	Jetten	發明 Sharon 法（Single-reactor high-activity ammonia removal over nitrate）
2000	Stensel and coleman	提出 Bio-denitro and NitroX™
1998	Kuai and Verstraete	Oxygen Limited Aerobic Nitrification-Denitrifacation (OLAND)，此法皆類似 Annomox
1998	Strous et al.	發表 Anammox 程序最適合的反應槽爲 SBR
2001	Third et al.	發展出 CANON (Completely Autrophic Nitrogen Removal Over Nitrite)
2009	Chen et al.	部分硝化、厭氧氨氧化與脫硝同步法 Simultaneous partial nitrification anammox and denitrification (SNAD)
2003	Metcalf and Eddy	利用外掛式 Trikling filter 達到硝化作用
2010	Lin	將 SNAD 法在臺灣發展並確定此法
2012	Davery et al.	利用 PCR 法分離出 Annamox 菌種

至於除磷之效果於 1960 年代亦有相關之研究，較著名爲 Shapiro 及 Levin（1965

年）所提出過量攝取磷之研究，其餘相關之研究詳如表 1.3-4。

表 1.3-4 相關生物除磷之研究過程

年代	研究者	內容
1955	Greenburg & Levin	除活性污泥法細胞合成所需之磷以外，也有去除更多量之可能的報告
1959	Srinath	藉過量的曝氣，可產生高濃度磷去除之報告
1965	Shapiro & Levin	提出過分攝取磷的見解
1967	Shapiro & Levin	活性污泥在厭氧狀態可放出磷，而在好氧性狀態下，卻又可超量攝取磷之發現
1967	Vacker	在美國進行下水處理廠的實態調查，當達到磷之去除效果時，於曝氣槽之流入部會有磷放出的現象，此乃與厭氧狀態有關
1972	Levin	除磷法確立
1974	Barnard	氮及磷具有同時去除的功能，而修正出 Barnard 法
1977	Galdierri	從膨化抑制之研究，獲致具有去除磷效果的厭氧好氧法（A_2O）
1979	Marais et al.	A_2O 程序
1980	Marais et al.	發展 UCT 法
1988	Baigger et al.	發展 VIP 法，類似 A_2O/UCT 但迴流方式不同
1984	Randall	發展 MUCT 法，類似 UCT，在厭氧和缺氧中間增加一組設備
1991	Water Quality Management Library	確立 Westbank process 於除磷上之可行
1992	ASCE & WEF	PHOSTRIP-II，包括生物及化學處理單元
1992	Bundgard	相分離式氧化渠法
1996	Su and Ougang	TNCU 程序，併同活性污泥與生物膜之處理程序，此程序爲國立中央大學所研發完成
2005	Mcgrath	確立在 VFAs（Volatile Fatty Acid）的使用條件，COD/TP>45, BOD/TP>20
2005	Mcgrath	發現在 Step-feed system 中，對於 EBPR 的成功
2006	Crawford	在美國多廠污水處理進行實驗 MBR 除磷實驗，最終出流水 TP 濃度約可減至 1 mg/L 以下
2007	Scott and Laurence	使用 Tertiary clarifier upstream filter 方法可達到在出流水較低的固體物濃度和總磷的濃度

年代	研究者	內容
2008	戴家川	利用整合除磷技術於高科技廠實廠應用
2009	Dc Water	Blue plains process 除磷可達 58% 之效果

由於去氮、除磷之好氧及厭氧機制有所衝突，故於1977年開發及命名為AO法，後經改良為 A_2O 法（厭氧、缺氧、好氧）。

綜上，活性污泥法因應時代潮流而產生了不同的修正方式，1960 年代以後為防止水體優養化，而有去氮、除磷之處理模式。為提升處理之容積效率仍持續進行，尤其是固定化活性污泥法，必須有所突破，亦是未來進行之方向。對於去氮除磷之新技術於本書第十一章氮、磷之生物循環及去除有相當篇幅加以敘述，至於第十二章其他去除微生物之高級處理方式亦詳述新形態之處理方式，至於配合自然之生態工法之現地處理、人工濕地、礫間處理亦於本書有所著墨，並配合案例分析，環境微生物之主要物種加以驗證比較。

參考文獻

1. Bae et al., "Performance Evaluation of a Pilot-Scale Anaerobic Fluidized Membrane BioReactor for Domestic Wastewater Treatment." Inha WCU.
2. Jih-Gaw Lin, "Development of Cutting Edge Biological Nitrogen Removal Process: Anaerobic Ammonium Oxidation in Taiwan." proceeding in 13 Jan 2014 in NTU.
3. Mecalf & Eddy, Wastewater Engineering: Treatment and Reuse (Fourth edition).
4. 歐陽嶠暉，下水道工程學（水環境再生工程學），2011 年版。
5. 李公哲譯，環境工程，1989。
6. 經濟部工業局工業污染防治技術「活性污泥法新技術」手冊，1991。
7. 歐陽嶠暉，下水道學，2016 年版。

第二章 微生物之分類

2.1 組成及主要分類

微生物之特徵爲必須由顯微鏡才能加以分別的生物，其組成及分類以及任務的對象凡以環境問題爲依歸，此即爲環境微生物學（Environmental microbiology）。

對於生物系統之分類有三界說：動物界、植物界及原生生物界（Ernst Haeckel,1866）；另由於電子顯微鏡之問世及生化技術的發展，1969 年維亞克（Whiattker）則以細胞構造、生化特性以及營養方式特提出了五界說：原核生物界、原生生物界、動物界、植物界及眞菌界等；接著由於核醣核酸（rRNA）序列之研發及發展，分類學家將生物分爲 3 個區塊：細菌領域（Bacteria）、古細菌領域（Archaea）以及眞核生物領域（Eukarya），依此根據 Madigan 等（2000）之 Phylogenetic 生命樹，標示各生物於生命樹之位階（詳見圖 2.1-1）。

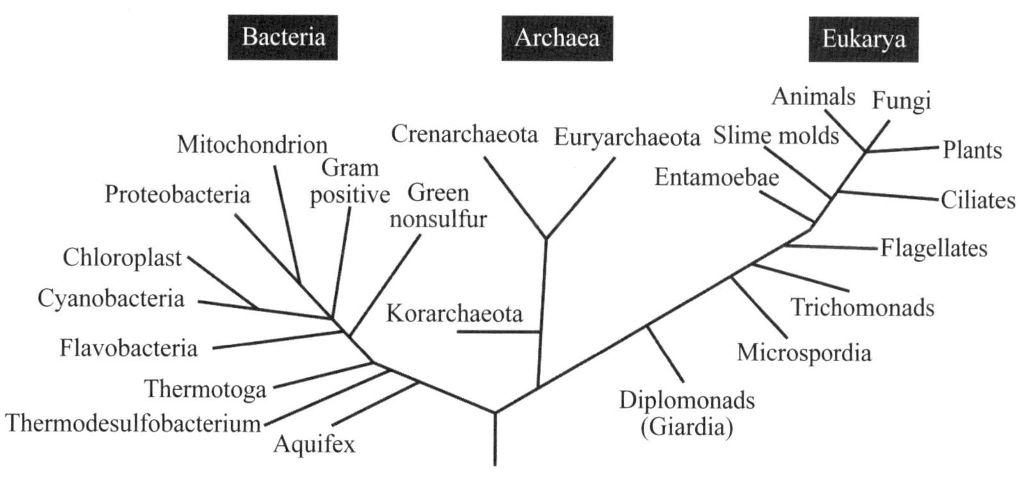

圖 2.1-1　Phylogenetic 生命樹

資料來源：摘自 Madigan 等，2000

因此由圖可看出 Bacteria 含有藍綠藻及細菌，Archaea 則有 Crenarchaeota、Euryarchaeota 等，Eukarya 最廣泛計有原生生物、眞菌、植物及動物等；基於此本書於介紹微生物時，原則上依此加以介紹並加上濾過性病毒予以完妥。

至於電子顯微鏡之高度進展，發現到所有微生物可以根據有無細胞核膜之特性分類爲原核生物（Procaryote）、眞核生物（Eukaryote）以及病毒等，今依眞、原核細胞之不同點加以說明其差異性，詳如表 2.1-1 所述。

表 2.1-1　原核生物與真核生物之比較

項目	原核生物（Procaryote）	眞核生物（Eukaryote）
細項物種	細菌、藍綠藻（藍細菌）	眞菌、動物性原生生物（原生動物）（Protozoa）、植物性原生生物（藻類）
細胞核之內容	無核膜、核仁、單一染色體	有核膜、核仁、複數染色體
核醣體（大小）	70-S（20 nm）	80-S（25 nm）
鞭毛	單纖維鞭毛	無數纖維鞭毛
細胞分裂	二分法（無絲分裂）	有絲分裂

2.2 原核生物

2.2.1 細菌

細菌之形體極小，一般皆在數 μm 左右，由於缺乏一定的形態因此單靠形態進行分類很困難，其基本形態有三種：球形（球菌，Cocci），桿狀（桿菌，Bacilli）以及螺旋狀（Spirilla）（詳如圖 2.2-1）。另依據革蘭氏染色之結果可分爲革蘭氏陽性菌（G^+）及革蘭氏陰性菌（G^-）等二大類。

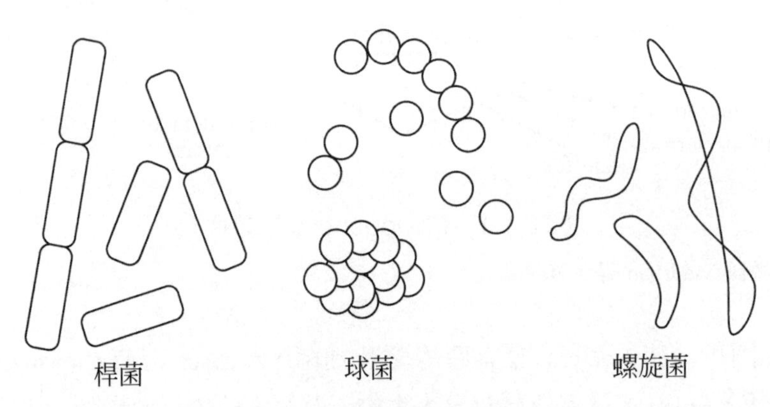

圖 2.2-1　細菌之形態

資料來源：取自 Edmonda, 1978

細菌可分解有機物，並常作爲環境污染之指標（如大腸桿菌 E.Coli）及爲分解者之角色，同時有些細菌會引起人類或其他物種之病症必須加以防範；生物處理過程其具備之分解能力於環境污染工作亦形重要，有些種類的細菌可產生孢子或具有鞭毛爲其重要的特徵。

2.2.2 藍綠藻（藍細菌）（Cyanobater）

藍綠藻又稱爲藍細菌（如圖 2.2-2），爲另一種原核生物，能行光合作用故爲生產者，僅含葉綠素（葉綠素 a）產生 O_2，所以稱藍綠藻乃因其藍綠色，由葉綠素 a 與藍綠蛋白所致。藍綠藻之大小比細菌大，雖可運動但無鞭毛，以單細胞、群聚細胞或絲狀存在，主要之生殖方式以二分法爲主。

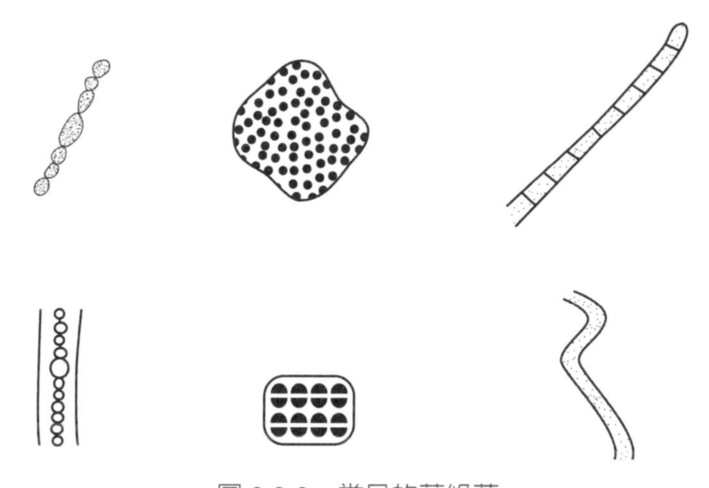

圖 2.2-2　常見的藍綠藻

資料來源：採自 Benson, 1973

有些藍綠藻能固定氮，有利於氮之循環，由於藍綠藻之原始性故其無所不在，能抵抗原始般之惡劣環境（高溫、乾燥等），於水環境中當 N、P 大增時其將迅速繁殖，爲造成水體優養化之主因。

2.3 眞核生物

2.3.1 真菌

眞菌屬於低等植物，爲異營性眞核生物，具有堅硬之細胞壁，惟在形態學和繁殖方式與高等植物有著很大的區別（如圖 2.3-1）。眞菌包括有黴菌、蘑菇和所有的酵母菌，比細菌大，約≧ 5 μm，有菌絲及菌絲體，故主要以伸展菌絲方式攝取養分，可為單細胞或多細胞，由於缺乏葉綠體，不可行光合作用，腐生、寄生以及共生為其生活方式，一般扮演分解者的角色。

眞菌是由孢子發芽開始逐漸伸展菌絲成絲狀，除了酵母菌和蘑菇外，凡是呈絲狀為眞菌之總稱，一般分為以下數類：

1. 藻菌綱（Phycomycetes）

又稱為水黴菌，出現於水環境中動植物體之表面，其菌絲沒有隔膜。

2. 子囊菌綱（Ascomycetes）

大多數的酵母歸類於本綱，其特性為有性孢子著生於孢子囊內。

3. 半知菌綱（Deuteromycetes）

無有性孢子，一般依靠無性孢子來繁殖。

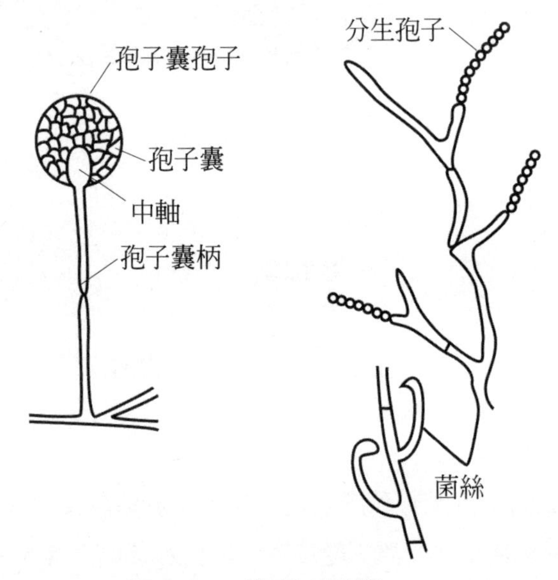

圖 2.3-1 真菌之形態

2.3.2 動物性原生生物（原生動物）（Protozoa）

動物性原生生物是一群單細胞眞核生物，大小約為 2~20 μm，不含葉綠素故無法進行光合作用，一般採分裂生殖，亦可稱為原蟲（如圖 2.3-2），結構最簡單最原始，具有細胞膜缺乏細胞壁，有獨立生活的生命特徵及生理功能，以微生物為食物，尤以細菌維生，能攝入顆粒性食物，可藉纖毛或鞭毛或靠僞足變形蟲運動，對環境工程師而言因其生態及生物相特性，故可作爲水質污染指標。一般可分爲四大類綱：

1. 鞭毛蟲綱（Mestigophora）

乃依靠 1 至數根鞭毛運動。

2. 肉足蟲綱（Sarcodina）

依靠僞足運動，如阿米巴變形蟲。

3. 纖毛蟲綱（Ciliphora）

爲藉助纖毛運動，且具有大核和小核，最爲熟知爲草履蟲（Paramecium）。

4. 孢子蟲綱（Sporazoa）

孢子蟲不能運動，但能形成孢子而寄生之生物，最熟知爲引起瘧疾之間日瘧原蟲。

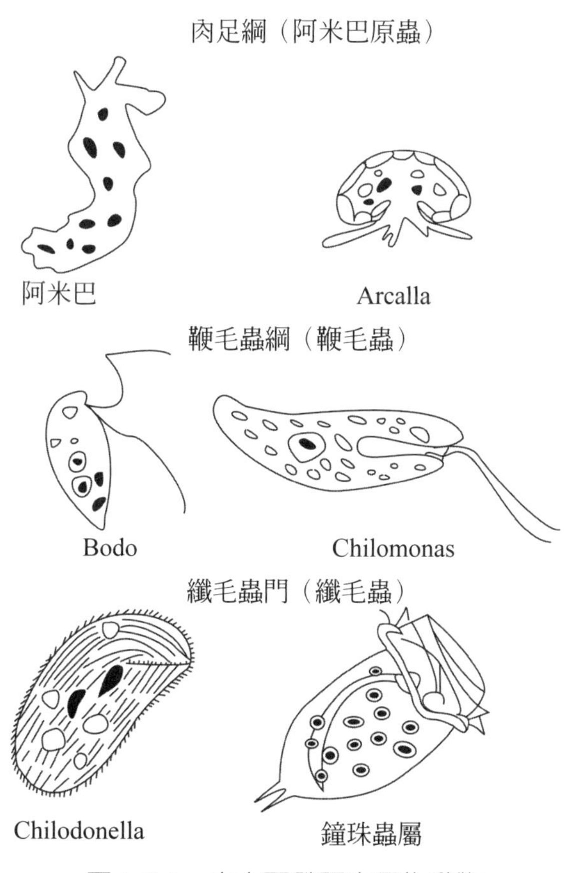

圖 2.3-2　水中可發現之原生動物

2.3.3 植物性原生生物（藻類）

藻類屬於水生生物為真核細胞，含有葉綠素等可以行光合作用，單多細胞等皆有大小不一（如圖 2.3-3），有些只能在顯微鏡下看到，有些卻可達 150 cm 如昆布等。藻類是所有水生動物食物鏈的基礎，也是重要的生產者，水中有機物生產的絕大多數是依靠微小藻類即浮游生物（Phytoplankton）。

藻類之分類主要根據葉綠素的類別，細胞壁之構造而分為若干門，細胞之大小一般為 5~50 μm；而最常見有藻類門（Cyanophyta）、綠藻門（Chlorophyta）、褐藻門（Bacillariophyta）、金藻門（Chrysophyta）以及門藻門（Dinophyta）等。有些藻類如紅藻可以加工萃取成為食品或實驗室中之洋菜（Agar），由於藻類分布很廣，故於生態系與人類之生活息息相關。

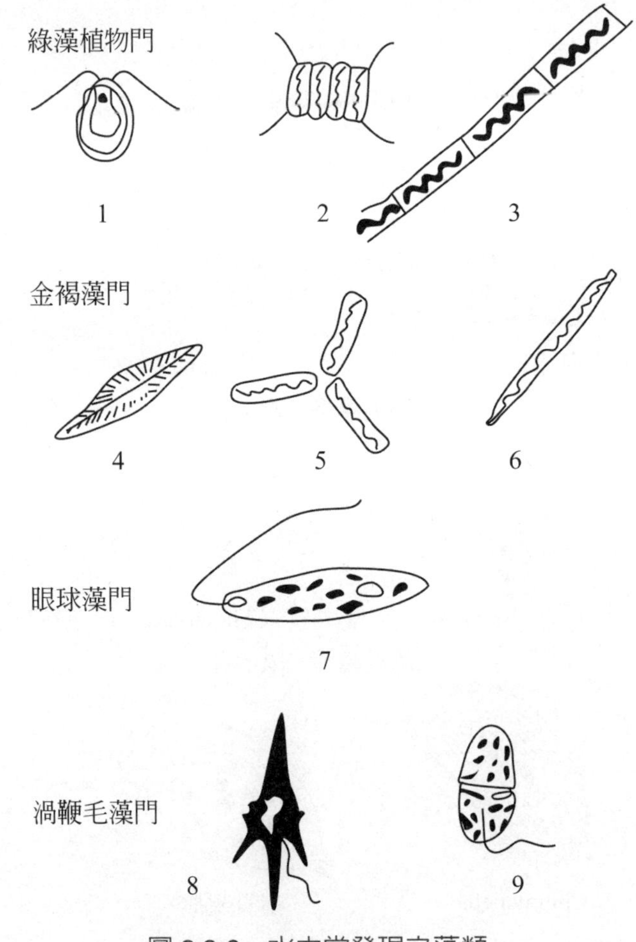

圖 2.3-3　水中常發現之藻類

資料來源：採自 Benson, 1973

2.4 其他

2.4.1 病毒（Viruses）

一般的觀念認為病毒為介於生物與非生物間的中間體，不是原核也不是眞核，不具備分解或合成代謝的功能，因缺乏代謝所需之細胞成分及生殖能力，通常只含有 DNA 或 RNA 兩者之一（核酸分子）以及保護這種核酸的蛋白質所構成，其行絕對寄生的生活方式，故必須進入活的寄主進行增生及繁殖。其形體小（0.01~0.03 μm）必須以電子顯微鏡才能觀察的到，一般常見寄生在微生物體內並能產生溶菌現象之病毒稱為嗜菌體（Phage）。

2.4.2 微生後生動物

微生（型）後生動物有許多種類是屬於袋行動物、環節動物以及節肢動物，其為較高等及大型之原生動物，體長一般可達 100~150 μm 左右可作為河川污染之指標，例如有輪蟲（Rotifer）以及甲殼類（Crutaceans）之水蚤及劍水蚤（Cyclops）等。

參考文獻

1. Bae et al., "Performance Evaluation of a Pilot-Scale Anaerobic Fluidized Membrane BioReactor for Domestic Wastewater Treatment." Inha WCU.
2. Jih-Gaw Lin, "Development of Cutting Edge Biological Nitrogen Removal Process: Anaerobic Ammonium Oxidation in Taiwan." proceeding in 13 Jan 2014 in NTU.
3. Mecalf & Eddy, Wastewater Engineering: Treatment and Reuse (Fourth edition).
4. 歐陽嶠暉，下水道工程學（水環境再生工程學），2011 年版。
5. 中華民國環境工程學會，環境微生物，1999。
6. Gabriel Bitton，廢水微生物學，2000。
7. 石濤，環境微生物，1999。
8. Mahlon Hoagland & Bert DodsonMahlon，觀念微生物學，2002。
9. 方鴻源等，環境微生物學，2007。
10. 歐陽嶠暉，下水道學，2016 年版。

第三章　水體與微生物

3.1 水環境之污染

水污染之定義是指將物質、生物或能量注入後，改變其物理、化學或生物的特性，故影響水的正常用途或危害人民健康及其生活環境。水污染之來源包括有天然的污染源以及人為的污染源二大類。天然的污染源通常指市鎮暴雨逕流所造成之污染等；人為的污染源則有來自家戶生活污水、工業廢污水、畜牧廢水、農業污染、礦場廢水及相關垃圾滲出水等。

水污染造成海洋、河川、水庫、湖泊和地下水等諸多水源的污染。目前行政院環境保護署特於民國 100 年辦理全國重點河川水污染整治計畫擬定「加速河川整治，推動節約用水」之政策，針對國內包括淡水河、南崁溪、老街溪、濁水溪、新虎尾溪、急水溪、鹽水溪、二仁溪、愛河等中度及嚴重污染長度合計 50% 以上的河川列為優先整治對象，八年內使其不缺氧、不發臭及水岸活化之願景。

水污染後最被關切的是主要會影響飲用水水源的水質，故可能無法供應日常生活的乾淨自來水。例如 19 世紀中葉於歐洲發生霍亂、傷寒病大流行，即因水源被污染而造成傳染所致。同時水體若遭受污染後往往會影響水中生物的生存，魚類或其他水生物也都需要有適當的溶氧才能生存，嚴重污染或季節交換影響溶氧會造成水中生物的大量死亡。至於農業用水的污染，可能造成的損害為農作物的枯萎或減產，土質變劣而導致農地廢耕等，例如桃園觀音鄉於民國 6、70 年左右所造成鎘米事件。

目前面對臺灣地區的水污染環境問題，需立即積極規劃與管制，有以下數點：

1. 加速污水下水道興建、提升用戶接管及家庭污水的處理設施

截至 110 年 4 月臺北市門牌接管普及率約僅 80.30%，臺灣地區用戶接管普及率也剛突破 35% 接近 40%，比起開發國家大都會區 90% 以上的接管率落後甚多，其他地區更是缺乏，因此應對污水下水道建設積極投入，辦好各期之建設。

2. 農畜牧廢水的管制

養豬廢水為國內主要污染源之一，應禁止養豬戶設立於水源處，養豬戶必須有廢污水處理的設備，近年來行政院環保署之離牧政策已見成效。

3. 水源水質保護區居民的管理

水源水質保護區可能由於工廠的廢水、農民的施肥等，大量地排入湖泊、水庫

中，使得水體中之氮、磷等營養過高，導致藻類大量繁衍，此即所謂的優養化作用。根據近年來對湖泊及水庫水質調查資料顯示，臺灣水庫已普遍地受到污染，尤其以優養化的問題較爲嚴重，經濟部水利署已設立專責機關嚴加控管。

4. 加強廢水、廢棄物及農藥的管理

由於工業及家庭廢水的排放以及垃圾廢棄物的堆放不當地掩埋；更甚者農藥及肥料直接或間接地滲入地下水等，都會影響到地下水質造成水質的污染，故行政院環保署於組織再造中，預計將環境毒物及農業用藥之專責機構設立。

5. 加強控管污染源稽查管制

加強工業區水污染管制，廢液及污泥管制，提升地方政府執行管制能力，加強推動排放許可制度更形重要，近年來由於新興污染物質及環境荷爾蒙之管理已儼然蔚爲風潮。

3.1.1 水污染之基本概念

1. 水體的概念

水體一般指的是以相對穩定的陸地爲邊界的天然水域，包括有溝渠、江河和相對靜止的塘堰、水庫、湖泊、沼澤，以及受潮汐影響的三角洲與海洋等。水體可依形態及區域的不同而加以分類。

(1) 依形態的概念可劃分爲：陸地水體及海洋水體兩大類。其中陸地水體：包括地表水體諸如河流、湖泊、沼澤及地下水體等；至於海洋水體：包括海和洋。
(2) 按區域的概念可劃分爲：是指某一具體的被水覆蓋的地段，如日月潭，雖於陸地地表水體中的湖泊惟可分三個區域內的水體。

2. 水體污染

水體污染是指當污染物包括熱進入前述水體後，其污染含量超過了水體的自然承受淨化能力，使水體的水質和水體底部的物理、化學性質或生物群落組成發生變化，進而降低了水體的使用價值及使用功能的現象稱之。

水體污染源泛指的是向水體排放污染物的場所、設備和裝置等。同時水體污染起初主要是天然因素所造成的，例如地面水滲漏和地下水流動將地層中礦物質溶解，使水中的鹽分、微量元素或放射性物質濃度偏高造成水質惡化。惟現今工商業及科技高度發展，以及人口大量集中於城市，故整體而言水體污染主要是人類的生產和生活活動造成的。

3. 水體污染物質的來源

由於人類活動造成水體污染的來源主要有三方面：工業廢水、生活污水、農業廢水，以下分述：

(1) 工業廢水

各種工業生產在製造過程中所排出的廢水，一般包括製程用水、機器設備冷卻水、排煙氣洗滌水、設備和場地清洗水及最終生產廢液等。至於廢水中所含的物質包括廢液、殘留物質以及部分原料、半成品、副產品等，故成分複雜變化亦大。

另由於因同一種工業類型可同時排出數種不同性質的污水，且一種污水又可有不同的物質和不同的污染效應。故又可將工業廢水按成分分爲二大類：①無機物的廢水：包括冶金、建材、化工無機酸鹼生產的廢水等；②有機物的廢水：包括食品工業、石油化工、煉油、焦化、煤氣、農藥、塑料、染料等工廠排水。

(2) 生活污水

隨著人口於都會區集中，都市生活污水的排放量劇增，已成爲水體污染的另一項重要污染源。

生活污水是指人們日常生活中產生的各種生活雜排水。包括廚房、洗衣機、浴室等排出的雜排水以及廁所排出的含糞便污水等。其來源除家庭生活污水外，還有各種集體單位和公用事業等排出的污水。所謂都市生活污水是指排入城市污水管網的各種污水的總合，另於污水下水道興建時一般皆將每人每日排放量生化需氧量爲 34~43 g/（人・d）（內政部營建署，下水道設計指南，民國 93 年 2 月）列爲重要設計依據。

(3) 農業廢水

農業生產用水量大，並且是非重複用水（約占水利署整體規劃用水之 60~70%）。農作物栽培耕種、牲畜飼養、養殖漁業排出的污水和液態廢物稱爲農業廢水。

於農業生產方面，由於噴灑農藥及施用化肥，雖一般只有少量（10~20%）附著或施用於農作物上，其餘絕大部分（80~90%）殘留在土壤和飄浮在大氣中，透過降雨、沉降和逕流的沖刷而進入地表水或地下水，造成污染，亦爲一不易處理之污染途徑。

3.1.2 水體污染的主要污染物

影響水體污染的主要污染物依特性一般可分爲物理、化學、生物等三個面相加以分析。

物理方面：指的是顏色、濁度、溫度、懸浮固體和放射性等。

(1) 顏色

純淨的水爲無色透明。而天然水經常呈現一定的顏色，它主要來自於植物的根、莖、葉、腐植質以及可溶性之無機礦物質以及泥砂等。當工業廢水排入水體後，可使水色變得極爲複雜，不同顏色有不同污染物。

(2) 濁度（N.T.U.）

主要由膠體或細微的懸浮物所引起，由於沉積速度慢故很難沉澱。

(3) 溫度

自然地表水的溫度一年中隨季節變化一般在 0~35℃之間，至於地下水溫度比較穩定。當工業廢水引起自然水體溫度上升，嚴重者如溫泉廢水可形成熱污染。

(4) 懸浮固體物（S.S.）

由於廢水排入水體的膠體或細小的懸浮固體的存在，限制水生生物的正常運動、光合作用及水質透明度，減緩水底活性，導致水體底部缺氧，造成厭氧狀態。

化學方面：排入水體的化學物質，可分爲無機無毒物質、無機有毒物質以及耗氧有機物質等。

(1) 無機無毒物質

一般指排入水體中的酸、鹼無機鹽類，這些鹽類可使淡水資源之礦化度提高，影響各種用水水質用途。家庭污水和某些工業廢水中，經常含有一定量的 N 和 P 等植物營養物質，施用氮肥、磷肥的農田水中，也含有無機氮和無機磷的鹽類，這些物質通常可引起水體的優養化，使水質惡化。

(2) 無機有毒物質

重金屬：重金屬污染物排入水體環境中不易消失，可通過食物鏈聚集進入人體，可再經長時間積累促進慢性疾病的發作。目前已經證實，約有 20 多種金屬可致癌，如鈹、鉻、鈷、鎘及砷、鈦、鐵、鎳、鈧、錳、鋯、鉛、鈀等都有致癌性。

氰化物（CN^-）：氰化物是指含有氰基（CN^-）的化合物，它是劇毒物質，水體中氰化物主要來源於電鍍廢水、焦爐和高爐的煤氣洗滌水。在酸性溶液中氰化物可生成 HCN 而揮發溢散。各種氰化物分解出 CN^- 及 HCN 的難易程度是不相同的，故其毒性也不相同。由於氰化物危害極大，可在數秒之內出現中毒症狀。當含氰廢水排入水體後，會立即引起水生動物急性中毒甚至死亡。

氟化物：其來源爲當電鍍產生加工含氟廢水以及含氟廢氣之洗滌水排入水體而造成水污染。氟化物對許多生物具有明顯毒性。水體含氟量低時對人體有益可避免齲齒，飲用水濃度若超過 1 mg / L 時則出現氟斑牙，更高時亦危害骨骼及腎臟等。

(3) 耗氧有機物質

生活污水、食品加工和造紙等工業廢水中，含有大量的有機物，如碳水化合物、蛋白質、油脂、木質素、纖維素等。此有機物的共同特點爲直接進入水體後，經過微生化作用分解爲簡單物質二氧化碳和水，於分解過程中需要消耗水中的溶解氧，如此缺氧條件下即發生腐敗分解、惡化水質，故稱這些有機物爲耗氧有機物質。於實際執行中一般採用許多指標來表示水中耗氧有機物的含量：例如生物化學耗氧量（Biochemical Oxygen Demand，簡稱 BOD）、化學需氧量（Chemical Oxygen Demand，簡稱 COD）、總有機碳量（Total Oxygen Carbon，簡稱 TOC）、總需氧量（Total Oxygen Demand，簡稱 TOD）等。至於生物面相將於下面章節詳述。

3.2 與水質淨化有關之生物相

1. 主要微生物相

依總論所言於好氧生物處理系統中的微生物主要是原、眞核生物及其他藻類、微生後生動物。在廢水生物處理過程中，去除含碳有機物其主要作用的是好氧菌，數量最多的也是好氧菌。眞菌爲多細胞異營微生物，一般喜歡酸性環境（最佳 pH 約 5.6）。單細胞原生生物如原生動物和多細胞後生動物如微生後生動物輪蟲在廢水處理過程中也起了主要的作用。前述微生物以膠體有機顆粒和分散的細菌爲食物，可降低生物處理系統放流水的濁度。基本上原生動物和後生微生動物的種類多少、生長情況和數量可被用來評估生物系統是否正常。當原生動物種類多、生長好、數量多並出現微生後生動物時，咸認爲廢水處理系統處理情況良好及正常運行的現象。

2. 影響好氧生物處理的因子

影響好氧生物處理的因子主要有溫度、pH 値、需氧量、營養物質、毒性物質。

(1) 溫度

細菌依據生長的最適宜溫度範圍，可分爲嗜冷、嗜溫和嗜熱三大類。嗜冷菌的最佳生長溫度爲 4~10℃，嗜溫菌爲 20~40℃，嗜熱菌爲 50~55℃，廢水好氧生物處理一般於 15~35℃內運行，故溫度低於 10℃或高於 40℃，去除 BOD 的效率將大大降低。同時溫度於 20~30℃效果最佳，一般在 5~35℃內，溫度每增加 10~15℃，微生物活動能力可增加一倍。

(2) pH 值

基本上廢水氫離子濃度對微生物的生長有直接關連性。理論上好氧生物處理系統在中性環境中操作最好，一般介於 pH 6.5~8.5 範圍內。當 pH > 9 或 pH < 6.5 時，微生物生長將受到抑制。

(3) 需氧量

好氧生物反應過程中，溶解氧的足夠是非常重要的，供氧不足則會出現厭氧現象，妨礙好氧微生物正常的代謝過程。同時爲了使微生物正常代謝和沉澱分離性能良好，一般要求溶解氧維持在 2 mg/L 左右。

(4) 營養物質

微生物的新陳代謝需要一定比例的營養物質，除基本需要以 BOD 表示的碳源外，還需要氮、磷以及其他微量元素。微生物好氧生物處理對氮、磷的需要量可根據下式估計：BOD5：N：P = 100：5：1 加以調整。

(5) 毒性物質

對生物處理危害之毒性物質有重金屬、氰、H_2S 等。毒性物質的毒害作用與 pH 值、水溫、D.O.、有無其他毒物及微生物的數量多寡以及是否馴化等有很大關係，故必須審慎調整。

3. 試運轉及營運階段與微生物生長的關係

試運轉初期階段：都市生活污水處理廠試運轉初期的活性污泥仍以好氧曝氣池中主要的微生物優勢菌體，主要有細菌類、原生動物和微生後生動物之浮游甲殼動物等，如圖 3.2-1 所示。

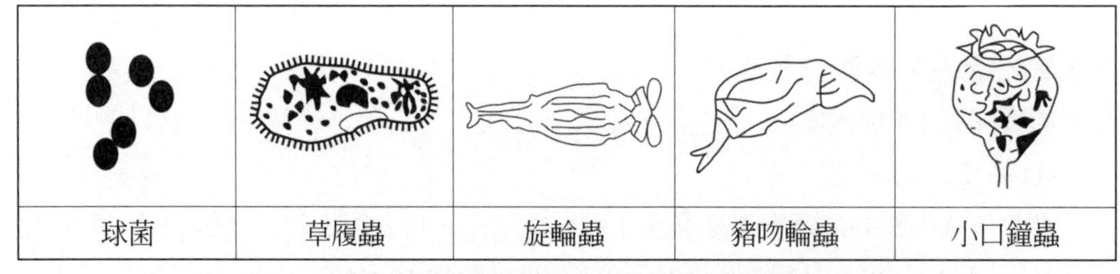

圖 3.2-1 試運轉初期階段都市污水處理廠污泥中的微生物

緊接著進入初期運轉階段，過程中隨著水量的不斷增加和各種外界條件穩定的變化，好氧曝氣生物池中的微生物種類和數量也隨之變化。

初期運轉階段：細菌、原生動物隨著進水量增加水質變化大並不穩定，故初期的微生物中的原生動物和微生後生動物基本不易生存，因此常見之主要微生物為細菌類、真菌類和少量的原生動物之纖毛蟲類，詳如圖 3.2-2 及圖 3.2-3 所示。

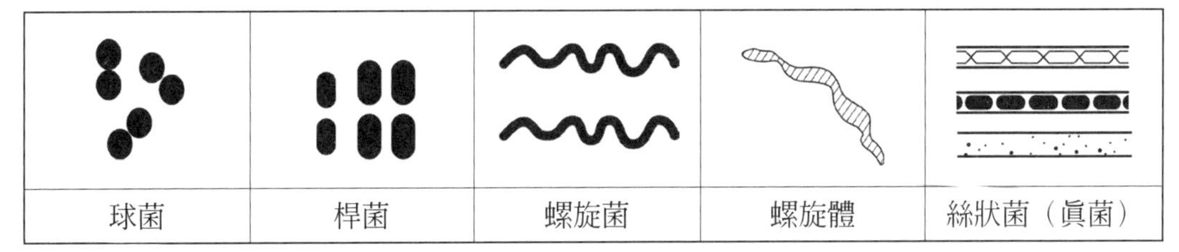

圖 3.2-2　初期運轉階段的細菌形態

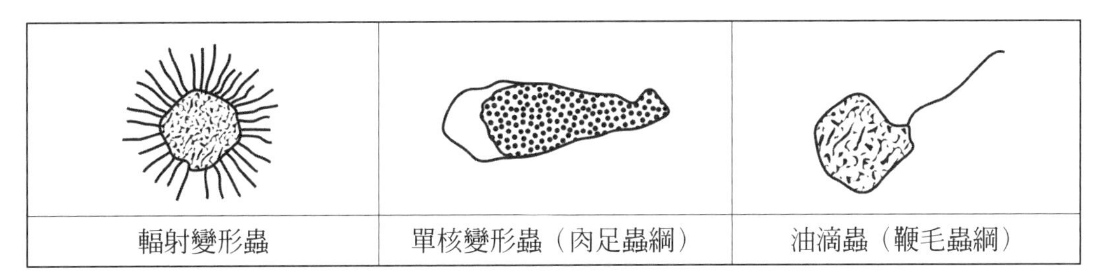

圖 3.2-3　初期運轉階段的原生動物

資料來源：參考教育部數位教學網（水污染）以及河馬教授的網站（水污染）

此階段進水量一般為設計進水量的 30% 左右，進水 BOD 約在 80~100 mg/L 左右，pH 在 7.0 左右。此時水中污泥 SV30% 值為 8~10%。水中溫度約為 28℃，適宜微生物生長。二沉池出水 BOD 值約 20 mg/L 左右，達到放流水標準。

中期運轉階段：原生動物隨著水量的不斷增加以及微生物菌群對污水水質的適應，好氧池中開始出現大量原生動物，惟此時仍有細菌存在，隨著原生動物量的增加以細菌為食物，故細菌數量有所減少。此時主要的原生動物有變形蟲、纖毛蟲、鐘蟲和吸管蟲等，詳如圖 3.2-4 所示。

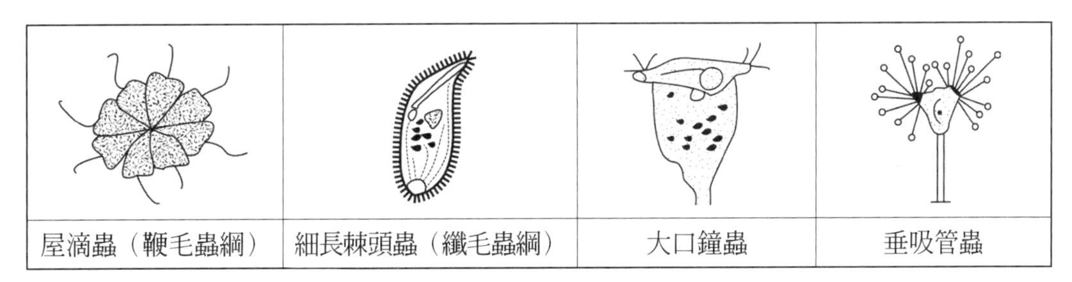

圖 3.2-4　中期運轉階段各種原生動物

資料來源：參考教育部數位教學網（水污染）以及河馬教授的網站（水污染）

此階段工程進水量已達到 70~80% 左右，進水和出水水質穩定。此時污泥 SV30% 值爲 25% 左右，進流水質 BOD 在 100~120 mg/L 左右，出流水質 BOD 在 20 mg/L 左右，較前階段有所上升。由於較初期運轉階段增加更多營養物質，微生物較活躍，生物量較穩定，此時有大量纖毛蟲出現，如樹狀聚縮蟲、圓筒蓋纖毛蟲和小蓋纖毛蟲等，詳如圖 3.2-5 所示。

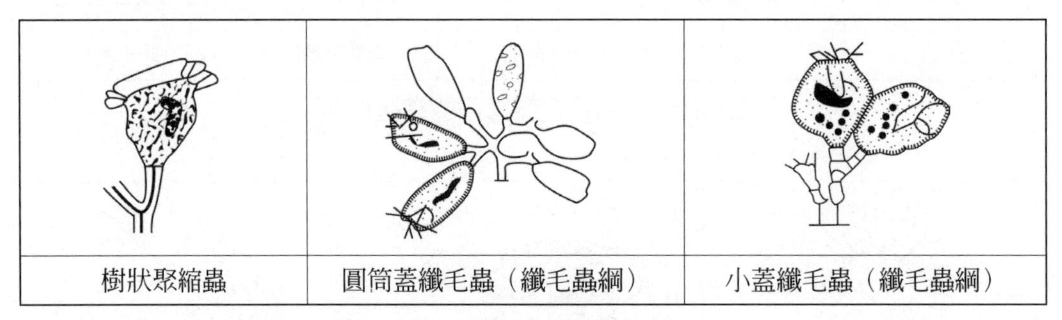

圖 3.2-5 中期運轉階段之纖毛蟲

全量運轉階段：此階段進水量達到設計水量的 80~90%，此階段的生物相也有很大的變化。主要原生動物爲大、小口鐘蟲等，此外大量的微生後生動物開始出現。主要有輪蟲類，有豬吻輪蟲、無甲腔輪蟲、小粗頸輪蟲和旋輪蟲等，詳如圖 3.2-6 所示。

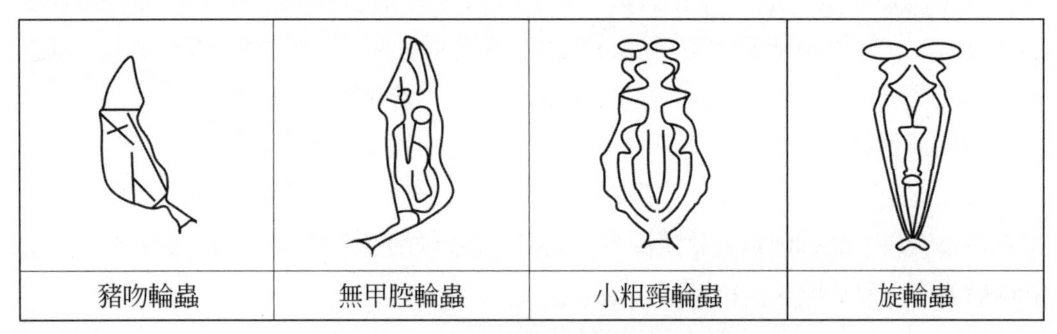

圖 3.2-6 全量運轉階段廢水微生物

此階段好氧處理進入穩定階段，BOD 放流水出水保持在 20 mg/L 以下，SV30% 基本穩定在 30% 左右。微生後生動物大量出現，同時纖毛蟲類較中期運轉階段的數量減少。

3.3 河川自淨

當河川流入污染物質後，河川本身所具有淨化作用（自淨作用），隨著時間即恢復至以往差別不大的水質。所謂水質污染防治，乃依據自淨作用以不妨礙河水之利用，將污水的排放加以管制而言。通常先進行污染物質稀釋擴散，以及吸附及沉澱等物理性作用後，接續再行中和，氧化分解作用，最後達到污染後自淨。

1. 稀釋及擴散現象

如河川水質清淨且其流量大，則排入於河川的污染物質稀釋效率愈大，當河川一岸河邊排出而流入之污染物質，河川陸續被稀釋而達於兩岸濃度均等。此達到完全混合所需時間與河川流量與污水量有關，此時稀釋限界水質如下式表示：

$$C = (C_1q + C_2Q)/(q + Q) = C_1q/Q + C_2 \quad (3\text{-}1)$$

$\because Q >> q \quad \therefore q + Q \fallingdotseq Q$

式中：C_2——河川水質

C_1——污染物質濃度

Q——河川流量

q——污水量

一般 Q/q 比或 Q 大時，完全混合所需時間長，另 Q 較小時，污染污水不能充分稀釋爲低濃度。

2. 沉澱之物理現象

水流湍急狀態浮游的粒子，比水比重大者在水流減弱時可沉澱於水底。而溶解於水中的有機物受微生物作用而分解，並以生物學性的凝集而成爲可以沉澱的形狀、大小、重量時，自行分離，致使水質變爲清淨。

但河川底上沉降堆積含腐敗性有機物時，從底部起到水面逐漸進行嫌氣性狀態，尤其排放 BOD 高，浮游物多的工廠，事業場所等有較大污染源時，往往在水域底部堆積多量泥狀污泥，而污泥可消耗大量 DO，將水域變成嫌氣性並發散惡臭。一般自然河川內有害物質甚少，沉澱物隨洪水時搬出於海，或因氾濫而流進農地，因含有氮、磷酸等養分可使土地肥沃，但都市河川或閉鎖性內水灣不如洪水時由自然力量可排除底部沉澱物而需人工疏浚，但河床受開採或長久缺水後，如遇大水沖過時相當多的河床污泥浮上而消耗水中 DO，常常使魚類死亡。

分解作用有無機化學反應與生物化學反應兩種，前者乃流水中 DO 所行的氧化作用，可使水中溶存物質成為不溶性，如以鐵為例，則以下式析出：

$$Fe(HCO_3)_2 \rightarrow Fe(OH)_2+2CO_2$$
$$2Fe(OH)_2+1/2O_2+H_2O \rightarrow 2Fe(OH)_3 \quad (3\text{-}2)$$

3. 氧化分解作用及再曝氣氧之平衡

水中好氣性細菌將水中有機性污染物質到最後分解為水、二氧化碳等，並以分解所得能提供營養分維持其生命，此時細菌消耗水中氧，如由水面不確保氧供給，水域容易從好氣狀態移行於嫌氣狀態，在嫌氣狀態則由嫌氣性細菌分解有機物而發生還原性物質如甲烷、硫化氫、硫醇等異臭，水色由黑褐色變為黑色，更可使動植物死滅。

如此水中有機物被好氣性微生物氧化分解時所消耗氧量稱為 BOD，通常在 20℃，5 天時間條件下測定 BOD。此乃表示有機物氧化分解時氧消耗量與 BOD 的關係，可見溫度愈高，氧消耗量亦大，通常此一氧化可分兩個階段，前一階段主要為碳水化合物之氧化，一部分氮化合物氧化為氨性氮，而後一階段乃進行硝化作用，前者如一次反應曲線，故將 BOD 的減少過程，Streeter-Phelps 氏將此一前階段的脫氧反應示如下式：

$$dL/dt = -K_1L \quad (3\text{-}3)$$

但 L ——殘存 BOD（mg/L）（Remaining BOD）

t ——時間（日）

K_1——脫氧係數（Deoxygenation constant）（1/ 日）

惟 Streeter-Phelps 氏將實際水域的脫氧係數以 K_d 表示時，將式改為：

$$dL/dt = K_dL \quad (3\text{-}4)$$

微生物呼吸所需氧，於大氣中氧容量約 21%，水中在通常水溫及水壓下約 0.8%，水中 DO 在水溫 10℃飽和狀態時不過為 11 ppm。而氧對水的溶解度約 5~10 mL/L（7~14 mg/L）而已，然而水中 DO 量則水在大氣激烈地混合狀態或以水中植物行光合作用或含多量 DO 流水進入時次第增加，一般從大氣中氧被水吸收的現象最多，而稱再曝氣現象（Reaeration），以氧飽和不足量（Oxygen saturation deficit）為指標時，則如下式表示：

$$dD/dt = -K_2D \quad (3\text{-}5)$$

但 $D = Os - O$

Os —— 水的氧飽和量

O —— 溶存氧量

D —— 在 t 時間內 DO 欠缺之濃度

K_2 —— 單純再曝氣定數

在有機性污染之水域，同時引起再曝氣與脫氧反應。通常河流水曝氣在接近大氣與水介面之一薄層內之水可迅速獲得氧之飽和，至於較內之水層其曝氣之程度受水體中氧擴散速度而定，一般靜止狀態則進行緩慢，但紊流及急瀉時其全層之曝氣作用較快。

假設河川水之自淨，由生物化學氧化作用移出 BOD，由再曝氣作用補充 DO，則河川流下方向 DO 分布，此一 DO 彎下曲線（Oxygen sag carve）其基礎式採用 Streeter-Phelps 所提案者，則如下式：

$$dD/dL = K_1L - K_2L \qquad (3\text{-}6)$$

此一溶存氧彎下曲線乃表示有機性污染物質分解過程有關氧消耗與供給所成結果，而其曲線的坡降（Gradient）則由溶存氧消耗速度與供給速度之差所決定，如水域有機性污染物質濃度低時，上式可得滿足的結果，但濃度高時，在氧不足量最大時期（流下距離）之前半，其推定值過小，在後半則變為過大，惟其如此，臺灣河川水路延長較短，在其途中分處放流污水時，一般採用上式為多（K_1 如前述為脫氧定數或氧化率，其值普通 0.1 程度，依水質之不同，多少有差異；K_2 為再曝定數或供氧率，依美國標準值為低流速 0.1~0.15，普通流速之大河川 0.2~0.3，急流河川 0.3~0.5）。

4. 河川污染後之自淨

一般污染河川，來自坑澗深谷其水質較潔淨，污水排入河流後，污染與自淨作用同時進行，其水質變化情形在各河流不盡相同，可分四段：

開始分解段（Zone of degradation）：從最上游開始污染，DO 減少約 40% 飽和量，BOD 很高，混濁度大，環境不利魚類生存，淤泥開始沉積，藻類逐漸死亡。

積極分解段（Zone of active decomposition）：DO 再度減少至用竭，水呈暗黑色，魚類無法生存，微生物群落密度高，此時呈無氧狀態，嫌氣性細菌分解有機物發生甲烷、硫化氫等及惡臭，河面有氣泡並浮有浮渣（Scum）。

復原段（Zone of recover）：河中有機性污染物大部分已分解，河流不斷由大氣中吸收氧，DO 含量開始增加，自 4 ppm 至飽和，BOD、混濁度、微生物含量、污泥量等均減低，藻類、魚類、硝酸鹽、硫酸鹽、碳酸鹽等增加。

清水段（Zone of clear water）：BOD 很低，DO 已接近飽和，水色已清，微生物已很少，魚類及水生植物繁殖，水流恢復原來之清淨狀態。

河流乃陸地上重要水體，大都工業區和城市建立在河畔，因此受到不同程度的污染。雖然河流逕流量大，而排污量少時污染程度輕，反之則重。因河水爲流動性，遭受污染時會很快擴散，且河流具有自淨作用，包括稀釋、沉澱、微生物生化分解作用，可使水體外觀恢復污染前狀態，BOD 大大降低，DO 增加，有害物質降低，病菌死滅，惟水體自然有一限度，不能無限制地向水體內排放污物，如一般有機性污染物質尚可由微生物分解，但殘留性有機污染物質（Persistent organic pollutarts，如 OCB、Dioxin（其中最毒者 TCDO）、有機氯劑農藥等自然界不易分解、生物濃縮性高的物質），重金屬，有機溶劑等毒性強者，不易分解，尤其工業廢水如未經處理而排放河川時，往往無法利用，更滋釀公害，而且使污水處理最困難的原因係屬雨水，由雨水稀釋後的污水，便爲大量，致無從處理，一部乃以未處理狀態排放於河川，最好雨水與污水應各設雨水下水道與污水下水道最宜，目前污水下水道設施極待興辦。再者含有重金屬等直接爲害人體健康的廢污水排放河流時，則與大量水混合，要使河川水全部處理幾乎困難，甚至幾近不可能，臺灣地區主、次要河川下游河段約有半數受到不同程度之污染，應加強管制與取締，乃刻不容緩的課題。

參考文獻

1. 教育部數位教學網（水污染）。
2. 河馬教授的網站（水污染）。
3. 林昭榮，河川自淨作用。

第四章 微生物的代謝與生長

4.1 代謝作用

4.1.1 概說

於環境工程的領域中，微生物扮演重要的角色。環境工程師可以利用微生物的代謝作用來去除環境中的污染物質，例如污水處理廠所採用的活性污泥法、厭氧消化等等，無一不是利用微生物各種代謝作用的組合，達到去除廢水中污染物及污泥穩定化、減量化的目的。所以本章會從能量的觀點開始，逐步介紹微生物代謝的重要觀念，如電子傳遞系統、好氧呼吸、無氧呼吸、糖解作用、檸檬酸循環、發酵及光合作用。不同微生物所採用的代謝程序及產能方式亦不相同，本章將依常用的微生物分類法，逐一介紹常見的環境微生物作爲不同代謝程序的例子。期望本章能爲微生物代謝作用這個複雜課題，尤其是環境工程所仰賴的微生物分解代謝作用，建構出一個初步的輪廓。

代謝作用的簡單定義就是一切生物體維持生命所需的化學反應之總稱，而代謝的主要目的是產生維持生命運作所需的能量以合成新分子，維持細胞及其生長。代謝可粗分爲分解代謝與合成代謝，或者稱異化作用（Catabolism）與同化作用（Anabolism）。簡單來說，分解代謝（異化作用）是釋能的，將大分子轉化爲小分子；合成代謝（同化作用）是耗能的，將小分子合成大分子。

以微生物的分解與合成代謝來說，微生物需要先分解基質（食物或營養成分）來獲得能量和組成細胞的成分，例如碳原子可用以形成細胞的「碳骨架」，而後再消耗分解代謝所得的能量以進行合成代謝——合成細胞中的物質，如蛋白質、脂肪及核酸等。微生物所獲取的養分，其中所含約 50% 的能量用來合成新細胞，20% 用來活動或維持體溫（亦即產生熱能），10% 用以所有其他用途，而代謝後所產生的排泄物（或最終產物）仍含 20% 的能量 。微生物代謝作用涉及層面甚廣，且可從不同角度切入討論，例如依需氧條件（或電子最終接受者之不同），代謝又可分爲呼吸或發酵。總結說來，生物爲了維持生命需要完整的代謝過程，包括分解代謝與合成代謝兩者，缺一不可。但依環境工程解決污染物的目的而言，側重微生物分解代謝的功能，故以下的章節只說明分解代謝的內涵，而略過合成代謝的細節。

4.1.2 能量與代謝

從上節的討論中可得知，「能量」爲代謝作用中的關鍵名詞。再進一步談能量與代謝的關係，生物可利用的能量主要有兩種形式，光能以及化學能。能夠直接利用光能的生物，舉眞核生物如植物爲例，植物行光合作用是細胞內的葉綠體將光能轉移到醣類的鍵結（化學能）中，而醣類的碳原子是來自於空氣中的二氧化碳。然而醣類所蘊涵的化學能，尙非生物體能直接利用的能量，像眞核細胞還需要靠細胞內的粒線體使氧氣與醣類「燃燒」（又稱呼吸作用，爲釋能反應，屬於分解代謝），製造出高能化合物，高能化合物在生物體內宛如「能量貨幣」，用途極廣且便於利用，供給生物體維持生命並生長的各種需要，如合成代謝、主動傳輸或運動。至於不能直接利用光能的生物例如化學營生菌，能量來源取自化學物質的氧化，藉由分解代謝產生能量，雖一部分能量以熱量的形式散失，另一部分就存於高能化合物的鍵結中，成爲可利用的化學能。

再重申代謝作用的定義是一切生物體維持生命所需的化學反應之總稱，故必須從化學的角度來理解參與代謝中重要分子以及所參與的反應。承上所述的高能化合物，腺嘌呤核苷三磷酸（Adenosine triphosphate, ATP）是最重要的一種，因爲它負責生物體內的能量傳遞。一個 ATP 分子是由腺嘌呤、核醣及三個磷酸所組成，這三個磷酸有其中兩個磷酸鍵結爲高能鍵結。當 ATP 加水分解而失去末端的磷酸基，就變爲 ADP（Adenosine diphosphate）。當 ADP 失去末端的磷酸基，就變爲 AMP（Adenosine monophosphate）。以上所提的兩個水解反應，各釋出每分子大約 8,000 卡的能量。然而 AMP 失去末端的磷酸基僅能釋出每分子 2,200 卡的能量。ATP 雖有三個磷酸鍵，通常只有最末端的磷酸基參與能量傳遞反應。

有三種磷酸化途徑可以產生 ATP，分別是氧化磷酸化、基質磷酸化及光合磷酸化，這三種途徑將在 4.1.3 電子傳遞系統、4.1.5 糖解作用及 4.1.9 光合作用的章節中逐一闡明。

4.1.3 電子傳遞系統

首先討論四個名詞，電子供給者、電子接受者、呼吸作用以及電子傳遞系統（Electron Transport System, ETS）。在氧化還原反應中，電子發生轉移，電子供給者爲還原劑，發生氧化反應失去電子；電子接受者爲氧化劑，發生還原反應獲得電子，自發性的反應就有能量釋放出來。生物體的呼吸作用就是氧化還原反應，呼吸作用不必然有氧參與反應（因為最終電子接受者不一定是氧），但必然發生電子轉移。呼吸作用又類同於燃燒作用（劇烈的氧化還原反應），但呼吸作用所產生的能量是透過「一連串化學反應」逐步釋放出來的，其能量以 ATP 的形態貯存，再被生物體用於各種用途，而不像常見的燃燒作用，能量直接轉為熱能散失，一次釋放。上述的「一連串化學反應」，其中就包括電子傳遞系統。電子傳遞系統位於原核生物的細胞膜中及眞核細胞的粒線體中，經由電子傳遞系統，電子供給者的電子逐步轉移到電子接受者上。電子傳遞系統中的電子攜帶者包括 NAD、黃素蛋白、Fe-S 蛋白、胞色素 b、胞色素 c、胞色素 a 等。前者是後者的電子供給者，後者是前者的電子接受者。從基質開始，電子由一個攜帶者傳遞給下一個攜帶者，每一次傳遞都是一次氧化還原反應，隨著電子的傳遞，還原電位逐漸增加，而能量以 ATP 的形態逐步釋出。好氧條件下，最終的電子攜帶者 O_2 成為最終的電子接受者，被還原成 H_2O。以氧化還原反應並經由電子傳遞系統來產生 ATP，即是氧化磷酸化的途徑。

氧化還原反應中的電子供給者可為有機物（葡萄糖被異營微生物氧化）或無機物（H_2、Fe^{2+}、NH_4^+或 S 等還原態物質被化學自營菌氧化）。在有氧條件下（好氧呼吸）最終電子接受者可以是 O_2；無氧條件下（無氧呼吸）電子接受者可能是 NO_3^-、SO_4^{2-} 或 CO_2，完全依微生物而定。因為各種微生物各有其所需要的營養成分及獨特的代謝作用以產生能量供自身所需，故所需要的電子供給者與電子接受者亦不相同，這些微生物將在 4.1.8 節分類詳述。總結來說，能夠行呼吸代謝的微生物，無論是好氧呼吸或是無氧呼吸，都可以從電子傳遞系統，也就是氧化磷酸化的途徑來獲得能量分子 ATP。至於厭氧條件下的微生物發酵作用，雖然也涉及氧化還原反應，但並不經過上述的電子傳遞系統，其獲得能量的途徑為基質磷酸化（糖解作用），糖解作用和發酵作用將在 4.1.5 和 4.1.7 節中分別介紹。

4.1.4 分解代謝

前面已經提過分解代謝將基質所含的化學能轉變成便於利用的高能化合物 ATP，在這裡舉三種基質：醣類、脂肪及蛋白質為例，詳細來看微生物攝取基質之後，將透過何種作用才能獲得能量。

醣類、脂肪及蛋白質都屬於大分子，無法直接通過微生物的細胞膜，故微生物會分泌胞外酵素來分解大分子，將之轉變為小分子或溶解性的分子，才能通過細胞膜，由細胞膜外進入細胞膜內的方式包括被動擴散、順送擴散、主動運輸及集體輸送，其中以集體輸送的效率最高，此種方式是先在細胞膜外表面生成攜帶者—基質混合物，藉微生物的化學能而將此混合物以逆濃度差方式傳送至細胞質內，過程中基質可能會改變其化學形式，例如醣類轉變成磷酸酯。

以醣類來說，微生物的胞外酵素將多醣轉成雙糖再轉成溶解性的單糖，例如纖維素經過纖維酶的水解作用，至終形成葡萄糖（單糖），葡萄糖再更進一步經過糖解作用而變成丙酮酸，糖解作用將於 4.1.5 節詳述。之後丙酮酸會先經過化學反應轉成乙醯輔酶 A，再進入檸檬酸循環與電子傳遞系統產生能量，檸檬酸循環將在 4.1.6 節中詳細介紹。

脂肪需要先藉著脂解酶的作用分解成小分子，如甘油或脂肪酸。若為好氧條件，脂肪酸所經過的代謝路徑為 b- 氧化作用，產物為乙醯輔酶 A，就如葡萄糖變為乙醯輔酶 A 之後的典型途徑，乙醯輔酶 A 會進入檸檬酸循環與電子傳遞系統以產生能量。至於甘油則先經由糖解作用變為丙酮酸，丙酮酸在好氧條件下變成乙醯輔酶 A，接下來產能過程亦如同上述的典型途徑：檸檬酸循環與電子傳遞系統。

蛋白質則是先藉著蛋白酶的作用分解成小分子胜肽或胺基酸，經過脫羧、脫胺或轉胺的程序，其產物再進入檸檬酸循環與電子傳遞系統。需要說明的是，以上所述醣類、脂肪與蛋白質的代謝過程是在好氧的條件下所完成的（檸檬酸循環需要氧作為最終電子接受者），所以微生物在好氧條件下的分解代謝，可以簡化為以下的方程式：

有機物（醣類、脂肪、蛋白質）+ O_2（經過微生物好氧代謝）→ CO_2 + H_2O + 能量（4-1）

以下 4.1.5 至 4.1.7 節中所介紹的糖解作用、檸檬酸循環及發酵作用將是以醣類的代謝為例。但需要強調的是，這些作用並不僅限於醣類的代謝，例如脂肪轉變成甘油之後，亦需要經過糖解作用及檸檬酸循環以產生能量。

4.1.5 糖解作用

從大分子的醣類最後轉為單糖的葡萄糖，1 分子的葡萄糖經過一系列的反應形成 2 分子的丙酮酸，並釋出 2 分子的 ATP，這一系列的反應就稱為糖解作用，可由下面的總反應表示：

葡萄糖 + 2 ADP + 2 磷酸根 +2 NAD^+ → 2 丙酮酸 + 2 ATP + 2 $NADH_2$

由上式可以看出 O_2 並未參與反應，因此無論在好氧或無氧的情況下，糖解作用都可以進行。糖解作用又稱 EMP 路徑（Embden-Meyerhof-Parnas pathway），除了產生能量，亦提供合成代謝所需的分子。當基質（葡萄糖亦是一種基質）經氧化還原反應，並發生磷酸根鍵結，經酵素作用脫去其磷酸根，同時把該磷酸根加到 ADP 上而形成 ATP，如此產生 ATP 的途徑稱爲基質磷酸化。所有以有機物爲基質的微生物皆可利用基質磷酸化途徑來產生 ATP，對好氧菌來說，基質磷酸化途徑所產生的 ATP 只占全部 ATP 產量的一小部分。然而對厭氧菌來說，基質磷酸化途徑卻爲產生 ATP 的唯一途徑。

葡萄糖（六碳階段）經糖解作用的最終產物爲丙酮酸（三碳階段），丙酮酸在面臨厭氧、有氧及無氧（結合氧）三種不同的環境時，會發生不同的作用。厭氧環境下，丙酮酸的氧化不完全，經過發酵作用產生酒精、乳酸等產物。有氧環境下，丙酮酸首先會轉變成乙醯輔酶 A，經過檸檬酸循環並經過有氧電子傳遞系統（以氧作爲電子接受者），丙酮酸完全氧化成 CO_2，最後釋出比糖解作用更多的 ATP（下節會詳細計算）。無氧環境下，丙酮酸只經過無氧電子傳遞系統（以結合氧作爲電子接受者，例如 NO_3^-、SO_4^{2-}、CO_2）來釋出 ATP。

4.1.6 檸檬酸循環

1 分子葡萄糖經過糖解作用產生了 2 分子丙酮酸之後，在好氧環境下，會先轉變成乙醯輔酶 A，並產生 2 分子 NADH、CO_2 和 6 分子 ATP，此過程爲進入檸檬酸循環的起始反應，此反應的產物乙醯輔酶 A 才正式進入所謂的檸檬酸循環。檸檬酸循環又稱 TCA 循環（Tricarboxylic acid cycle）或克氏循環（Krebs cycle）。若將檸檬酸循環前的起始反應包括在內，總反應式可寫成：

$$\text{丙酮酸} + 4\,NAD + FAD \rightarrow 3CO_2 + 4\,NADH_2 + FADH_2 + GTP \qquad (4\text{-}2)$$

每分子的 $NADH_2$ 及 $FADH_2$ 還可進一步氧化，經由電子傳遞系統，以氧作爲最終電子接受者，而分別得到 3 分子 ATP 及 2 分子 ATP。另外，1 分子 GTP 可產生 1 分子 ATP。總結來說，1 分子乙醯輔酶 A 經過檸檬酸循環最終產生 15 分子 ATP，而當初的基質（葡萄糖）經過糖解作用及檸檬酸循環被氧化成爲最終的氧化產物 CO_2。現在再回頭來計算 1 分子的葡萄糖若是在好氧環境下可以產生多少分子 ATP？答案是 38 分子的 ATP，因爲：

糖解作用：1 分子葡萄糖 → 2 分子丙酮酸＋ 2 分子 ATP

起始反應：2 分子丙酮酸 → 2 分子乙醯輔酶 A ＋ 6 分子 ATP

檸檬酸循環：2 分子乙醯輔酶 A → 6 分子 CO_2 + 30 分子 ATP

4.1.7 發酵作用

丙酮酸是糖解作用後主要的產物。在好氧環境下，丙酮酸將進入檸檬酸循環；在厭氧環境下，則進行發酵作用。發酵作用和檸檬酸循環一樣都涉及氧化還原反應，都需要電子接受者，只是發酵作用不以氧作爲電子接受者，而是以有機物作爲電子接受者。發酵作用並不限於發生在糖解作用作用之後，但在這裡我們先舉丙酮酸作爲電子接受者的發酵反應。如一般人所熟知的，葡萄糖可以發酵成爲酒精，更精確地說，1分子的葡萄糖是先經過糖解作用變成 2 分子的丙酮酸，丙酮酸在無氧條件下經過酵母菌的代謝作用，先產生乙醛（脫羧作用，脫去羧基），再轉變成乙醇，過程中釋放出 CO_2，所產生的能量僅爲糖解作用所產生的 2ATP。

酒精並非丙酮酸在厭氧條件下唯一的發酵產物，關鍵在於是何種微生物參與發酵，例如乳酸桿菌參與發酵則產物爲乳酸，初油酸桿菌參與發酵則產物爲丙酸。

在此要強調一點觀念，發酵作用是指在厭氧條件下微生物對有機物的分解作用，或者說以有機物作爲最終電子接受者。發酵作用的反應物並不只限於丙酮酸，還有各種胺基酸。

以環境工程的角度來看，我們需要認識發酵作用是整個厭氧程序中的一環，而厭氧程序在污水處理廠中大都用於污泥的穩定化，又稱污泥厭氧消化，可大致分爲下列六個步驟：

1. 有機物（醣類、脂肪、蛋白質等）水解成小分子。
2. 厭氧條件下醣類及胺基酸的發酵（醣類須先經過糖解作用成丙酮酸）。
3. 厭氧條件下長鏈脂肪酸及乙醇的分解。
4. 厭氧條件下，醋酸生成菌將中間代謝產物（丙酸、丁酸）轉化爲醋酸及氫氣。
5. 嗜乙酸甲烷生成菌將醋酸轉化成甲烷：

$$CH_3COOH \rightarrow CH_4 + CO_2$$

6. 嗜氫甲烷生成菌將 CO_2 還原及氫氣氧化，反應生成甲烷和水：

$$CO_2 + 4\ H_2 \rightarrow CH_4 + 2\ H_2O$$

4.1.8 能量源、碳源及其他營養源

微生物生長需要細胞成分的材料以及合成細胞的能量，即營養源和能量源，營養源可更細分爲水、碳源、氮源、無機性及有機性養分（生長因子）。微生物代謝

分類的兩主要基準是能量源及碳源。在前面敘述能量與代謝的關係曾提到，生物可利用的能量主要有兩種形式，光能以及化學能。能量源爲光能者稱爲光合生物（Phototroph），光合生物具有一種以上的色素；能量源爲化學能者，即利用化學物質氧化分解所產生的能量者稱爲化學營生菌（Chemotroph）。至於碳源，以無機物（CO_2）爲碳源者稱爲自營菌（Autotroph），以有機物爲碳源者稱爲異營菌（Heterotroph），有機碳源例如醣類、酒精、有機酸鹽、澱粉、糊精、纖維素等有機化合物。

微生物所需之氮源分爲有機氮化物及無機氮化物，有機氮化物爲胺基酸甚至化學成分還不清楚的蛋白質，在大豆、花生、魚粉、肉粉、酵母、酪蛋白等食物中可攝取得到。無機氮化物則爲銨鹽、尿素、硝酸鹽與亞硝酸鹽。氮源主要用於形成細胞的蛋白質與核酸。對於硝化菌，其氮源（NH_4^+）亦是其能量來源。

微生物所需攝取的主要元素除了前述的碳與氮之外，還有無機性的氧、氫、磷、硫、鉀、鎂、鈣、鐵、鈉、氯等。含硫氨基酸需要硫爲其成分，核酸、ATP 需要磷。酵素的輔助因子（Cofactor）需要多種元素，除了上述的無機性元素，尙需要微量元素如鋅、錳、鉬、硒、鈷、銅、鎳等。另外，微生物亦需要微量的有機性養分，如維生素 B1、維生素 B12、維生素 B6、核黃素（Riboflavin）、菸鹼酸、葉酸、胺基酸、嘌呤以及嘧啶等。雖然大部分微生物可在體內自行合成這些物質，但通常經由環境中取得這些物質。

從細胞組成的觀點來看微生物所需之營養，大腸桿菌（E. coli）的細胞大約 70% 水、3% 碳水化合物、3% 胺基酸、核苷酸及脂肪、22% 大分子（蛋白質、RNA 及 DNA 占大部分），及 1% 無機鹽離子。微生物合成細胞時，大約需要 60% 蛋白質、15% 核酸、20% 碳水化合物和 5% 脂類。一般而言，微生物所需主要元素碳、氮、磷的比例爲 100：5：1。爲什麼碳源對於微生物如此重要？微生物細胞的化學組成，好氧菌爲 $C_5H_7O_2N$，厭氧菌爲 $C_5H_9O_3N$，碳所占的重量百分比遠超過其他元素。從碳原子可形成的鍵結數目之觀點來看，碳原子能與其他原子形成四個鍵結，相較於氮原子可形成三個鍵結，氧原子可形成兩個鍵結，碳原子的鍵結允許更多的變化性，鍵結可爲單鍵、雙鍵及三鍵，以單鍵而言，碳原子可與其他碳原子接成碳長鏈或網狀，碳鍵結之外還可接上各種官能基，難怪有機化合物的種類可達幾百萬種。有機化合物是生命的物質基礎，其中主角碳原子可稱爲「生命的底子」。

依照微生物所需的能量源與碳源可將微生物歸納成四種類別，如表 4.1 所示。

表 4.1　微生物類別與種類及其能量源、碳源、電子供給者與氧的角色

微生物類別		能量來源	碳源	種類	電子供給者	O_2 的角色
化學營生菌	化學自營（無機營）	無機物	CO_2	硝化菌	NH_4^+	好氧呼吸，O_2 的角色爲電子接受者，與氫離子和電子結合產生 H_2O
				硫細菌	S、H_2S、$S_2O_3^{2-}$	
				鐵細菌	Fe^{2+}	
				氫細菌	H_2	
	異營（有機營）	有機物	有機物	細菌、眞菌及原生動物	有機物	可能爲好氧呼吸、無氧呼吸或厭氧發酵，電子接受者不一定是 O_2
光合生物	光合自營	光	CO_2	藻類、藍綠細菌	H_2O	在光合作用中 H_2O 中的氧提供電子，氧化成爲 O_2，O_2 爲光合作用的產物
				光合細菌（紫色硫細菌、綠色硫細菌）	還原態硫 H_2S、S^0	無氧光合作用
	光合異營（光合有機營）	光或有機物	有機物	兼性異營生物、紫色非硫細菌、綠色非硫細菌	有機物	

化學營生菌是以氧化無機物或有機物以取得能量，氧化無機物者稱爲化學自營菌（無機營菌），氧化有機物者稱爲異營微生物（有機營微生物）。異營微生物是最普遍的，包括環境中大多數的細菌、眞菌及原生動物。化學自營菌的碳源爲 CO_2，而異營性微生物以有機物爲能量源及碳源，其中好氧者是以氧作爲電子接受者。

化學自營菌的電子供給者即是能量來源，經由電子傳遞系統而產生 ATP。常見的化學自營菌如：硝化菌、硫氧化菌、鐵細菌及氫細菌。硝化菌依其電子供給者可分爲兩類，(1) 亞硝酸菌：氧化 NH_4^+ 以形成 NO_2^-，如 Nitrosomonas、Nitrosolobus 等屬。(2) 硝酸菌：氧化 NO_2^- 以形成 NO_3^-，如 Nitrobacter、Nitrococcus 等屬。硝化菌在自然界的碳循環以及廢水處理的脫氮程序扮演重要角色，硝化菌在土壤中普遍存在。

硫細菌取得能量的方式是將還原態之含硫化合物，如 S、$S_2O_3^{2-}$、SO_3^{2-} 氧化成 SO_4^{2-}，如 Thiobacillus、Thiomicrospira 等屬。硫細菌分布於土壤及礦坑廢水中以取得含硫化合物。

鐵細菌及錳細菌取得能量的方式是氧化鐵及錳化合物，如 Ferrobacillus、Gallionella 等屬。鐵細菌將可溶性的 Fe^{2+} 氧化成 Fe^{3+}，常和水中陰離子形成不溶性的鐵沉積物，可能造成水管的堵塞問題。

光合微生物包含兩類，光合自營微生物以及光合異營微生物。藻類屬於光合自營微生物，以光爲能量源並以 CO_2 爲碳源，藻類所含葉綠體爲其光合作用系統。藻類分布極廣，常見於淡水與海水中，甚至可見於在土壤、樹皮及濕岩石表面。藻類又稱爲植物性浮游生物，在生態中的角色爲最初生產者，是其他生物的食物來源。每升海水中約有 100 個藻類數，但優養化水體可達每毫升 105 個藻類數。因藻類在水體中數量可觀，行光合作用所產生的氧氣對大氣中含氧量有很大貢獻。藻類的分布及生長受到營養鹽（氮磷比）、日照、溫度等因素影響。

藍綠細菌（Cyanobacteria）亦屬光合自營微生物，以光爲能量源並以 CO_2 爲碳源。藍綠細菌爲好氧生長，行好氧呼吸（以 O_2 爲電子接受者）。藍綠細菌和藻類所行的光合作用相同，亦可產生 O_2。過去藍綠細菌曾被稱爲藍綠藻（Blue-green algae），但藍綠細菌並不含葉綠體，其光合作用系統位於細胞內的平板型的內膜—色素質體（Thylakoid）中，其中含葉綠素 a、類胡蘿蔔素及藻膽色素。藍綠細菌在淡水及海水分布甚廣，亦可見於土壤中。

上述的藻類與藍綠細菌屬於在好氧條件下行光合作用（意即 O_2 爲光合作用之產物），光合自營微生物尚有一類「無氧光合成菌」是在厭氧條件下行光合作用，無法生成 O_2，具有細菌綠色素，其結構與葉綠素不相同。依所含的色素可分爲紫色細菌與綠色細菌。紫色硫細菌與綠色硫細菌爲光合自營菌，以光爲能量源、以 CO_2 爲碳源，並以還原態硫爲電子供給者。紫色非硫細菌與綠色非硫細菌爲光合異營菌，以光爲能量源，並以有機碳爲碳源及電子供給者。

4.1.9 光合作用

代謝作用涉及電子傳遞系統時，必然有電子供給者與接受者，而電子接受者依好氧呼吸與無氧呼吸的情形，電子接受者分別爲 O_2 及結合氧。光合作用亦涉及電子傳遞的過程，其電子供給者與電子接受者爲何呢？根據需氧的條件，光合作用爲產生 ATP 的三種途徑之一，可分爲兩種類型：(1) 有氧光合作用（非循環光合磷酸化），(2) 無氧光合作用（循環光合磷酸化）。行有氧光合作用者爲光合自營微生物中的藻類及藍綠細菌，行無氧光合作用者爲光合自營微生物中的光合細菌（紫色硫細菌、綠色硫細菌）以及光合異營菌（紫色非硫細菌、綠色非硫細菌）。以下僅說明較爲常見的有氧光合作用。

有氧光合作用的電子供給者爲 H_2O，電子最終接受者爲 CO_2，產物爲 O_2、NADPH 及高能分子 ATP。有氧光合作用過程包含光反應及暗反應：光反應主要是將光能轉化成化學能（產生 ATP）及產生 NADPH，光反應爲產生能量的反應，其產能過程可簡述如下：葉綠素中的光合系統 II（P680）吸收光能，釋出受激發的電子，P680 成爲氧化態，當 P680 還原時將 H_2O 氧化成 O_2 ，而受激發的電子經過電子傳遞系統釋出能量 ATP，電子再與光合系統 I（P700）的氧化態（$P700^+$）結合，使之還原成 P700，P700 受光照射放出電子，便將 NADP 還原成 NADPH，光反應到此步驟爲止。光反應的產物 NADPH 是暗反應的反應物，消耗 ATP，將 CO_2 中的碳還原，生成葡萄糖（$C_6H_{12}O_6$）。所以嚴格來說，產生能量 ATP 的光合磷酸化途徑指的是光合作用中的光反應，而暗反應是消耗能量的反應，目的是固定 CO_2，暗反應又稱卡爾文—班森循環。

4.1.10 分解代謝總整理

在 4.1.3 到 4.1.9 節中已詳述了分解代謝作用中三種產生 ATP 的途徑（氧化磷酸化、基質磷酸化及光合磷酸化），好氧呼吸、無氧呼吸及厭氧發酵三種不同需氧條件下的產能過程及 ATP 生產量，最重要的是，不同的微生物有不同的營養條件及產能方式，所以進行代謝作用時所需的能量來源、碳源、電子供給者及電子接受者亦不相同，將這些錯綜複雜的代謝觀念整理成表 4.1 及表 4.2，可以幫助我們更清楚地認識這些代謝觀念的相關性。

表 4.2　微生物產能之方式

磷酸化形態及其說明	倚靠該產能方式之微生物	能量產生過程	電子接受者	產能
基質磷酸化：基質經氧化還原反應，先產生磷酸根鍵結，再由酵素脫去磷酸根同時產生能量	厭氧菌，如酵母菌	糖解作用（以酵母菌爲例：糖解作用後的厭氧發酵不產生能量）	有機物	2 ATP

磷酸化形態及其說明	倚靠該產能方式之微生物	能量產生過程	電子接受者	產能
氧化磷酸化：好氧或厭氧條件下，電子從電子供給者，藉電子傳遞系統（電子攜帶者含 NADH、FADH 等）傳至最終接受者而產生能量的過程	化學自營菌：硝化菌、硫細菌、鐵細菌、氫細菌	好氧呼吸	O_2	38 ATP
	化學異營菌（好氧）：原生動物、眞菌及其他細菌	好氧呼吸（有氧電子傳遞系統）	O_2	
	化學異營菌（無氧）：甲烷生成菌、硫酸還原菌、脫氮菌	無氧呼吸（無氧電子傳遞系統）	結合氧： 甲烷生成菌：CO_2、CH_3COOH 硫酸還原菌：SO_4^{2-} 脫氮菌：NO_3^-	2~38 ATP
光合磷酸化：指光合作用中的光反應。光合生物須利用色素捕捉光能，經過電子傳遞系統產生能量	非循環（有氧）：藻類、藍綠細菌	光合作用中的光反應		
	循環（無氧）：光合細菌（紫色硫細菌、綠色硫細菌）以及光合異營菌（紫色非硫細菌、綠色非硫細菌）	光合作用中的光反應	H_2O	

4.2 微生物之生長

4.2.1 影響微生物生長之環境因子

如 4.1.8 節中所詳述的，微生物生長的營養需求包含作爲能量源及碳源的有機物、氮源、無機鹽與維生素等，除了以光作爲能量源、以 CO_2 作爲碳源的情形，微生物的營養需求可統稱爲「基質」，需從所在的介質或環境中攝取，基質的濃度直接影響微生物的生長速率，在 4.2.4 節將介紹如何用數學模式來量化基質濃度對生長的影響。除了基質以外，影響生長的環境因子包括氣體、溫度、pH、滲透壓、光源、表面張力、生長空間、毒性物質、微生物間的相互作用（例如競爭）及其他化學物質，其中影響較爲顯著的前三項因子：氣體、溫度、pH 值，將在以下分段簡述。

(1) 氣體

對微生物影響最大的兩種氣體就是氧氣和二氧化碳。對於好氧菌而言，氧氣是不可或缺的條件，氧氣作爲其代謝作用中的最終電子接受者，或者參與某些酵素反應。

對於氧氣可有可無的一類細菌，稱爲兼氣厭氧菌，有氧時行呼吸作用，無氧時行發酵作用，例如酵母菌，在高溶氧的情況下能將葡萄糖轉化成二氧化碳和水，但在溶氧不足的情況下則將葡萄糖轉化成乙醇或甲酸。至於厭氧菌，氧氣對其而言具有毒性，主要是因爲在其酵素催化的反應下會產生有毒代謝產物，如羥基自由基，會傷害細胞中的多種分子。各種厭氧菌種類不同，對氧氣的敏感程度亦不相同，有些菌類可以忍受低氧濃度，但有些只要短暫暴露於氧氣下即會死亡，例如甲烷菌及硫酸還原菌。

(2) 溫度

每一種微生物都有其適宜生存的溫度範圍，例如可在高於 45℃的溫度生存者歸類爲嗜高溫菌，通常在55~ 60℃的溫度中有良好的生長，例如乳酸菌的一種（Lactobacillus delbrueckii）。生長溫度介於 20~45℃範圍內者，歸類爲嗜中溫菌，黴菌、酵母菌等屬之。生長溫度低於 20℃的微生物種類較少，因爲大部分微生物細胞中所含的水若是因低溫而凍結，就會阻礙生化反應，除了少數發光菌，爲對水分需求較低的微生物，屬於嗜低溫菌。溫度對生長的影響可用 Arrhenius 方程式來量化：

$$m = Ae^{-E/RT}$$

A = 常數；E = 活化能（kcal/mole）；R = 氣體常數；T = 絕對溫度（K）。

(3) pH 值

就直接的影響來說，pH 值會影響微生物的酵素活性進而影響生長速率，也可能限制生長。就間接的影響來說，也會影響水中物質的溶解狀態進而影響基質的攝取和傳輸。然而，pH 值和微生物的關係是雙向的，微生物代謝會造成環境 pH 值的變化，例如產生酸性或鹼性代謝產物，所以細胞的培養基中需加入緩衝溶液以避免 pH 劇烈變化。另外，細胞內部的 pH 值也非單獨由環境的 pH 值來決定，因爲細胞膜有控制氫離子進出的功能，而維持自身的需要。微生物有其適合生長的 pH 值範圍。適宜細菌的 pH 值接近中性 7 左右，可接受的範圍在 pH 5~9 之間。藍綠細菌的理想 pH 值略高於 7。

4.2.2 測量微生物生長

測量微生物生長不是測量微生物的個體生長，而是測量群體的總細胞數目、細胞重或化學組成。總細胞數目可藉由光學顯微鏡來計算，先將已知體積及原液稀釋或濃縮比的菌液滴於載玻片上，將之固定及染色，以顯微鏡目鏡的測微尺測出視野半徑再算面積，計算該面積中的所有細胞數目，再推估原菌液單位體積內的總細胞數目。總細胞數目的計數亦可採用特別的計數小室如已知容積的血球計數器，將菌液滴於玻片上，從顯微鏡下計算方格中的細胞數再由換算得知單位體積原菌液的總細胞數目。

乾重量測量的方法是將已知體積樣品通過已知重量的濾膜（孔徑 0.2 μm），再置於 105℃下乾燥直到重量不再改變。細胞乾重的單位爲每公升幾克重。

濁度法是利用分光光度計來測量菌液的濁度（以吸光單位表示），濁度與總細胞數目有良好的相關性，可利用已知（事先測定）的線性關係，從濁度來換算總細胞數目。

以上的方法可直接定量環境樣本中的微生物數目，尚有平板測定法，需要透過實驗室中細胞培養的方法來計數，利用單個細胞經培養會形成一個菌落的原理，將原菌液做一系列的稀釋，取定量稀釋液與培養液混合，倒入培養皿待凝固 24~48 小時，再計算培養皿上的菌落數。

另外，可檢測細胞的生化物質如 ATP、DNA、RNA 或蛋白質來量測微生物的生長，亦可測脫氫酵素活性及氧氣攝取率，屬生化活性測定。

4.3 微生物生長動力學

在進入本節主題之前，對於「系統」、「模擬」以及「動力學」這三個環境工程領域中極爲重要的名詞需先加以說明，以期明白微生物生長動力學的意義所在。自然科學以及生物科學領域中的現象極爲複雜，以科學家的角度做出許多定性的研究，但是當科學遇到工程，光是只有定性的理解是不夠的，工程師通常需要將之量化，以便於設計並對該現象加以控制。因此，工程師需要先「切割」出一個研究的範圍，也就是在一個複雜的科學現象中，以「邊界」所框出的範圍做爲研究的「系統」所在，從系統外進入系統內的，稱爲輸入（Input）；從系統內出到系統外的，稱爲輸出（Output）。當需要描述系統內所發生的現象時，亦需要經過簡化的過程，也就是對系統定義出最重要（會產生顯著影響的）的控制變因、操縱變因以及應變變因（或稱爲因子或參數），這樣工程師就可以略去影響微乎其微的因子，僅對這些重要的因子進行研究，這樣的簡化過程，就稱爲「模擬」（Simulation）或「模式」（Modeling）。正如在上一節談到影響微生物生長各種的物理及化學因子，只列舉出數個影響較大的因子，定性甚至定量地說明這些因子和微生物生長的相關性，爲進入模擬階段前的必要步驟。該系統模擬和原本的實際現象並非完全相同，但是以工程的目的而言，有足夠的相似性（工程師是容許誤差的），藉由訂出參數間的關係，能對原本的實際現象有足夠的描述，藉由參數的控制與調整，亦能得到與實際類似的變化結果。在工程的領域裡面有許多種模擬方法，最常使用的就是數學模擬，即利用所知的數學方程式來描述一個系統的變化行為。一個系統會因著參數改變而發生變化，如果這個變化與時間有關，或者說，時間也是系統的參數之一，就稱之為「動力學」（Dynamics）。

在上一節我們已經詳述影響微生物生長的物理及化學因子，甚至也以數學方程式描述了參數間的關係。現在要進入本節的主題——微生物的生長動力學。以微生物數目或質量的增加來定義微生物族群的生長，微生物的生長動力學即是研究各種因子對微生物數目或是質量隨時間變化的影響。微生物數目因為繁殖而增加，或是因為死亡而消減，當微生物族群數目增加一倍時所用的時間就稱為世代時間（Generation time）或稱倍增時間（Doubling time）。微生物的世代時間從幾分鐘到幾天都有可能，例如大腸桿菌的世代時間為 15~20 分鐘。

為了要以定量的方法來研究微生物的生長，必須要藉由實驗設計培養方法並且以數學模式來描述實驗設計出來的系統，正如所有的數學模式都有變數與常數，微生物生長的數學模式也需要定義微生物生長的參數，將在以下的敘述中一一介紹。研究微生物生長最常用的培養方法就是批次培養及連續培養。不論以哪種微生物作為研究對象，在培養過程中，為求得其生長參數，對生長有顯著影響的物理和化學因子如溫度、壓力與 pH 值都需要控制在某種狀態，所需的營養來源充足（營養對生長的影響已被量化，詳見 4.2.3 生長動力參數），實驗時也盡可能避免干擾的雜質，使得上述影響皆被排除在外，生長參數僅僅與微生物本身的特性有關，但須注意的是，若是將物理和化學因子控制於另一狀態，例如將溫度從 20℃調升至 25℃，所量測到的生長參數必然會改變。

批次培養為一封閉的系統，在培養開始時置入一定量的微生物及生長基質，所量測到的微生物數目變化即為「生長曲線」（即微生物數目隨時間變化的二維曲線），大致可分為四個階段。

第一個階段稱為停滯期（Lag phase），當細胞移入和原先物理或化學因子不同的環境中，生物細胞需要調整適應新環境，而暫時不會有明顯的細胞數量增加，這段時間稱為停滯期。停滯期的長短和細胞本身的年齡、曾接觸過的物理或化學因子、培養基質等有關。

第二階段稱為指數生長期，又稱為對數期。在營養充分的前提下，經歷停滯期之後，細胞已適應環境，預備分裂繁殖新細胞，便可在短時間內觀察到細胞數量大幅增加，呈現指數形式的成長：

$$X_t = X_0 e^{mt}$$

X_0 為在時間起首時的細胞數量，X_t 為在某時間 t 時的細胞數量，μ 為比生長速率（hr^{-1}），比生長速率 μ 和生長特性以及基質濃度有關（詳 4.2.3 節）。當 X_t 為 $2X_0$ 時，所需的時間即世代時間，在指數生長期，微生物的世代時間最短，微生物的代謝作用、化學組織或形態，較為一致，取此時期進行微生物實驗較為理想。

第三個階段稱為穩定期，由於系統內的營養及電子接受者（例如氧氣）漸漸耗盡，毒性代謝產物也持續累積，在此時期族群總數並未增減，細胞生長與死亡量達到平衡。第四個階段稱為死亡期，單位時間內死亡的細胞數目多於增生的細胞數目，所以細胞數量開始下降。此時細胞懸浮液的濁度可能不變，但活菌的數量持續減少。

上述的批次培養所測得細胞數目隨著時間的變化，就是批次培養的生長動力學。若改變系統裝置為連續裝置，可使細胞培養維持在指數生長期。此連續裝置為化學恆定器，是一種沒有迴流且完全混合的反應器，需要控制氧氣濃度、溫度及 pH 值等環境因子，以及基質進流率（基質中含限制細胞生長之營養成分，其直接影響 μ 值，見 4.2.3 節）。反應槽的體積為 V，基質進流率為 Q，Q 和 V 的比值為稀釋率 D，微生物的生長速率可以下式表示：

$$dX/dt = mX - DX = X(m - D)$$

由上式可知，微生物的生長速率決定於比生長速率 μ 與稀釋率 D 的差值。當 $\mu > D$，dX/dt 為正，反應器內的細胞總數漸漸增加；當 $\mu < D$，dX/dt 為負，反應器內的細胞被洗出，而使反應器內的細胞總數漸漸減少；dX/dt 為零，當細胞數量維持恆定。

微生物生長動力學探討的是微生物數量隨時間的變化，影響這變化有三個因素，稱為生長動力參數：比生長速率 μ、比基質利用率 q 及生長產率 Y。

細胞增加率（或生長速率）以數學表示為 dX/dt；比生長速率 μ 的定義是每一個細胞在單位時間內繁增的細胞量（可以重量單位毫克表示），以數學表示成

$$\mu = \frac{dX / dt}{X}$$

基質攝取率以數學表示為 dS/dt；μ 比基質攝取率的定義是每一細胞在單位時間內攝取的基質量（可以重量單位毫克表示），以數學表示成

$$q = \frac{dS / dt}{X}$$

比生長速率 μ 及比基質利用率 q 除了和微生物特性有關，還和基質濃度有關，兩

個參數與基質濃度的關係皆可用莫納德氏方程式（Monod equation）來表示之：

$$\mu = \mu_{\max} \frac{[S]}{K_S + [S]}$$

$$q = q_{\max} \frac{[S]}{K_S + [S]}$$

這樣的數學形式表示，當基質濃度 $[S] = K_s$（半飽和常數）時，μ 為 $\mu_{\max}$ 的一半，q 亦為 $q_{\max}$ 的一半。 當基質濃度 $[S] >> K_s$ 時，$\mu = \mu_{\max}$，$q = q_{\max}$。

在上節所提到指數生長期之比生長速率 μ 和生長特性以及基質濃度有關，當基質濃度遠超出所需求的，細胞以最大比生長速率 $\mu_{\max}$ 生長，在其他環境因子固定的情況下，最大比生長速率僅和生長特性有關，與基質濃度無關。

既然 μ 和 q 有著類似的數學形式，若是把 μ 和 q 相除，代表什麼意思呢？

$$\frac{\mu}{q} = \frac{dX / dt}{dS / dt} = \frac{dX}{dS}$$

dX/dS 代表消耗每單位的基質所產生的細胞量（分子分母均以重量單位表示），也就是生長產率 Y，亦為生長速率 dX/dt 與基質利用率 dX/dt 的比值，Y 為無因次參數（無單位）。

$$\mu = Yq$$

$$\frac{dX}{dt} = Y \frac{dS}{dt}$$

生長產率 Y 代表營養轉變成細胞物質的效率，可由下式來計算：

$$Y = \frac{X - X_0}{S - S_0}$$

X_0 和 S_0 代表初始的微生物濃度與基質濃度。

最後，我們要提出一個問題，並以對這問題的探討作為本章的總結，為什麼要以動力學的觀點來看微生物生長？首先，動力學就是與時間變化有關的科學，微生物生長動力學主要探討的就是微生物生長相對於時間的變化，而微生物的生長就意味著基質的降解，因為基質提供微生物生長的細胞組成與所需能量。微生物生長動力學首先的探討，需要系統的選定及模式的建立，簡化與量化都是必要的過程。其次，需要訂出系統（以數學模式表達之）的生長動力參數，如 4.2.3 節所討論的三個重要參數，其中比生長速率與比基質攝取率在定義上都是「速率」，是對時間的微分，這也說明了生長動力參數的「動力特性」。微生物的生長受到許多環境因子的影響，但是這些環境因子是可以加以控制的，只留下一個重要的應變變因就是基質濃度。由環境工程的觀點出發，基質濃度的變化可應用成污染物的去除。對於人所設計並控制的污水處理設備，所需要關心的是效能的問題，也就是能不能在所設定的時間內，達成處理的目標，例如在一定的停留時間內，污染物濃度降解到排放標準之下。因此，若能藉對微生物生長動力學的瞭解，而對基質濃度隨時間的變化加以設計或控制，將對污水處理的效能有很大程度的掌握。

參考文獻

1. 中華民國環境工程學會，環境微生物，1999。
2. Gabriel Bitton，廢水微生物學（第二章），2000。
3. 石濤，環境微生物，1999。
4. Mahlon Hoagland & Bert DodsonMahlon，觀念微生物學，2002。

第五章　廢污水之成分與組成

5.1 物理特性

廢污水最重要之物理特性是為水中之總固體物含量，它包含了漂浮物質、可沉澱性物質、凝絮物質以及其他溶解性物質；其他的重要的物理性質還包含了有溫度、顏色及濁度等。

1. 總固體物（TSS）

由於廢水排入水體的膠體或細小的懸浮固體的存在，限制水生生物的正常運動，光合作用及水質透明度，減緩水底活性，導致水體底部缺氧，造成厭氧狀態。基本分析上，當廢污水以 103~105℃進行蒸發後所殘留之物質總量稱為廢污水之總固體物。另可沉澱性固體物之定義是在 60 分鐘內可沉降在英霍夫錐形瓶（Imhoff cone）底的固體物則稱為可沉澱性固體物，它的表示單位是 mL/L，可沉澱性固體物一般是指以初級沉澱即可去除之污泥量。

將一已知固定量之污水倒入過濾器後，很容易的可將總固體物進一步的分類為可過濾性固體物及不可過濾性固體物，另可過濾性固體物部分包含膠體物質及溶解性固體。膠體物質為 0.001~1 μm 特定大小顆粒的物質，溶解性固體包含真溶液裡面的有機及無機分子及離子。膠體物質無法以沉澱方法將其自水中去除，通常需要以膠凝、生物氧化後以沉澱的方法將這些懸浮狀的物質自水中去除。如在 500~600℃時之揮發性而言，溶解性固體可被區分為有機性固體物及無機性固體物，有機性固體物在這個溫度下會被氧化並被分解成為氣體，無機物則成為灰分。因此「揮發性懸浮固體物」及「固定性懸浮固體物」特別用來表示懸浮固體物中之有機物及無機物。一般總固體物可以圖 5.1-1 區分為總固定性固體物、總揮發性固體物等分類。

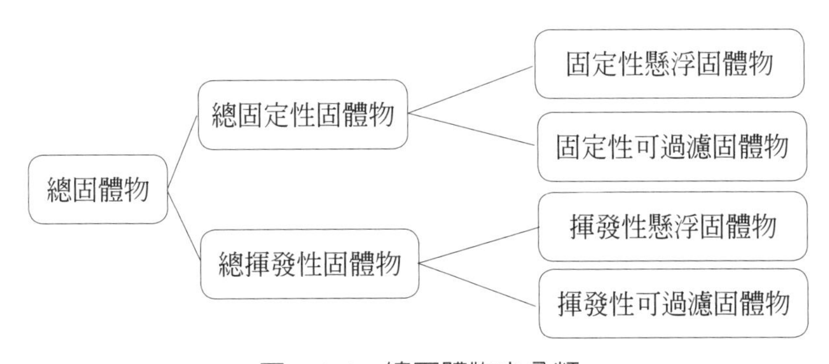

圖 5.1-1　總固體物之分類

資料來源：行政院環保署環訓所訓練教材「無機性廢水處理」

2. 溫度

廢污水的溫度通常較自來水供水系統的水溫高，主要原因是家庭使用熱水及工業活動行爲所產生的熱水注入所引起；廢污水的溫度會影響到承受水體之化學反應、反應速率以及有利使用之狀況，例如水溫增加時會改變在承受水體內魚群之種類。

至於氧氣於低溫時較高溫時更能溶在水中，然伴隨著溫度的增加也增加化學反應速率；在夏季溫度較高時，伴隨著表面水溶氧量的下降，經常會引起相當嚴重的溶氧耗盡問題，以臺北市爲例尤其春夏之交，淡水河、基隆河水中 DO 下降，魚類大量死亡即是，同時特別大量的熱水排進承受水體中時，它的影響更劇烈。圖 5.1-2 爲一般河川全年度溫度的變化情形。

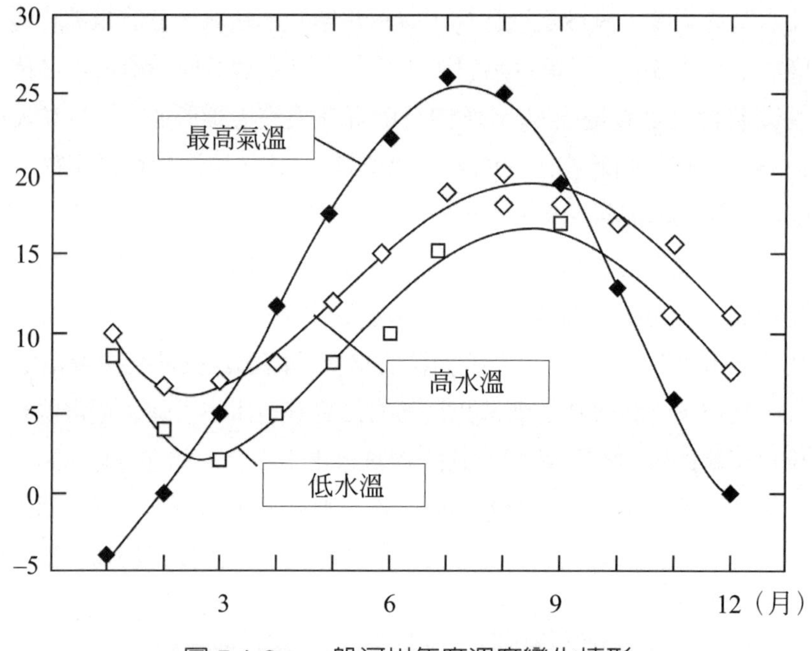

圖 5.1-2　一般河川年度溫度變化情形

資料來源：行政院環保署環訓所訓練教材「無機性廢水處理」

一般而言最適合菌類活動的溫度範圍是在 25~35℃左右，溫度升到 50℃時，好氧消化及硝化作用會停止，而溫度降到約 15℃時，甲烷生成菌會顯得不活躍，而到 5℃時，自營性硝化菌會停頓中止活動，至於在 2℃時活動之化學異營菌都是處於冬眠的狀態。故溫度在生物處理程序表現上具有特別之影響性。

3. 顏色

純淨的水爲無色透明。而天然水經常呈現一定的顏色，它主要來自於植物的根、莖、葉、腐植質以及可溶性之無機礦物質以及泥砂等。當工業廢水排入水體後，可使水色變得極為複雜，不同顏色有不同污染物及污染物。

顏色常與廢水中之成分及濃度有關係，如廢水中含有紅色染料之發色團，廢水即呈紅色狀態，廢水濃度越高，廢水顏色也越深影響更嚴重。一般廢水呈現灰色，隨著在污水收集系統內的時間增加以及更多厭氧情形發生，廢水的顏色會逐漸由灰色轉灰黑色最後成為黑色。當顏色變為黑色時，為腐敗廢水。

4. 濁度

主要由膠體或細微的懸浮物所引起，由於沉積速度慢故很難沉澱。濁度是測量水透光特性的一個測值，對某些測試而言，它特別是代表著自然水體或廢棄排放水中有關殘留固體濃度或膠體物的量。濁度之測量基本上是用比較的方式來量測，它是以一樣品對光的散亂度與一參考懸浮物對光的散亂度的比值，有的膠體物對光線會散亂，有的會吸收光線並避免其穿透，然而基本上，對於活性污泥處理程序，從二沉池排放出去的廢水，其濁度與懸浮固體物則會存有一合理的關係。

5.2 有機性污染物

生活污水、食品加工和造紙等工業廢水中，含有大量的有機物，如碳水化合物、蛋白質、油脂、木質素、纖維素等。此有機物的共同特點為直接進入水體後，經過微生化作用分解為簡單物質二氧化碳和水，於分解過程中需要消耗水中的溶解氧，如此缺氧條件下即發生腐敗分解、惡化水質，故稱這些有機物為耗氧有機物質。於實際執行中一般採用許多指標來表示水中耗氧有機物的含量：例如生物化學耗氧量（Biochemical Oxygen Demand，簡稱 BOD）、化學需氧量（Chemical Oxygen Demand，簡稱 COD）、總有機碳量（Total Oxygen Carbon，簡稱 TOC）、總需氧量（Total Oxygen Demand，簡稱 TOD）等。

污水中除了含碳的有機物外，也包含了氮、磷的化合物，是植物生長的重要營養鹽，惟過多的植物營養鹽排入水體，會造成水質的惡化。最具代表性的含氮有機物為蛋白質，另含磷有機物便是洗滌劑中的磷，兩者會嚴重影響漁業生產和危害人體健康，於取水區或在水庫區，會造成水質優養化，減少水庫壽命。

蛋白質在水中的分解過程是：蛋白質→氨基酸→胺及氨。隨著蛋白質的分解，氮的有機化合物不斷減少，而氮的無機化合物不斷增加。此時氨（NH_3）在微生物作用下，可進一步被氧化成亞硝酸鹽，進而氧化成硝酸鹽，其過程為：

(1) 氨被氧化成亞硝酸鹽

$$2NH_3 + 3O_2 \xrightarrow{\text{微生物}} 2HNO_2 + 2H_2O \quad (5\text{-}1)$$

(2) 亞硝酸鹽被氧化成硝酸鹽

$$2HNO_2 + O_2 \xrightarrow{\text{微生物}} 2HNO_3 \quad (5\text{-}2)$$

複雜的有機氮化合物會變成無機硝酸鹽，大量的硝酸鹽會使水體中生物營養鹽增多。對流動的水體來說，當生物營養鹽增多時，因其可隨水流而稀釋，一般影響不大。但在湖泊、水庫、海洋等地區的水體，水流緩慢，停留時間長，既適合植物營養鹽的積累，又適合水生植物的繁殖，這就引起藻類及其他浮游生物迅速繁殖。當這些水體中植物營養鹽累積到一定程度，藻類繁殖特別迅速，水生生態系統遭到破壞，這種現象稱爲水體的優養化。

除了氮以外，污水中另外一種重要的植物生長營養鹽，便是洗滌劑中的磷，過多的磷排入水體，同樣會造成水質惡化，肥皂和洗滌劑是日常生活中不可缺少的洗滌用品，肥皂爲脂肪酸鈉、鉀或銨鹽，而合成洗滌劑的主要成分是表面活性劑，日用洗滌劑中一般加有聚磷酸鹽（如三聚磷酸鈉 $Na_5P_3O_{10}$）、硫酸鈉、碳酸鈉、羧基甲基纖維素鈉、螢光增白劑、香料等輔助劑，有時還加入蛋白質分解酶，均能改善洗滌劑的功能。三聚磷酸鹽占洗滌劑質量的 50% 左右，其作用是與水中鈣、鎂、鐵等離子形成化合物，防止產生沉澱，使水軟化，進一步增強洗滌劑的洗滌效率，也能使洗滌水有適當的酸鹼度，減少對皮膚的刺激。所以，減少洗滌劑中的含磷量是防止水體發生優養化、保護水質的重要措施。

5.3 無機性污染物

酸、鹼性污水及一般的無機鹽類，這些鹽類能使淡水資源的礦化程度增高，影響各種用水水質。酸性、鹼性污水主要來自化工、金屬酸洗、電鍍、製鹼、鹼法造紙、化纖、製革、煉油等多種工業污水所含之酸鹼、重金屬、氨氮、硝酸鹽、硫酸鹽、磷酸鹽、矽酸鹽、銨鹽、氯鹽、砷化物、氰化物、氟化物、硫化物等污染物。酸鹼性污水排入水體後會改變受納水體的 pH 值，水體的 pH 值發生變化時，會消滅或抑制水中細菌及微生物的生長，妨礙水體自淨能力、破壞生態平衡，此外，酸、鹼性污水還會逐步地腐蝕輸水管線、船舶和地下構築物等設施。以上爲一般廢水中無機污染物之可能來源，且較常發生在工業區及科學園區，一般生活污水主要為民眾日常生活所排放之污水，無機物之含量極微。廢水中之無機性污染物主要之污染源如下：

(1) 無機無毒物質

一般指排入水體中的酸、鹼無機鹽類，這些鹽類可使淡水資源之礦化度提高，影響各種用水水質用途。家庭污水和某些工業廢水中，經常含有一定量的 N 和 P 等植物營養物質，施用氮肥、磷肥的農田水中，也含有無機氮和無機磷的鹽類，這些物質通常可引起水體的優養化，使水質惡化。

(2) 無機有毒物質

重金屬：重金屬污染物排入水體環境中不易消失，可通過食物鏈聚集進入人體，可再經長時間積累促進慢性疾病的發作。目前已經證實，約有 20 多種金屬可致癌，如鈹、鉻、鈷、鎘及砷、鈦、鐵、鎳、釩、錳、鋯、鉛、鈀等都有致癌性。

氰化物（CN^-）：氰化物是指含有氰基（CN^-）的化合物，它是劇毒物質，水體中氰化物主要來源於電鍍廢水、焦爐和高爐的煤氣洗滌水。在酸性溶液中氰化物可生成 HCN 而揮發溢散。各種氰化物分解出 CN^- 及 HCN 的難易程度是不相同的，故其毒性也不相同。由於氰化物危害極大，可在數秒之內出現中毒症狀。當含氰廢水排入水體後，會立即引起水生動物急性中毒甚至死亡。

氟化物：其來源為當電鍍產生加工含氟廢水以及含氟廢氣之洗滌水排入水體而造成水污染。氟化物對許多生物具有明顯毒性。水體含氟量低時對人體有益可避免齟齒，飲用水濃度若超過 1 mg/L 時則出現氟斑牙，更高時亦危害骨骼及腎臟等。

5.4 其他毒性物質

廢水中之毒性污染物來源大部分是來自事業廢水，臺灣的半導體製造業、光電業、電鍍、印刷電路板、金屬表面處理業之製程中均有使用大量且項目繁多、具有毒性的有機及無機性化學藥品，故其排放的廢水、廢液當中，經常含有各式各樣難以分解處理之有機、無機毒性物質。最近日月光之排放廢水影響水體即是重要判例，不得不慎。事業廢水與廢液未經適當處理及任意排放，對人類及生態環境將會造成嚴重之傷害。

污染水體中的有機毒性物質種類很多，除了有機氯農藥外、尚包括有多氯聯苯、多環芳烴、高分子聚合物（塑料、人造纖維、合成橡膠）、染料、DDT、多環芳烴、芳香胺等有機化合物，這類污染物質多屬於人工合成的有機物質，其主要特徵是化學性質穩定爲難分解之有機物，也很難被環境微生物分解，同時其一特徵是它們有不同程度危害人類健康，有致癌之可能，它們在水體中殘留時間長，有蓄積性，對人體可造成慢性中毒、致癌、致畸、致突變等生理危害。

基本上臺灣地區於民國68年之米糠油多氯聯苯（PCB）事件，於103年味全頂新毒油事件後又被提及。事實上多氯聯苯（PCB）是聯苯分子中一部分或全部氫被氯取代後所形成的各種異構體混合物的總稱。PCB有劇毒，脂溶性強，易被生物吸收，化性穩定且不易燃燒，強酸、強鹼、氧化劑都難以將其分解，在天然水和生物體內都很難分解，是一種很穩定的環境污染物。PCB有耐熱性高、絕緣性好、蒸氣壓低、難揮發等特性。所以PCB作爲絕緣油、潤滑油、添加劑等，被廣泛用於變壓器、電容器，以及各種塑料、樹脂、橡膠等工業，因此PCB也存在於這些工業的廢水中而被排入水體，對水污染及環境之危害頗大。

參考文獻

1. Metcalf & Eddy, Wastewater Engineering Treatment, Disposal, Reuse.
2. 行政院環保署環訓所訓練教材「無機性廢水處理」。
3. 行政院環保署環訓所訓練教材「毒性污染物質處理」理論基礎篇（第八冊）。
4. 歐陽嶠暉，下水道工程學（水環境再生工程學），2011年版。
5. 歐陽嶠暉，下水道學，2016年版。

第六章 生物處理之反應動力學

6.1 反應槽之種類

1. 間歇式反應槽（Batch completely mixed reactor）
   (1) 反應槽內物料達到分子尺度均勻，濃度處處相等，可排除物質傳遞對反應過程的影響。
   (2) 反應槽內各處溫度相等，不須考慮反應槽內熱量傳遞。
   (3) 反應物料同時加入又同時取出，物料的反應時間相同，其參數隨時間變化。
2. 柱塞流反應槽（Plug flow reactor）
   (1) 柱塞流反應槽是指物料的流動狀況符合柱塞流模型，該反應器稱為柱塞流反應槽，常用 PFR 表示。
   (2) 柱塞流模型是一種理想流動模型，所以柱塞流反應槽是一種理想反應器，實際反應槽中物料的流動，只能以不同的程度接近柱塞流，不可能完全符合柱塞流。
   (3) 物料參數（溫度、濃度、壓力等）沿流動方向連續變化，不隨時間變化。
   (4) 任一截面上的物料參數相同，反應速率只隨軸向變化。
   (5) 反應物料在反應槽內停留時間相同，即反應時間相同。
3. 連續攪拌反應槽（CSTR）（Continuous Stirred Tank Reactor）
   (1) 連續攪拌反應槽是指物料流動狀況符合全混流模型，該反應槽稱為連續攪拌反應槽（CSTR）。

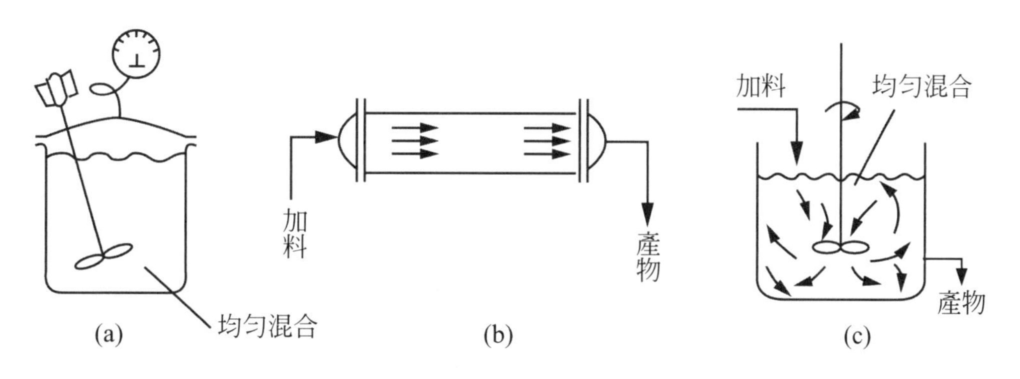

(a) 間歇式反應槽 (b) 柱塞流反應槽 (c) 連續攪拌反應槽

圖 6.1-1 反應槽之種類

(2) 反應槽內物料參數（濃度、溫度等）處處相等，且等於物料出口處的物料參數。

(3) 物料參數不隨時間而變化。

(4) 反應速率均勻，且等於出口處的速率，不隨時間變化。

(5) 返混 = ∞（返混指流動反應槽內不同年齡質點間的混合，如：迴流）。

6.2 各類反應槽之反應動力學

1. 間歇式反應槽

(1) 反應時間～X_A 的關係

在反應器中，物料濃度和溫度是均勻的，只隨反應時間變化，可以透過物料衡算算出反應時間 t 和 X_A 的關係式。

在 dt 時間內對 A 做物料衡算：

〔A 流入量〕=〔A 流出量〕+〔A 反應量〕+〔A 累積量〕

$$0 = 0 + r_A V dt + dn_A$$

$$r_A V = -\frac{dn_A}{dt} = n_{A0}\frac{dx_A}{dt} (\because n_A = n_{A0}(1 - x_A))$$

$$t = \frac{n_{A0}}{V}\int_0^{x_{Af}} \frac{dx_A}{r_A} = C_{A0}\int_0^{x_{Af}} \frac{dx_A}{r_A}$$

$$t = C_{A0}\int_0^{x_{Af}} \frac{dx_A}{r_A} = \int_{C_{A0}}^{C_A} -\frac{dC_A}{r_A} \qquad \left(x_A = \frac{C_{A0} - C_A}{C_{A0}} \right)$$

上式適用於等容、變溫和等溫度的各種反應系統。

(2) 實際操作時間

實際操作時間 = 反應時間（t）+ 輔助時間（t'）

輔助時間包括加料、調溫、卸料和清洗等時間。

(3) 反應槽體積

$$V_R = V'(t + t')$$

式中 V' 爲單位時間所處理的物料量。

(4) 間歇反應槽中的單反應

設有單一反應 A → P

動力學方程式爲　$r_A = kC_A^n$

$n = 1$ 時，$r_A = kC_A$

(5) 理想間歇反應槽中整級數單反應的反應結果表達式

反應級數	反應速率	殘餘濃度式	轉化率式
$n = 0$	$r_A = k$	$kt = C_{A0} - C_A$ $C_A = C_{A0} - kt$	$kt = C_{A0}x_A$ $x_A = \frac{kt}{C_{A0}}$
$n = 1$	$r_A = kC_A$	$kt = ln\frac{C_{A0}}{C_A}$ $C_A = C_{A0}\,e^{-kt}$	$kt = ln\frac{1}{1-x_A}$ $x_A = 1 - e^{-kt}$
$n = 2$	$r_A = kC_A^2$	$kt = \frac{1}{C_A} - \frac{1}{C_{A0}}$ $C_A = \frac{C_{A0}}{1 + C_{A0}kt}$	$kt = \frac{1}{C_{A0}}\frac{x_A}{1-x_A}$ $x_A = \frac{C_{A0}kt}{1 + C_{A0}kt}$
n 級 $n \neq 1$	$r_A = kC_A^n$	$kt = \frac{1}{n-1}(C_A^{1-n} - C_{A0}^{1-n})$	$(1 - x_A)^{1-n} = 1 + (n-1)C_{A0}^{n-1}kt$

由表中所列結果，可以得出以下幾點結論：

- 對於任一級反應，當 C_{A0} 或 C_{AF} 確定後，kt 即爲定值。
  當 k ↗，t ↘；當 k ↘，t ↗。對於任一級反應都是如此。
- 當轉化率 X_{Af} 確定後，反應時間與初始濃度的關係和反應級數有關。
  0 級反應：$kt = C_{A0}x_A$，t 與 C_{A0} 成正比
  1 級反應：$kt = ln\frac{1}{1-x_A}$，　　t 與 C_{A0} 無關
  2 級反應：$kt = \frac{1}{C_{A0}}\frac{x_A}{1-x_A}$，　　t 與 C_{A0} 成反比

利用上述的反應特性，可以定性判別反應級數，例如確定 X_{Af}，然後測定的關係，判別反應級數。

(6) 殘餘濃度和反應時間的關係（轉化率和反應時間的關係）

0 級反應：$C_A = C_{A0} - kt$， C_A 隨 t 直線下降

1 級反應：$C_A = C_{A0}e^{-kt}$， C_A 隨 t 較緩慢下降

2 級反應：$C_A = \frac{C_{A0}}{1 + C_{A0}kt}$ ， C_A 隨 t 緩慢下降

對於一級或二級不可逆反應，在反應後期 C_A 的下降速率，即 x_A 的上升速率相當緩慢，若追求過高的轉化率或過低的殘餘濃度，則在反應後期要花費大量的反應時間。所以，不能片面追求轉化率，導致反應時間過長，大幅度增加操作費用。

2. 柱塞式反應槽

(1) 平推流反應槽計算基本公式

反應器體積 V_R

衡算對象：關鍵組分 A

衡算基準：微元體積 dV_R

在單位時間內對 A 作物料衡算：

〔A 流入量〕－〔A 流出量〕－〔A 反應量〕＝〔A 累積量〕

$$N_A - (N_A + dN_A) - r_A\, dV_R = 0$$

$$N_A = N_{A0}(1 - x_A) = V_0 C_{A0}(1 - x_A)$$

$$V_0 C_{A0} dx_A = r_A dV_R$$

$$V_R = V_0 C_{A0} \int_0^{X_{Af}} \frac{dx_A}{r_A}$$

上式是平推流反應槽體積計算的普遍式，適用於等溫、非等溫、等容和非等容等過程。

對於等容過程，反應槽進口與出口流量均為 V_0，故：$\tau = \frac{V_R}{V_0} = C_{A0}\int_0^{x_{Af}} \frac{dx_A}{r_A}$

對比間歇反應槽：$t = C_{A0}\int_0^{x_{Af}} \frac{dx_A}{r_A}$

可知，二者具有一定的等效性。

(2) 等溫平推流反應器的計算

等溫平推流反應槽是指反應物料溫度相同，不隨流動方向變化。

將 $r_A = kC_A^n$ 代入平推流反應槽體積計算公式

$$V_R = V_0 C_{A0} \int_0^{X_{Af}} \frac{dx_A}{r_A} = V_0 C_{A0} \int_0^{X_{Af}} \frac{dx_A}{kC_A^n}$$

若為等容過程則：

$C_A = C_{A0}(1 - x_A)$

$C_{A0} dx_A = - dC_A$

$V_R = V_0 \int_0^{X_{Af}} \frac{dx_A}{kC_{A0}^{n-1}(1-x_A)^n} = V_0 \int_{C_{A0}}^{C_{Af}} -\frac{dC_A}{kC_A^n}$

(3) 等溫等容平推流反應槽計算式

反應級數	反應速率	殘餘濃度式	轉化率式
$n=0$	$r_A = k$	$V_R = \frac{V_0}{k} C_{A0} x_{Af}$	$x_{Af} = \frac{k\tau}{C_{A0}}$
$n=1$	$r_A = kC_A$	$V_R = \frac{V_0}{k} ln \frac{1}{1-x_{Af}}$	$x_{Af} = 1 - e^{-k\tau}$
$n=2$	$r_A = kC_A^2$ $r_A = kC_A C_B$ $S = \frac{C_{B0} - C_{A0}}{C_{A0}}$	$V_R = \frac{V_0}{kC_{A0}} (\frac{x_{Af}}{1-x_{Af}})$ $V_R = \frac{V_0}{SkC_{A0}} ln \frac{1+S-x_{Af}}{(1+S)(1-x_{Af})}$	$x_{Af} = \frac{C_{A0}k\tau}{1+C_{A0}k\tau}$ $x_{Af} = \frac{(1+S)(e^{C_{A0}k\tau}-1)}{(1+S)e^{C_{A0}k\tau}-1}$
n 級 $n \neq 1$	$r_A = kC_A^n$	$V_R = \frac{V_0}{k(n-1)C_{A0}^{n-1}} \frac{[1-(1-x_{Af})^{n-1}]}{(1-x_{Af})^{n-1}}$	$x_{Af} = 1-[1+(n-1)C_{A0}^{n-1}k\tau]^{\frac{1}{1-n}}$

(4) 變溫平推流反應槽的計算

變溫平推流反應槽其溫度、反應物濃度、反應速率均沿流動方向變化，需要聯立物料衡算式和熱量衡算方程式，再結合動力學方程式求解。在穩定狀態時：

物料衡算：$V_0 C_{A0} dx_A = r_A dV_R$

熱量衡算：對象為 dV_R

〔物料帶入熱量〕－〔物料帶走熱量〕－〔傳向環境熱量〕－〔反應熱〕= 0

$$-\sum N_i C_{pi} dT - T(T - T_{os}) dA - \Delta H_R r_A dV_R = 0$$

式中 N_i、C_{pi}、T、T_{os}、ΔH_R 分別為 i 組分的莫爾流量、i 組分的等壓莫爾熱容、微元體積中物料溫度、環境溫度、反應熱。

由物料衡算和熱量衡算及動力學方程式 $r_A = f(T, x_A)$ 三者聯立，採用差分法或 Runge-Kutta 法求解。當過程為等溫或絕熱過程時，可以簡化。

- 等溫過程：

熱量衡算式簡化為 $K(T-T_{os})dA=(-\Delta H_R)r_A dV_R$

$V_0C_{A0}dx_A=r_A dV_R$

$$dA=\frac{V_0C_{A0}(-\Delta H_R)}{T-T_{os}}dx_A$$

$$A=\frac{V_0C_{A0}(-\Delta H_R)}{T-T_{os}}x_{Af}$$ （A 為換熱面積）

- 絕熱過程：

熱量衡算式簡化為 $\sum N_iC_{pi}dT=(-\Delta H_R)r_A dV_R$

3. 連續攪拌反應槽

(1) 連續攪拌反應槽計算基本公式

- 反應槽體積 V_R

穩定狀態：

〔A 流入量〕－〔A 流出量〕－〔A 反應量〕＝0

$$N_{A0}-N_A-(r_A)_fV_R=0$$

$$V_0C_{A0}=V_0C_{A0}(1-x_{Af})+(r_A)_fV_R$$

$$V_R=\frac{V_0C_{A0}x_{Af}}{(r_A)_f}$$

式中 $(r_A)_f$ 指按出口濃度計算的反應速率。

若 $x_{A0}\neq 0$

則 $N_A'-N_A-(r_A)_fV_R=0$

$$N_A'=N_{A0}(1-x_{A0})$$

$$N_A=N_{A0}(1-x_{Af})$$

$$V_0C_{A0}(1-x_{A0})-V_0C_{A0}(1-x_{Af})-(r_A)_fV_R=0$$

$$V_R=\frac{V_0C_{A0}(x_{Af}-x_{A0})}{(r_A)_f}$$

所以上述公式均為普遍式，全混流反應槽一般為等溫反應，公式可用於等容過程和非等容過程。

- 物料平均停留時間 τ

對於等容過程，物料平均停留時間為：

$$\tau = \frac{V_R}{V_0} = \frac{C_{A0}(x_{Af} - x_{A0})}{(r_A)_f} = \frac{C_{A0} - C_{Af}}{(r_A)_f}$$

6.3 生物基質反應模式

在大部分之生物處理操作上，大多採用批次方式（Batch）或如連續流方式（CSTR）。批次操作上雖極爲簡便，但操作上是否達穩態及參數代表性是否足夠等爲其限制因子；連續流操作因需較長之操作時間以便系統達穩定狀態，對於有機物之生物降解及微生物之生長描述具極佳之代表性。由於連續流操作有完全混合的優點，故反應器中任一處之基質濃度以及微生物分布均視爲一致，因此混合式連續流反應器常應用於菌種的大量培養，以及探討微生物移除基質之反應動力機制及生長狀態。

實驗室中運用於生物處理之反應器種類繁多，微生物在反應器中之生長方式主要可分爲懸浮式生長（Suspended growth）以及生物膜（Biofilms）兩種，懸浮式生長反應器亦可稱爲懸浮膠羽（Suspended-floc）、延散生長（Dispersed-growth）或是泥漿（Slurry）反應器；生物膜反應器則可被稱爲固定膜（Fixed-film）、附著式生長（Attached-growth）或是固定化細胞（Immobilized-cell）反應器。

生物化學反應是一種以生物酶爲催化劑的化學反應。污水生物處理中，人們總是創造合適的環境條件去得到希望的反應速度，生化反應動力學目前的研究內容包括：

- 底物降解速率與底物濃度、生物量、環境因素等方面的關係
- 微生物增長速率與底物濃度、生物量、環境因素等方面的關係
- 反應機制研究，從反應物過渡到產物所經歷的途徑

1. 反應速度

在生化反應中，反應速度是指單位時間裡底物的減少量、最終產物的增加量或細胞的增加量。在廢水生物處理中，是以單位時間裡底物的減少或細胞的增加來表示生化反應速度。

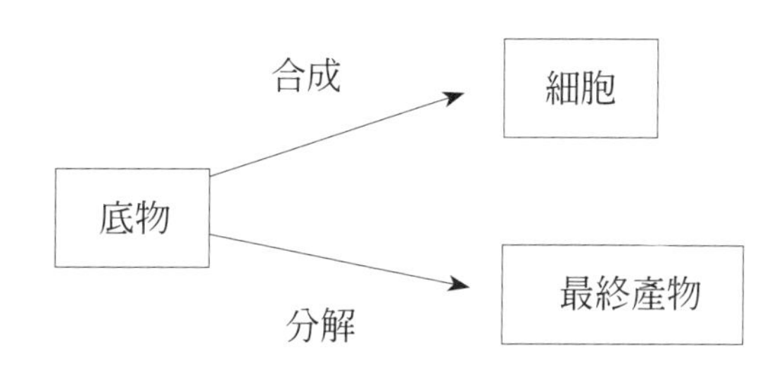

圖中的生化反應可以用下式表示：

$$S \to y \cdot X + z \cdot P \text{ 及 } \frac{d[x]}{dt} = -y\left(\frac{d[s]}{dt}\right)$$

即 $-\dfrac{d[S]}{dt} = \dfrac{1}{y}\left(\dfrac{d[X]}{dt}\right)$

式中反應係數 $y = \dfrac{d[x]}{d[S]}$ 又稱產率係數，該式反映了底物減少速率和細胞增長速率之間的關係，是廢水生物處理中研究生化反應過程的一個重要規律。

2. 反應級數

(1) 實驗表明反應速度與一種反應物 A 的濃度 S_A 成正比時，稱這種反應對這種反應物是一級反應。

(2) 實驗表明反應速度與二種反應物 A、B 的濃度 S_A、S_B 成正比時，或與一種反應物 A 的濃度 S_A 的平方 S_A^2 成正比時，稱這種反應爲二級反應。

(3) 實驗表明反應速度與 $S_A \cdot S_B^2$ 成正比時，稱這種反應爲三級反應；也可稱這種反應是 A 的一級反應或 B 的二級反應。

(4) 在生化反應過程中，底物的降解速度和反應器中的底物濃度有關。

一般　$a\text{A} + b\text{B} \to g\text{G} + h\text{H}$

如果測得反應速度：$v = \text{d}C_A/\text{d}t = kC_A^{\ a} \cdot C_B^{\ b}$，$a + b = n$，$n$ 爲反應級數。

設生化反應方程式爲：$S \to y \cdot X + z \cdot P$

底物濃度 CS 以 $[S]$ 表示，則生化反應速度爲：

$$v = \frac{d[S]}{dt} \propto [S]^n \quad \text{或} \quad v = -\frac{d[S]}{dt} = k\,[S]^n$$

式中：k —— 反應速度常數，隨溫度而異

n —— 反應級數

上式亦可改寫爲：$\log v = n \log[S] + \log k$

該式可用圖表示，圖中直線的斜率即爲反應級數 n。

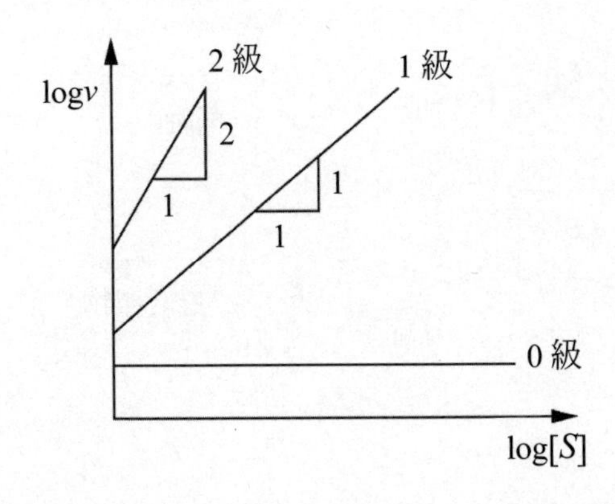

反應速度不受反應物濃度的影響時，稱這種反應為零級反應。
在溫度不變的情況下，零級反應的反應速度是常數。
對反應物 A 而言，零級反應：

$$v=k \cdot \frac{dS_A}{dt}=k \rightarrow S_A = S_{A0} - kt$$

式中：v ── 反應速度

t ── 反應時間

k ── 反應速度常數，受溫度影響

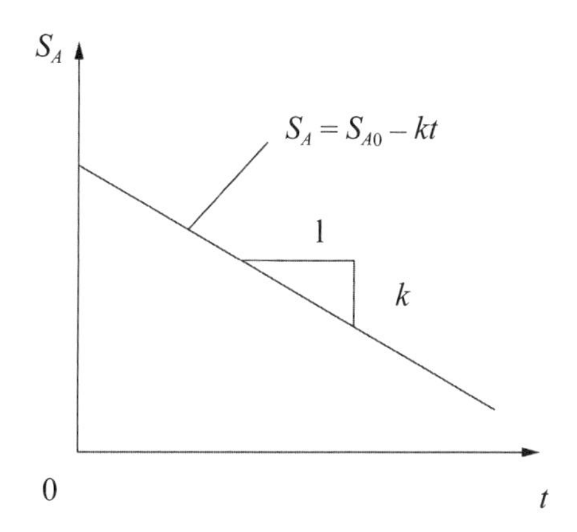

在反應過程中，反應物 A 的量增加時，k 為正值；在廢水生物處理中，有機污染物逐漸減少，反應常數為負值。
反應速度與反應物濃度的一次方成正比關係，稱這種反應為一級反應。對反應物 A 而言，一級反應：

$$v=kS_A - \frac{dS_A}{dt}=kS_A \rightarrow \log S_A = \log S_{A0} - kt$$

式中：v ── 反應速度

t ── 反應時間

k ── 反應速度常數，受溫度影響

在反應過程中，反應物 A 的量增加時，k 為正值；在廢水生物處理中，有機污染物逐漸減少，反應常數為負值。
反應速度與反應物濃度的二次方成正比，稱這種反應為二級反應。

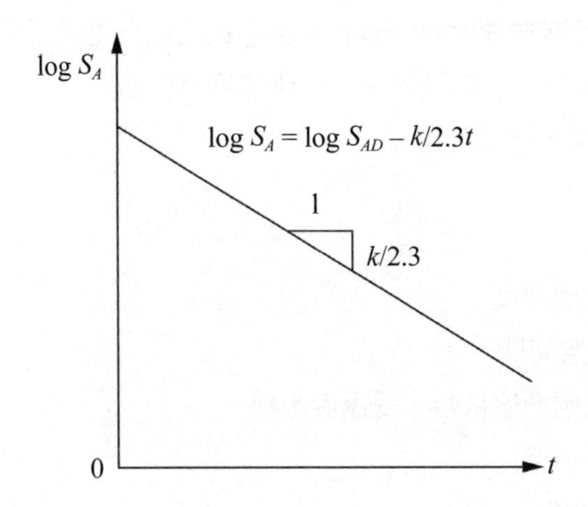

對反應物 A 而言，二級反應：

$$v = kS_A{}^2 - \frac{dS_A}{dt} = kS_A{}^2 \rightarrow \frac{1}{S_A} = \frac{1}{S_{A0}} + kt$$

式中：v ── 反應速度

t ── 反應時間

k ── 反應速度常數，受溫度影響

在反應過程中，反應物 A 的量增加時，k 爲正值；在廢水生物處理中，有機污染物逐漸減少，反應常數爲負值。

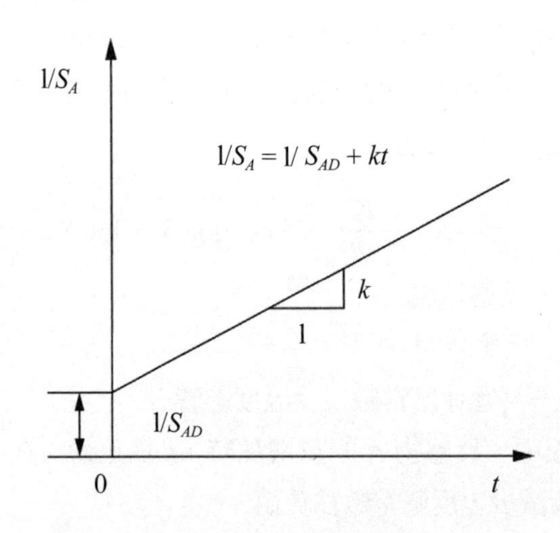

3. Michaelis-Menten 方程式

(1) 濃度對酶反應速度的影響

- 一切生化反應都是在酶的催化下進行的。種種反應亦可以說是一種酶促反應或酶反應。酶促反應速度受酶濃度、底物濃度、pH、溫度、反應產物、活化劑和抑制劑因素的影響。
- 在有足夠底物又不受其他因素影響時，則酶促反應速度與酶濃度成正比。
- 當底物濃度在較低範圍內，而其他因素恆定時，這個反應速度與底物濃度成正比，是一級反應。
- 當底物濃度增加到一定限度時，所有的酶全部與底物結合後，酶反應速度達到最大值，此時再增加底物的濃度對速度就無影響，是零級反應，但各自達到飽和時所需的底物濃度並不相同，甚至差異有時很大。

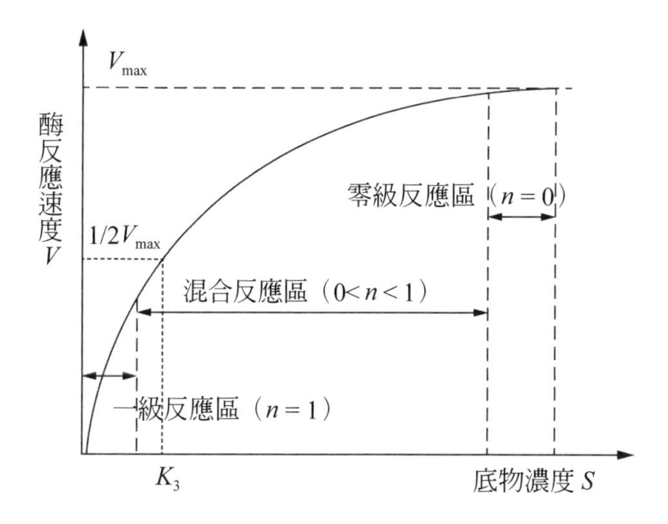

中間產物假說：酶促反應分兩步進行，即酶與底物先合成爲一中間產物，這個中間產物再進一步分解成產物和游離態酶，以下式表示：

$$S+E \underset{k_2}{\overset{k_1}{\rightleftharpoons}} ES \xrightarrow{k_3} P+E$$

式中，S 代表底物，E 代表酶，ES 代表酶—產物中間產物，P 代表產物。

從上式可以看出，當底物 S 濃度較低時，只有一部分酶 E 和底物 S 形成酶—底物中間產物 ES。

此時，若增加底物濃度，則將有更多的中間產物形成，因而反應速度亦隨之增加。

當底物濃度很大時，反應體系中的酶分子已基本全部和底物結合成 ES 中間產物。此時，底物濃度雖再增加，但無剩餘的酶與之結合，故無更多的 ES 中間產物生成，因而反應速度維持不變。

(2) 米式方程式

1913 年前後，米歇里斯和門坦提出了表示整個反應中底物濃度與酶促反應速度之間關係的式子，稱爲米歇里斯—門坦方程式，簡稱米氏方程式，即：

$$v=\frac{v_{max}C_S}{K_m+C_S}=v_{max}\frac{C_S}{K_m+C_S}$$

式中：v ——酶促反應速度

v_{max}——最大酶反應速度

C_S ——底物濃度

K_m ——米氏常數

此式表明，當 K_m 和 v_{max} 已知時，酶反應速度與酶底物濃度之間的定量關係。由上式得：

$$K_m=C_S\left(\frac{v_{max}}{v}-1\right)$$

該式表明，當 $v_{max}/v = 2$ 或 $v = 1/2v_{max}$ 時，$K_m = C_S$，即 K_m 是 $v = 1/2v_{max}$ 時的底物濃度，故又稱半速度常數。

- 當底物濃度 C_S 很大時，$C_S >> K_m$，$K_m + C_S \approx C_S$，酶反應速度達到最大值，即 $v = v_{max}$，呈零級反應，在種種情況下，只有增大底物濃度，才有可能提高反應速度。
- 當底物濃度 C_S 較小時，$C_S << K_m$，$K_m + C_S = K_m$，酶反應速度和底物濃度成正比例關係，即 $v=\frac{v_{max}}{K_m}C_S$。呈一級反應。此時，增加底物濃度可以提高酶反應的速度。但隨著底物濃度的增加，酶反應速度不再按正比例關係上升，呈混合級反應。
- 實際應用時，我們採用了微生物濃度 C_x 代替酶濃度 C_E。通過試驗，得出底物降解速度和底物濃度之間的關係式，類同米氏方程式，如下：

$$v=v_{max}\frac{C_S}{K_S+C_S}$$

式中：K_s——飽和常數，即當時的底物的濃度，故又稱半速度常數

(3) 米式常數的意義

- 米氏常數K_m是酶反應處於動態平衡即穩態時的平衡常數。具有重要物理意義。
- K_m 值是酶的特徵常數之一，只與酶的性質有關，而與酶的濃度無關。不同的酶，K_m 值不同。如果一個酶有幾種底物，則對每一種底物，各有一個特定的 K_m。並且，K_m 值不受 pH 及溫度的影響。因此，K_m 值作為常數，只是對一定的底物、pH 及溫度條件而言。測定酶的 K_m 值，可以作爲鑑別酶的一種手段，但必須在指定的實驗條件下進行。
- 同一種酶有幾種底物就有幾個 K_m 值。其 K_m 值最小的底物，一般成爲該酶的最適底物或天然底物。如蔗糖是蔗糖酶的天然底物。
- $1/K_m$ 可以近似地反映酶對底物親和力的大小，$1/K_m$ 愈大，表明親和力愈大，最適底物與酶的親和力最大，不需很高的底物濃度，就可較易地達到 $v_{\max}$。

(4) 米式常數的測定

對於一個酶促反應，K_m 值的確定方法很多。實驗中即使使用很高的底物濃度，也只能得到近似的 $v_{\max}$ 值，而達不到眞正的 $v_{\max}$ 值，因而也測不到準確的 K_m 值。爲了得到準確的 K_m 值，可以把米氏方程的形式加以改變，使它成爲直線方程式的形式，然後用圖解法定出 K_m 值。

目前，一般用的圖解求 K_m 值法爲藍微福—布克作圖法或稱雙倒數作圖法。此法先將米氏方程改寫成如下的形式，亦即：

$$\frac{1}{v}=\frac{K_m}{v_{\max}}\cdot\frac{1}{C_S}+\frac{1}{v_{\max}}$$

實驗時，選擇不同的 C_S，測定對應的 v。求出兩者的倒數，作圖即可得出如下圖的直線。量取直線在兩坐標軸上的截距 $1/v_{\max}$ 和 $-1/K_m$，就可以求出 K_m 及 $v_{\max}$。

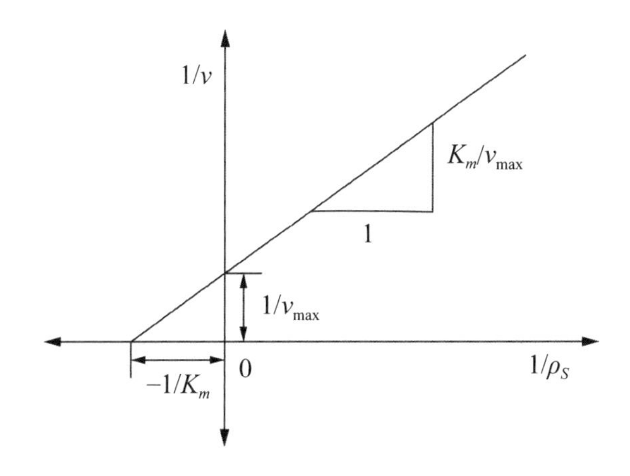

4. Monod 方程式

微生物增長速度和微生物本身的濃度、底物濃度之間的關係是廢水生物處理中的一個重要課題。有多種模式反映這一關係。當前公認的是莫諾特方程式：

$$\mu = \mu_{\max} \frac{C_S}{K_S + C_S}$$

式中：C_S ——限制微生物增長的底物濃度（mg/L）

μ ——微生物比增長速度，即單位生物量的增長速度

K_S ——飽和常數

$\mu_{\max}$——μ 的最大值，底物濃度很大，不再影響微生物的增長速度時的 μ 值

$$\mu = \frac{dC_X / dt}{C_X}$$

式中：C_X——微生物濃度（mg/L）

在一切生化反應中，微生物的增長是底物降解的結果，彼此之間存在著一個定量關係。現如以 $d\rho_S$（微反應時段 dt 內的底物消耗量）和 $d\rho_X$（dt 內的微生物增長量）之間的比例關係值，透過下式表示之：

$$Y = \frac{d\rho_X}{d\rho_S} \text{ 或 } Y = \frac{d\rho_X / dt}{d\rho_S / dt} = \frac{v_X}{v_S} \text{ 或 } Y = \frac{v_X / \rho_X}{X_S / \rho_S} = \frac{\mu}{q}$$

式中：Y ——產率係數

ρ_X ——微生物濃度

$v_X = \frac{d\rho_X}{dt}$ ——微生物增長速度

$v_Z = \frac{d\rho_S}{dt}$ ——底物降解速度

$\mu = \frac{v_X}{\rho_X}$ ——微生物比增長速度

$q = \frac{v_S}{\rho_X}$ ——底物比降解速度

由式 $Y = \frac{d\rho_X}{d\rho_S}$ 或 $Y = \frac{d\rho_X / dt}{d\rho_S / dt} = \frac{v_X}{v_S}$ 或 $Y = \frac{v_X / \rho_X}{X_S / \rho_S} = \frac{\mu}{q}$

以及　$\mu = Y \cdot q$；$\mu_{\max} = Y \cdot q_{\max}$

代入式　$\mu=\mu_{\max}\dfrac{\rho_s}{k_s+\rho_s}$

得：　$q=q_{\max}\dfrac{\rho}{K_S+\rho_S}$

（目前廢水生物處理工程中常用的兩個基本反應動力學方程式）

式中：q 和 $q_{\max}$ ——底物的比降解速度及其最大值

ρ_s ——底物濃度

K_s ——飽和常數

5. 廢水生物處理工程的基本數學模式

生物處理中，廢水中的有機污染物質（即底物、基質）正是需要去除的對象；生物處理的主體是微生物；而溶解氧則是保證好氧微生物正常活動所必需的。因此，可以把有機質、微生物、溶解氧之間的數量關係用數學公式表達。

污水生物處理工程執行中，人們已經把前述的米式方程式和莫諾特方程式引用進來，結合處理系統的物料衡算，提出了所需的生物處理的數學模式，供廢水生物處理系統的設計和運行之用。

(1) 推導廢水生物處理工程數學模式的幾點假定

A. 整個處理系統處於穩定狀態，反應器中的微生物濃度和底物濃度隨時間變化，維持一個常數。即：

$$\frac{d\rho_X}{dl}=0 \quad 及 \quad -\frac{d\rho_S}{dl}=0$$

式中：ρ_X ——反應器中微生物的平均濃度

ρ_S ——反應器中底物的平均濃度

B. 反應器中的物質按完全混合及均布的情況考慮，整個反應器中的微生物濃度和底物濃度不隨位置變化，維持一個常數。而且，底物是溶解性的。即：

$$\frac{d\rho_X}{dl}=0 \quad 及 \quad \frac{d\rho_S}{dl}=0$$

C. 整個反應過程中，氧的供應是充分的（對於好氧處理）。

(2) 微生物增長與底物降解的基本關係式

1951 年由霍克來金（Heukelekian）等人提出了：

$$\left(\frac{d\rho_X}{dt}\right)_S=Y\left(\frac{d\rho_S}{dt}\right)_u-K_d\cdot\rho_X$$

式中：$\left(\frac{d\rho_X}{dt}\right)_S$ ——微生物淨增長速度

$(\frac{d\rho_S}{dt})_u$——底物利用（或降解）速度

Y——產率係數

K_d——內源呼吸（或衰減）係數

ρ_X——反應器中微生物濃度

在實際工程執行中，產率係數（微生物增長係數）Y常以實際測得的觀測產率係數（微生物淨增長係數）Y_{obs}代替。

故式 $(\frac{d\rho_X}{dt})_g = Y(\frac{d\rho_S}{dt})_u - K_d \cdot \rho_X$

可改寫為 $\boxed{(\frac{d\rho_X}{dt})_g = Y_{obs}\ (\frac{d\rho_S}{dt})_u}$ *

從上式得：

$$\frac{(d\rho_X/dt)_g}{\rho_X} = Y\frac{(d\rho_S/dt)_u}{\rho_X} - K_d \text{ 或 } \mu' = Y \cdot q - K_d$$

式中：μ'為微生物比淨增長速度

同理，從式 * 得：$\mu' = Y_{obs} \cdot q$

上列諸式表達了生物反應處理槽內，微生物的淨增長和底物降解之間的基本關係，亦可稱廢水微生物處理工程基本數學模式。

參考文獻

1. Metcalf & Eddy, Wastewater Engineering Treatment, Disposal, Reuse.
2. 歐陽嶠暉，下水道工程學（水環境再生工程學），2011 年版。
3. Mahlon Hoagland & Bert DodsonMahlon，觀念微生物學，2002。
4. 歐陽嶠暉，下水道學，2016 年版。

第七章 好氧生物反應及機制

7.1 好氧性分解

基本上分解作用或稱生物分解作用可分爲好氧及厭氧兩種方式，好氧作用或稱好氧性分解（Aerobic degration）乃採自由氧作爲氫（H^+）或電子（e^-）接受者，故其最終產物爲 CO_2、NH_3、H_2O 等。整體而言好氧性分解之方程式如下：

$$\text{複雜性有機物} + O_2 \rightarrow CO_2 + H_2O + \text{穩定性產物}$$

（穩定性產物如有有機物中含硫則爲 SO_4^{2-}，如含磷則轉成 PO_4^{3-}，若爲氮則以最穩定狀之 NO_3^- 存在。）

至於前述之 C、N、P 之廢水中之複雜性有機化合物（有碳水化合物、蛋白質及脂肪質）之好氧性分解循環，詳如圖 7.1-1 所示。

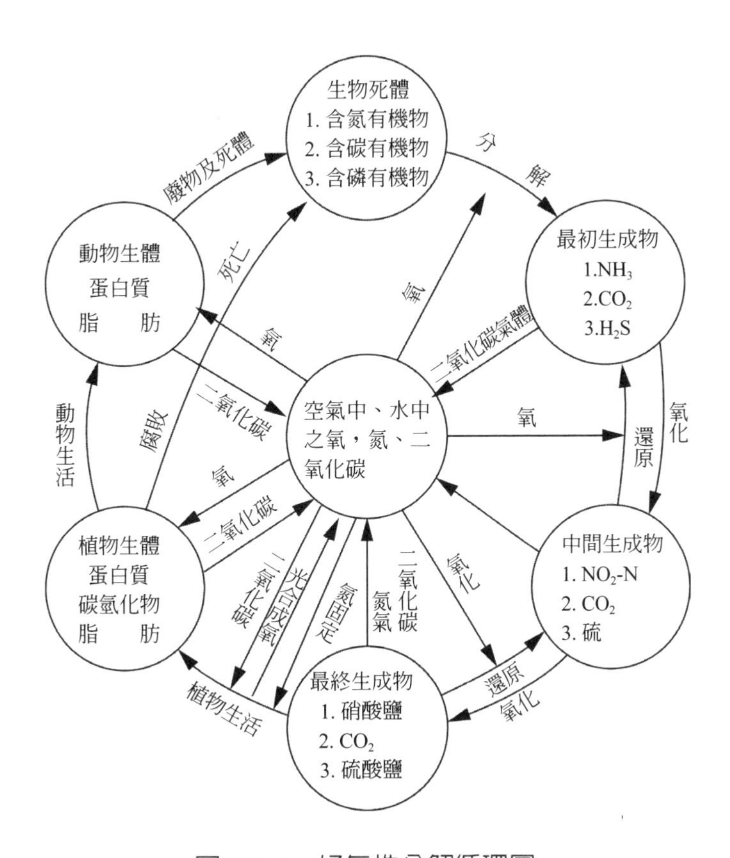

圖 7.1-1 好氧性分解循環圖

資料來源：下水道工程學，歐陽嶠暉，2011

於氧化過程中第一階段之初產物有蛋白質及胺基酸類會轉化成氨氮，同時碳水化合物產生 CO_2 及 H_2O，至於硫化物產生爲 H_2S，接著好氧作用的進行，成爲中間產物，至於最終穩定產物，含氮則爲 NO_3^- 存在，含硫則以 SO_4^{2-}，如碳水化合物則以 $CO_2 + H_2O$ 存在。

由於一般有機物中較氮化物容易達到安定化，而硫化物則較遲發生。於安定化後的物質，被水生藻類及魚類等植物或動物所攝取，合成爲生物所必須的細胞組織，然而生物的排出物及死亡生物，又成爲有機物，在這期間由於生物的呼吸活動以及藻類，一部分植物可行光合作用，而使氮元素行固定作用（參考下水道工程學，歐陽嶠暉，2011）。

7.2 好氧性生物處理方法

接續第一章所述生物處理方法有好氧性、厭氧性兩大類，詳如圖 7.2-1 所示。

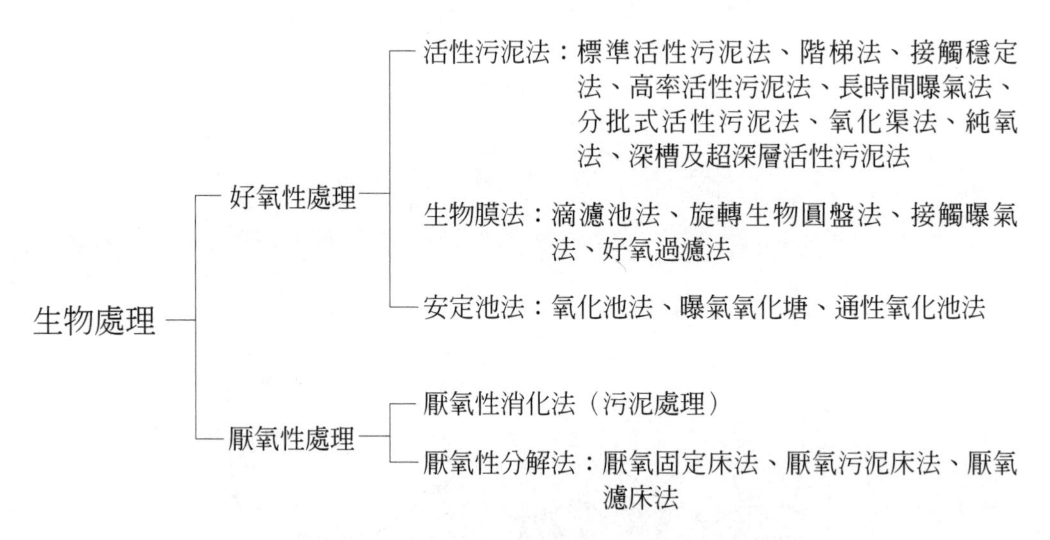

圖 7.2-1 生物處理法之種類

另依據懸浮性及生物膜之必要性，好氧性處理方法又可區分出懸浮性生物處理方法及固定生物膜法兩大類，將於第九、十章詳加介紹。至於安定法（Stabilization pond）中有氧化池（Oxidation pond）、曝氣氧化塘（Aerated lagoons）以及通性氧化池法等三種，分述如下。

7.2.1 氧化池法（Oxidation pond）

所謂氧化池法係由於基於有機物之好氧性分解需要氧量，惟氧量主要由藻類產生光合作用提供，一般而言其深少於 0.5 m，因此太陽光於此情形才能充分穿透到底，但是爲了使底部污泥保持好氧狀態，以及均勻分布氧氣，故每日需攪拌數小時及相關循環作業，使水質均勻，由於本法建設及操作費用低廉，可進一步置放於一、二級處理放流水之後續進化作業，或郊區農業形態之水質處理，由於考慮藻類之繁殖及水質中之豐富營養鹽，一般已少用於生活污水之處理，較常用於罐頭廠及牛奶製業工業廢水之 BOD 及 COD 稀釋後，流入池中處理。

7.2.2 曝氣氧化塘（Aerated lagoons）

曝氣氧化塘爲氧化池之改良，有鑒於廢水濃度無法均勻之分布，若池水較深容易發生溶氧短缺現象造成厭氧狀態，故採用機械攪拌或壓縮空氣曝氣以提供相當程度之氧量，另由於攪拌之加持進行對於 BOD 及 COD 之去除能力較前述氧化池法高出多倍。由於如第一章所述活性污泥法之濫觴，曝氣氧化塘法之原理與該法類似，較氧化池法受季節性變化之影響小，由於曝氣之使用一般可得較佳之放流水質，因此進流水之水質設計濃度較高，建造費及操作維護費亦較高。

7.2.3 通性氧化池法

本法顧名思義通性即好氧（喜氣）及厭氧（厭氣）皆存在之處理方法，基於藻類光合作用之運行，由於表層光線充足及曝氣作用產生足夠溶氧，尤其夏天日光充足亦使氧量相當充足，接著中層以下之溶氧量逐漸減少，最後到了底部由沉澱底泥以及細菌之生化作用耗用氧氣，溶氧量不足以補充有機物分解之好氧量，因而呈現厭氧狀態，產生甲烷及其他厭氧態之氣體。至於其設計水深一般爲 1~2 m，其相關電位及溶氧量剖面圖詳如圖 7.2-2 所示。

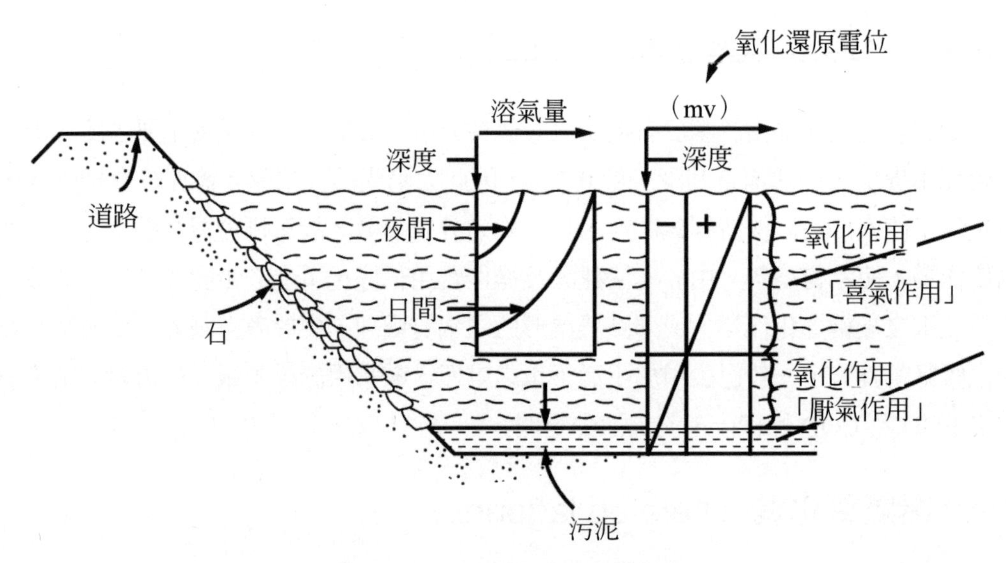

圖 7.2-2 通性氧化池斷面圖

參考文獻

1. Metcalf & Eddy, Wastewater Engineering Treatment, Disposal, Reuse.
2. 歐陽嶠暉，下水道工程學（水環境再生工程學），2011 年版。
3. 高肇藩、張祖恩，水污染防治。
4. 石濤，環境微生物，1999。
5. Mahlon Hoagland & Bert DodsonMahlon，觀念微生物學，2002。
6. 歐陽嶠暉，下水道學，2016 年版。

第八章 厭氧生物反應及機制

8.1 厭氧性分解（Anaerobic degration）

另一種生物分解作用肇於氧氣對其具有毒性，稱爲厭氧作用或稱厭氧性分解（Anaerobic degration）乃採結合氧（無自由氧，如 NO_3^-、SO_4^{2-}、CO_2、NO_2^- 等）作爲氫或電子之接受者，而其最終產物爲 NH_3、H_2S、CH_4、H_2O、CO_2 等轉好氧分解之產種複雜。故厭氧性分解之方程式如下：

$$複雜性有機物 + 結合氧 \rightarrow CO_2 + CH_4 + 部分穩定化合物$$

特別値得一提的厭氧分解之最終產物，仍處於高能量之部分穩定狀態。由於厭氧分解中自由氧（O_2）是不能存在的，氮於接受 H^+ 後很快即形成 NH_3，由於無 O_2 故無法硝化成 NO_2^- 或 NO_3^-，至於硫於接受 H^+ 即形成 H_2S 爲惡臭物質，爲厭氧狀態之重要產種。當新鮮下水靜置一段時間後，水中溶氧量即呈不足，續由厭氧性微生物的繁殖，以及水中之物質的一部分進行加水分解，發生厭氧性分解，其爲厭氧性細菌之還原作用。

有關 C、N、P 有機物質之厭氧性之分解循環模式詳如圖 8.1-1 所示。

過程中初期產物爲有機酸、酸性碳酸鹽、CO_2 及 H_2S 等。另中間產物爲 NH_3-N、酸性碳酸鹽、CO_2 及硫化物等。最終穩定產物爲 NH_3-N、CO_2、CH_4、硫化物及腐植質等。

厭氧分解過程中所發生的氣體有 NH_3、H_2、H_2S、CO_2、CH_4 等，至於中間產物中也有很多有異味的揮發性物質，容易散發於大氣中，厭氧分解之最終穩定產物可成爲植物的營養分，植物再成爲動物的食物之循環現象。當下水中尙存在有少量溶解氧亦能進行厭氧分解，由於極度腐敗其分解完成，因將消耗多量的氧，故所須時間較好氧反應爲長（參考下水道工程學，歐陽嶠暉，2011）。

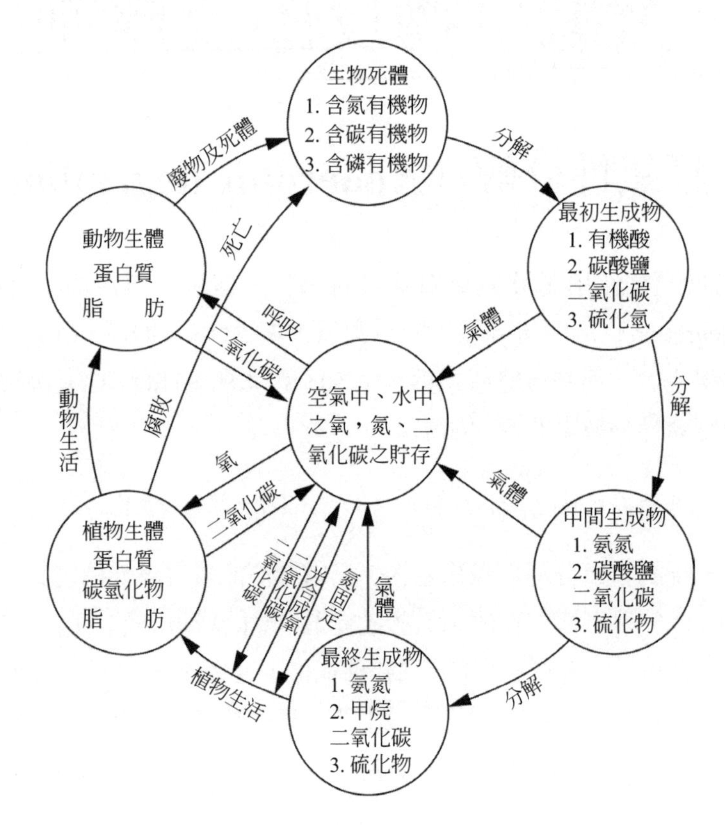

圖 8.1-1　厭氧性分解循環圖

資料來源：下水道工程學，歐陽嶠暉，2011

綜合上述，至於比較前述好氧及厭氧生物分解之各種狀態詳如表 8.1-1 所示。

表 8.1-1　好氧及厭氧性生物分解比較表

名稱 項目	好氧分解	厭氧分解
氫或電子之接受者	O_2	結合氧
分解速率	快	較慢
需能狀態	較大（加氧氣）	小
污泥產量	較高	少
生成物能階	低	較高（有 CH_4）
主要最終穩定產物	CO_2、H_2O、SO_4^{2-}、NO_3^-	CH_4、CO_2、H_2O、H_2S、NH_3

8.2 厭氧性生物處理方法

厭氧處理程序使有機物轉化爲甲烷的代謝過程可由圖 8.2-1 表示，有機廢污水中所含蛋白質和多醣類等高分子有機物首先由圖中之①所構成單位被水解，而以②代謝爲低級脂肪酸等中間產物，繼而以③將中間產物轉換爲甲烷氣體。通常①爲加水分解反應，②爲酸生成反應（也有將①及②合併稱爲酸生成反應）。③則稱爲甲烷生成反應。又①及②爲非甲烷生成相（Non-methanogenic phase），③爲甲烷生成相（Methanogenic phase）（參考下水道工程學，歐陽嶠暉，2011）。惟前述轉化過程大都發生於污泥之處理之程序，對於廢污水之厭氧性生物處理過程並不普遍，且生物處理之主要程序大部分爲好氧性，於第七及八、九章詳述。

由於好氧性生物處理成本較耗能，因此爲了節能減碳降低處理成本，厭氧生物處理近年來普遍受到重視，常見之厭氧處理方法諸加 (1) 傳統標準消化法，(2) 厭氧活性污泥法，(3) 厭氧污泥床法，(4) 厭氧固定床法（生物膜），(5) 厭氧流動床法（生物膜）等五大類（參考高肇藩、張祖恩，水污染防治），相關反應槽形態以及設計操作規範詳如圖 8.2-2 以及表 8.2-1 所示。

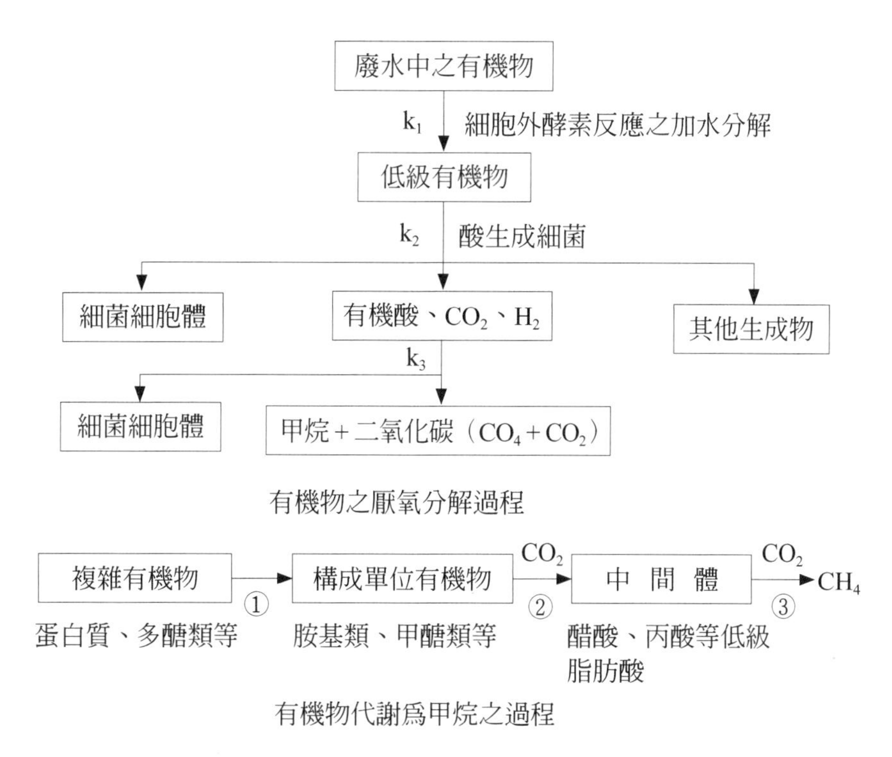

圖 8.2-1　有機物之厭氧分解及代謝為甲烷過程

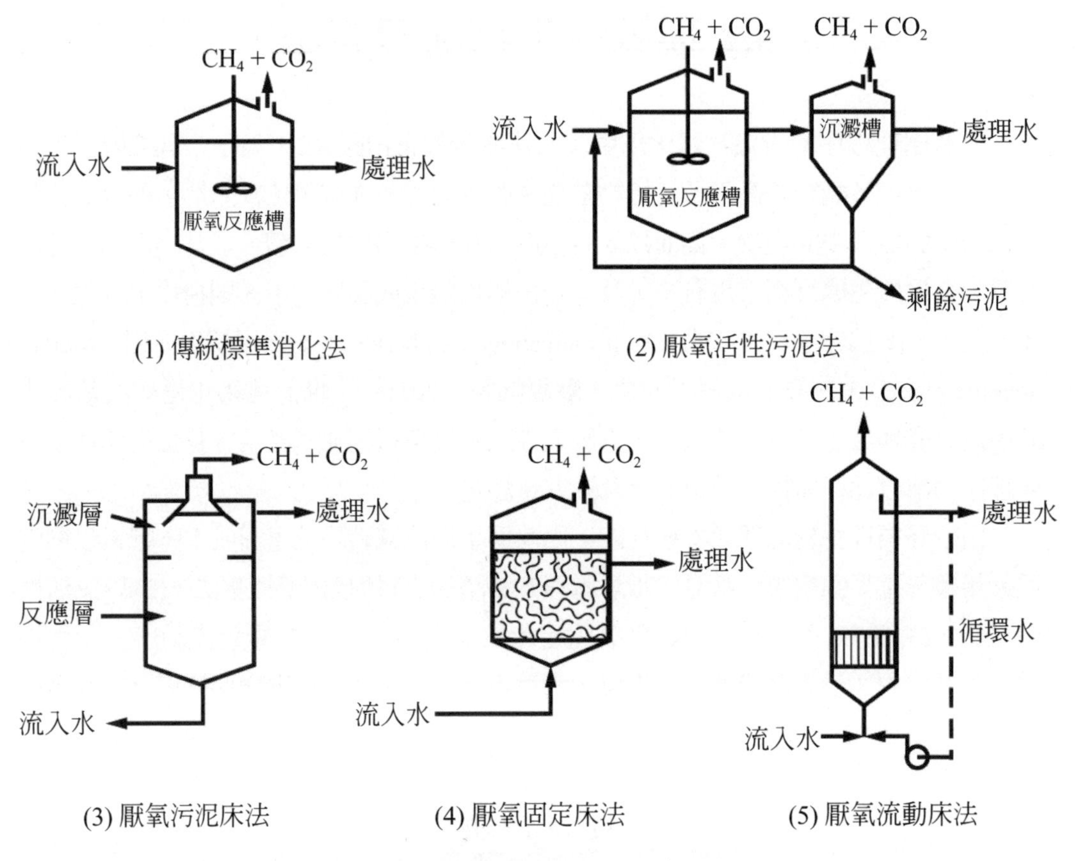

圖 8.2-2 不同類型厭氧生物處理法

表 8.2-1 不同類型厭氧生物處理法操作參數

操作條件	傳統標準消化法	厭氧活性污泥法	厭氧污泥床法	生物膜方式	
				固定床法	流動床法
應用條件	高固體物污泥	高固體物污泥	高濃度有機物低固體物	高濃度有機物低固體物	低中等有機物低固體物
應用時機	預先處理污泥消化	預先處理污泥消化	預先處理	預先處理	二級處理
細胞停留時間（SRT）	SRT = HRT	SRT > HRT	SRT > HRT	SRT > HRT	SRT > HRT
投入固體物濃度（TS）	高（> 3%）	高（> 3%）	中等（0~1%）	低（0~0.5%）	中等（0~0.1%）
投入有機物含量（BEP）（$kcal/m^2$）	高（$> 9.5 \times 10^4$）	高（$> 9.5 \times 10^4$）	中等（$> 3.3 \times 10^4$）	中等（$> 6.7 \times 10^3$）	低（$> 6.7 \times 10^2$）

操作條件	傳統標準消化法	厭氧活性污泥法	厭氧污泥床法	生物膜方式	
				固定床法	流動床法
操作溫度	＞30℃	＞30℃	＞30℃	＞20℃	＞10℃
對流量變化之適應力	中等（半連續流）	中等（半連續流）	低（半連續流）	中等～高	中等～高
毒性物質之忍受程度	低	中等	中等	極佳	良好

參考文獻

1. Metcalf & Eddy, Wastewater Engineering Treatment, Disposal, Reuse.
2. 歐陽嶠暉，下水道工程學（水環境再生工程學），2011 年版。
3. 高肇藩、張祖恩，水污染防治。
4. 歐陽嶠暉，下水道學，2016 年版。

第九章　懸浮式生物處理與微生物

9.1 懸浮式生物處理方法

接續第一章及第七章好氧性生物處理方法之說明，於污水生物處理中懸浮性生物處理主要爲活性污泥法及其變種及衍生之多種處理方式。本章及第十章整理依據內政部營建署 102 年下水道工程設計規範建議之處理方式，以及主要去除物質，整理如表 9.1-1，並依其精神詳述各種處理方式。

表 9.1-1　各種懸浮性生物處理法之處理方式及去除物質

方法		處理方式	主要去除物質
活性污泥法	一般活性污泥法	標準活性污泥法、階梯曝氣法、延長曝氣法、氧化渠法、分批式活性污泥法、深層曝氣法及活性污泥膜濾法	BOD、SS
	去氮除磷活性污泥法	A_2O、Modified Bardenpho、UCT、VIP、SBR、TNCU	BOD、SS、T-N、T-P
	去氮活性污泥法	MLE、SBR、Bardenpho（四段式）、Oxdation Ditch、MBR	BOD、SS、T-N

第一大類爲一般活性污泥法，該法係指經前處理程序之下水，流入生物反應槽與槽內成流動狀的耗氧性微生物群之活性污泥物質充分混合接觸後之流出水，於終沉池沉澱分離，沉澱分離後之污泥部分迴流至生物反應槽，另一部分則成爲剩餘污泥排除後另行處置之處理法，爲污水處理系統中常見之二級處理程序。

污水主要利用好氧性微生物對於有機物的分解代謝能力，配合各生長階段的活性以達到去除有機物或氮磷等污染物。考量需處理水質目標、進流水水質條件、廠址現地條件、處理程序效率、操作管理便利性及經濟性等因素，除傳統標準活性污泥法外，尚發展出許多改良方法，包含階梯曝氣法、延長曝氣法、氧化渠法、分批式活性污泥法（SBR）、深層曝氣法，及活性污泥膜濾法（MBR）。

第二大類爲去氮除磷活性污泥法，包含有 A_2O、Modified Bardenpho、UCT、VIP、SBR、TNCU 等，第三大類去氮活性污泥法則有 MLE、SBR、Bardenpho（四段式）、Oxdation Ditch、MBR 等，將分述如下。

9.1.1 一般活性污泥法

活性污泥法處理方式有標準活性污泥法、階梯曝氣法、延長曝氣法、氧化渠法、分批式活性污泥法、深層曝氣法及活性污泥膜濾法，各處理方式之設計參數及反應槽水深如表 9.1-2。

表 9.1-2　各種處理方式之設計參數及反應槽水深

處理方式	食微比（Kg BOD/Kg MLSS·Day）	混合液懸浮固體濃度（MLSS）（mg/L）	反應槽水深（m）	水力停留時間（HRT）（hr）	污泥停留時間（ASRT）（day）	迴流污泥率（%）	反應槽形狀
標準活性污泥法	0.2~0.4	1,500~2,000	4~6	6~8	3~6	25~50	柱塞流式、完全混合式
階梯曝氣法	0.2~0.4	1,000~1,500（最終池槽）	4~6	4~6	3~6	50~100	多段柱塞流式
延長曝氣法	0.05~0.10	3,000~4,000	4~6	16~24	13~50	100~200	柱塞流式、完全混合式
氧化渠法	0.03~0.05	3,000~4,000	2~5	24~36	8~50	120~200	繞流式完全混合形 無初級沉澱池
分批式活性污泥法（SBR）	0.2~0.4（高負荷型）	1,500~2,000（高負荷型）	4~5	24~48	－	排水比 1/6~1/3（高負荷型）	完全混合式
	0.03~0.05（低負荷型）	2,000~3,000（低負荷型）				排水比 1/4~1/2（低負荷型）	
深層曝氣法	0.2~0.4	1,500~2,000	10~12	6~8	－	50~100	圓形、柱塞流式、完全混合式
活性污泥膜濾法（MBR）	低（依 MLSS 而定）	8,000~15,000	依膜材而定	3~6	長（依 MLSS 而定）	無	柱塞流式、完全混合式

註：本表整理自「下水道施設計畫·設計指針及解說」2009 日本下水道協會及內政部營建署 102 年下水道工程設計規範

1. 標準活性污泥法

標準活性污泥法可採用完全混合式或柱塞流式池槽，迴流污泥自生物反應槽流入端與初沉池沉澱後之進流水混合後一併流入生物反應槽，藉水平流動經一定時間曝氣之方式，生物反應槽流出水導入最終沉澱池沉澱分離懸浮物質，上澄水即為處理水，沉澱之懸浮物部分迴流生物反應槽，一部分則成為剩餘污泥排除。

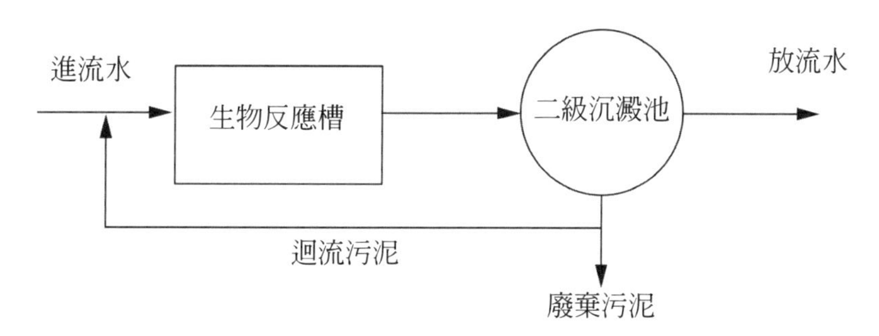

圖 9.1-1　標準活性污泥法（Activated sludge）示意圖

2. 階梯曝氣法

為達生物反應槽內混合液之氧利用量均勻化，將狹長生物反應槽分成數處分別流入下水方式，稱為階梯曝氣法，操作之 BOD 雖與標準活性污泥法相同，但 BOD 容積負荷較大，去除一定 BOD 所需生物反應槽之容積較活性污泥法小，曝氣時間短，亦可使污泥濃度降低。

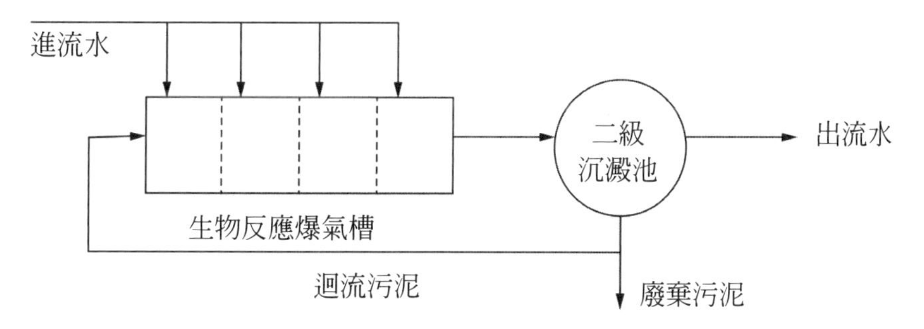

圖 9.1-2　階梯曝氣法（Step feed aeration）示意

3. 延長曝氣法

本方法之流程與標準活性污泥法相同，惟採用調整設計參數方式，利用微生物體內分解期之階段，使下水中 BOD 減少，同時減少剩餘活性污泥。

本法生物反應槽內 BOD 負荷很低，由於長時間曝氣，使槽內之活性污泥處於營養不足狀態，利用微生物體內呼吸期，因此一度形成之污泥膠羽再度分解，以減少剩餘污泥產生量。

4. 氧化渠法

氧化渠法與延長曝氣法原理相同，但處理設施不同，爲深 2 至 5 公尺溝渠連結成環狀或帶狀，典型方式爲以横軸輪刷式曝氣機自水表面供給氧，同時使污泥不沉降，混合液之流速維持 0.4 m/s 以上之處理方法。

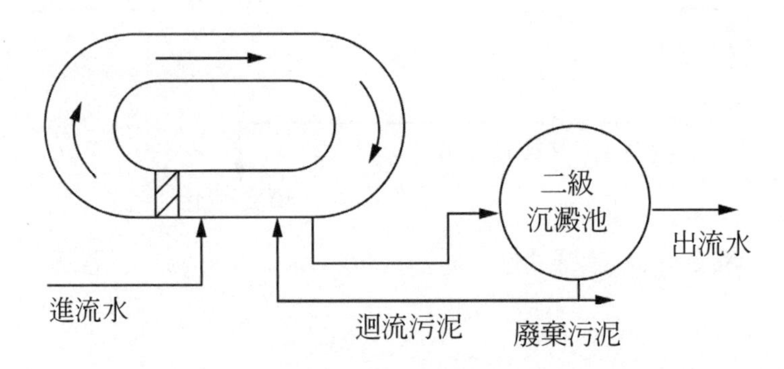

圖 9.1-3 氧化渠法（Oxidation ditch）示意圖

5. 分批式活性污泥法（SBR）

分批式活性污泥法爲活性污泥法之修正法，基本上爲生物反應槽兼具沉澱槽之用，而依其流入水爲間歇流入或連續流入而有不同操作，間歇流入者其操作分污水流入、曝氣、沉澱及排水等四個階段進行。由污水流入至排水爲一循環，其一循環之操作包括曝氣及攪拌設備皆在一個反應槽內依次進行，而以連續循環操作之。

分批式活性污泥法不需如同一般活性污泥法需另設置最終沉澱池及迴流污泥泵，進流方式連續流入者則需有避免影響沉澱之阻流設施。

6. 深層曝氣法（Deep aeration）

標準活性污泥法經過多年發展，其各種變化方式之生物反應槽水深多爲 4~6 公尺，如採更深生物反應槽則稱爲深層曝氣法，因其池槽水深較深，設施單位面積將可大幅減少（如水深 10 公尺時池槽面積可減低至 50%），適合用地取得困難之地區。

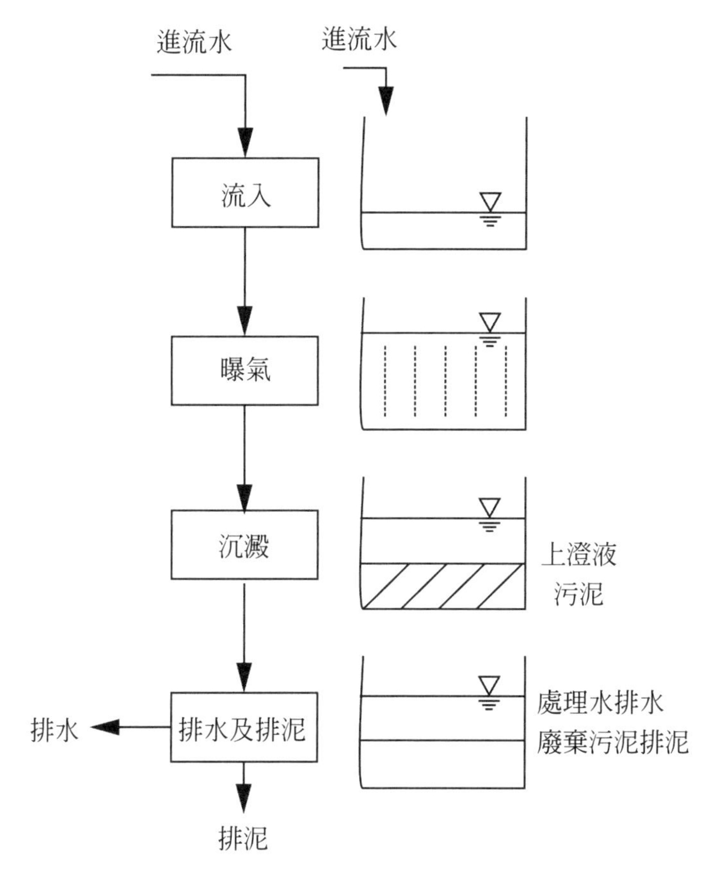

圖 9.1-4　分批式活性污泥法（Sequencing batch reactor）示意圖

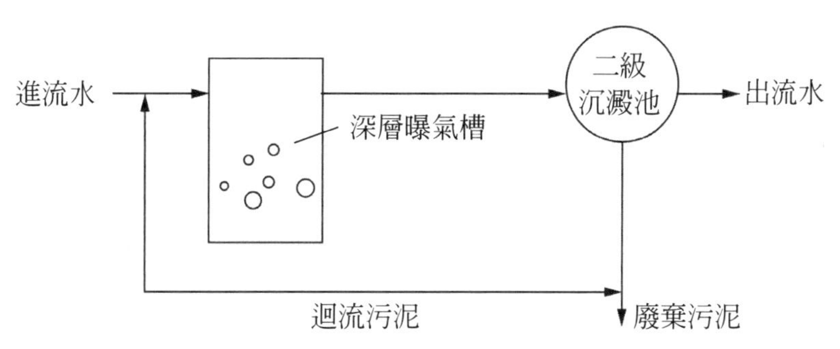

圖 9.1-5　深層曝氣法（Deep tank aeration）示意圖

7. 活性污泥膜濾法（Membrane bio-reactor, MBR）

活性污泥膜濾法係於生物反應槽內（或採外掛方式）加設薄膜（Membrane）膜組，其結合薄膜固液分離與生物反應槽功能之處理技術，具備生物分解與薄膜分離之雙重作用，可達到去除溶質及固體物之效。本法將反應槽內微生物或懸浮固體以薄膜分離阻絕而產生澄清濾後水，由於微生物被有效滯留於反應槽內，因而可穩定控制微生物在反應槽之停留時間（污泥齡），膜組操作時利用透膜壓力爲驅動力，將經過活性污泥處理過之混合液過濾而得到過濾液放流水，由於本法通常使用之薄膜孔徑僅約 0.01 至 0.4 μm，濾後放流水水質甚佳，甚至可達到回收再利用水質標準。

活性污泥膜濾法因其藉由膜組進行固液分離，可取代傳統生物處理系統之沉澱池、砂濾及消毒單元，惟膜組系統必須定期反沖洗及藥洗以恢復通量。

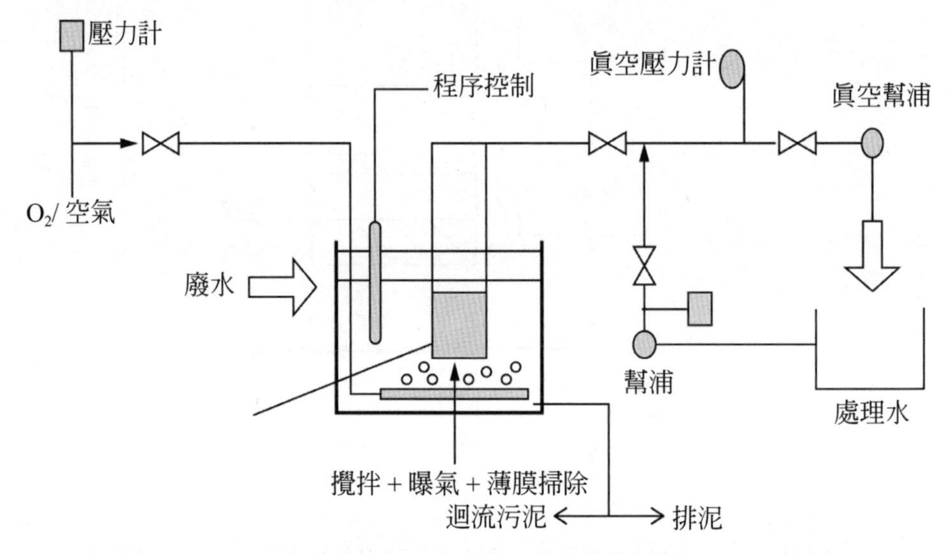

圖 9.1-6　活性污泥膜濾法（Membrane bioreactor）示意圖

8. 標準活性污泥法生物反應槽設計公式

活性污泥法之設計須包括負荷標準、生物反應槽形式、污泥產生、需氧量、營養需求、環境需求、固液分離、放流水水質、廠址現地條件等項目，活性污泥法之反應槽容積，依各處理方式之設計參數水力停留時間及設計流量計算之。

當以去除碳源污染物爲主時，反應槽的容積及污泥產生量，可按下列公式計算：

(1) 按污泥負荷計算：

$$V = \frac{Q(S_o - S_e)}{L_s X} \tag{9-1}$$

(2) 按污泥泥齡計算：

$$V = \frac{QY\theta_c(S_o - S_e)}{X_V(1 + K_d\theta_c)} \tag{9-2}$$

式中：V——反應槽的容積（m^3）

S_o——反應槽進水5日生化需氧量（mg/L）

S_e——反應槽出水5日生化需氧量（mg/L）

Q——反應槽的設計流量（m^3/day）

L_s——反應槽的5日生化需氧量污泥負荷（$kgBOD_5/(kgMLSS \cdot d)$）

X——反應槽內混合液懸浮固體平均濃度（mgMLSS/L）

Y——污泥產率係數（$kgVSS/kgBOD_5$）（一般取0.4~0.8）

X_V——反應槽內混合液揮發性懸浮固體平均濃度（mgMLVSS/L）

θ_c——設計污泥齡SRT（d）

K_d——衰減係數（d^{-1}）

(3) 衰減係數 K_d 值

應以當地冬季和夏季的污水溫度進行修正，並按下列公式計算：

$$K_{dT} = K_{d20} \cdot (\theta_T)^{T-20} \tag{9-3}$$

式中：K_{dT}——T℃時的衰減係數（d^{-1}）

K_{d20}——20℃時的衰減係數（d^{-1}）

T——設計溫度（℃）

θ_T——溫度係數，採用1.02~1.06

(4) θ_c(SRT)

θ_c 為SRT，代表污泥在系統中停留的平均時間，是活性污泥法設計時關鍵的參數，最小污泥齡與微生物比生長率成倒數關係，常用的最小參考值如表9.1-3。

表9.1-3　最小污泥齡與微生物比生長率最小參考值

處理目標	SRT範圍（日）	影響SRT因素
生活污水去除溶解性BOD	1~2	溫度
生活污水轉換顆粒有機物	2~4	溫度
處理生活污水形成生物膠羽	1~3	溫度
完全硝化	3~18	溫度、尖峰TKN負荷、抑制物質

處理目標	SRT 範圍（日）	影響 SRT 因素
生物除磷	2~4	溫度
穩定活性污泥	20~40	溫度

註：本表參考內政部營建署 102 年下水道工程設計規範以及 Grady/Diagger/Lim “Biological Wastewater Treatment” 2nd

去氮除磷活性污泥法之 SRT 用於計算好氧池容積，一般也表示為 ASRT，如果活性系統需考量硝化時，選擇硝化設計 SRT 要考量溫度、尖峰 TKN 負荷、抑制物質等之影響，需乘上安全係數提高設計 SRT 值，安全係數可為 TKN 尖峰負荷與平均負荷之比值。

(5) **污泥產生量**

$$Px = \frac{QY_c(S_o - S_e)}{1 + K_d\theta_c} \tag{9-4}$$

式中：P_x ──污泥產生量（kg VSS/day）

依上述式中計算之反應槽容積、進流水流量及水質，以及設定之 MLSS 濃度，校核有機負荷食微比、處理水水質、迴流污泥率及污泥停留時間。

9. 反應槽形式

(1) **完全混合式**

完全混合式是透過活性污泥法中之生物反應槽形狀及散氣方式設計，讓流入之污水、迴流污泥及槽內混合液在短時間內混合，並讓生物反應槽之溶氧消耗均勻化之處理方法，其處理流程如圖 9.1-7 所示。

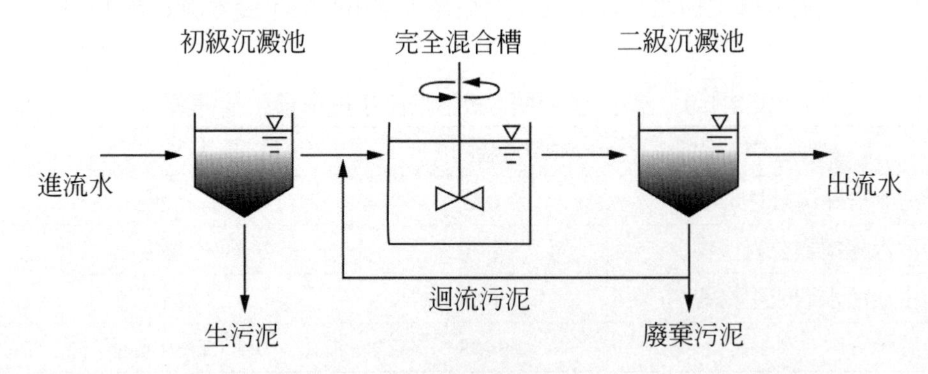

圖 9.1-7　完全混合活性污泥法（Complete-mix activated sludge, CMAS）示意圖

在此類活性污泥反應生物反應槽中，進流污水和迴流污泥流入反應槽後，將即刻與槽內的混合液徹底混合，因此池內混合液亦具稀釋污水之能力，而使此類反應槽可承受較大的污水濃度與性質變化之衝擊。相較於其他形式之活性污泥法，完全混合式反應槽操作較爲簡單，生物反應槽內反應雖較不完全，但可以增長水力停留時間予以克服。

(2) 柱塞流式（Plug flow）

矩形柱塞流反應槽如示意圖。此類活性污泥法之生物反應槽通常爲長方形或可以隔板等其他操作手段控制其水流成線型流過反應槽，進流水由生物反應槽之一端流入，而於另一端流出，迴流污泥則於生物反應槽之進流端注入與進流水相混合。

一般污水處理廠生物反應柱塞流式池槽常用寬度約 5 至 9 m，長度則可達 120 m，一般採用長寬比需達 10：1 以上。在此種活性污泥反應槽之水路流動狀態下，反應槽內各點之有機負荷逐漸降低，倘若進流水之有機負荷增大時，反應槽之進流部附近常有溶氧不足的現象，因此在設計時常依反應槽距進流端位置逐步調整其曝氣量，使其反應槽內各點均可維持一定之溶氧。

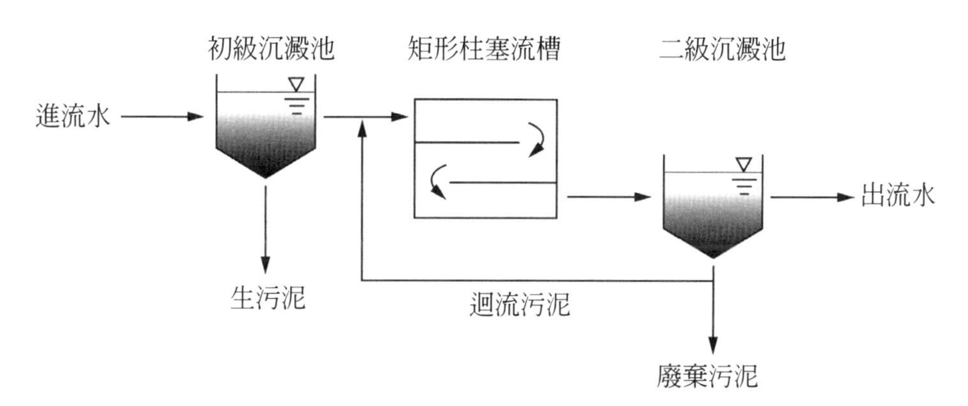

圖 9.1-8　柱塞流式槽體示意圖

其他至於延長曝氣法、氧化渠法、分批式活性污泥法及膜濾法，其處理流程可省略初沉池。另膜濾法可省略最終沉澱池及消毒單元。同時膜濾法因過濾膜採用 MF 或 UF 膜（孔徑 0.01~0.4 μm），爲避免濾膜損傷，進流水應先經細篩處理，並調勻流量，其設計可參考活性污泥膜濾法（MBR）技術與應用手冊（臺灣水環境再生協會）。

9.1.2 去氮除磷活性污泥法

去氮除磷活性污泥法之各種處理方式、設計參數示如表 9.1-4 所示。

表 9.1-4 去氮除磷活性污泥法之各種處理方式

設計參數		單位	處理方式					
			A_2O	Modified Bardenpho	MUCT	VIP	MSBR	TNCU
食微比		Kg BOD/kg MLVSS. day	0.15~0.25	0.1~0.20	0.1~0.20	0.1~0.20	0.1~0.2	0.1~0.2
污泥停留時間 ASRT		day	4~27	10~40	10~30	5~10	—	5~15
MLSS		mg/L	2,000~4,000	2,000~5,000	2,000~5,000	1,500~3,000	600~5,000	2,000~4,000
水力停留時間（hr）	厭氧段	hr	0.5~1.5	1~2	1~2	1~2	0.0~3.0	1.0~1.5（厭氧） 3.0~3.5（好氧）
	缺氧段一	hr	0.5~1.0	2~4	2~4	1~2	0.0~1.6	1.5~2.0（缺氧）
	好氧段一	hr	3.5~6.0	4~12	2.5~4.0	2.5~4.0	0.5~1.0	1.5~2.0（好氧）
	缺氧段二	hr	—	2~4	2~4	—	0.0~0.3	1.5~2.0（缺氧）
	好氧段二	hr	—	0.5~1.0	—	—	0.0~0.3（沉澱 1.5~2.0）	0.5~1.0（好氧）
	合計	hr	4.5~8.5	9.5~23	9~22	4.5~8	4~9	9~12
迴流污泥率		%	20~50	80~100	80~100	50~100	—	20~50
硝化液循環率		%	100~300	400~600	100~600	200~400	—	0
缺氧液循環率		%	—	—	50~100	—	—	—

註：本表整理自內政部營建署 102 年下水道工程設計規範以及「Wastewater Treatment plants planning,Design and Operation」2nd ed Syed R.Qasim 及 2009 日本下水道協會

1. A_2O 處理方式

典型之厭氧／缺氧／好氧程序爲厭氧、缺氧及好氧三單元之組合（Anaerobic/Anoxic/Oxic），厭氧槽置於最前端，迴流之磷積蓄菌可直接利用進流原廢水之有機物，使其與其他細菌競爭；又由於脫硝菌利用有機物較不敏感，可於第二（缺氧）槽中將

迴流水之 NO_2^- 及 NO_3^- 進行脫硝反應；第三（好氧）槽中則具有硝化作用。此程序之特點在於設計較短之污泥停留時間 SRT，及較高之有機負荷量。

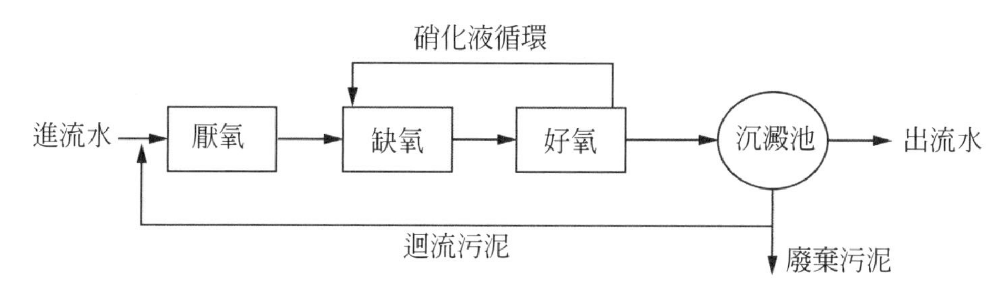

圖 9.1-9　A_2O（Anaerobic/Anoxic/Oxide）處理程序示意圖

2. Modified Bardenpho 處理方式

Modified Bardenpho 爲厭氧、缺氧及好氧等三生物反應槽組合，第一段厭氣槽可將有機碳及有機氮裂解出較小分子之有機物，如脂肪酸及乙酸，並產生無機氨氮和磷酸鹽；經由第二段缺氧槽時，迴流之混合液挾帶組合氧如 NO_2^- 及 NO_3^-，在此與有機碳被脫硝菌所利用分解而發生脫硝反應，產生 N_2 逸出水中；再流經第三段曝氣槽由好氧性硝化菌繼續進行生物氧化氨氮，轉化爲更完全之硝酸鹽氮，同槽內磷積蓄菌進行攝取水中大量磷酸鹽入胞內，形成含高磷量之污泥，除部分污泥排棄於系統外，部分污泥迴流返送回厭氧槽，再行釋磷並分解更多有機碳。

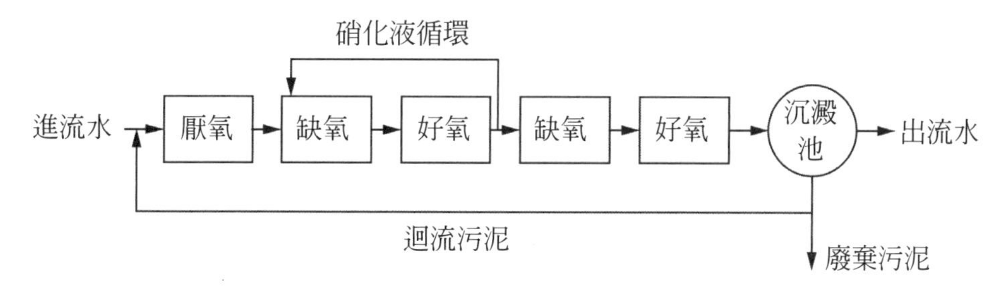

圖 9.1-10　Modified Bardenpho 處理程序示意圖

3. MUCT 處理方式

爲避免厭氧槽的釋磷作用受到迴流污泥中硝酸鹽的干擾，UCT 系統將三階段式 A_2O 系統之外部迴流 RAS 及內部迴流重新排列，由二沉池迴流之污泥先經過缺氧槽進行脫硝後，再迴流至第一段厭氧槽進行生物釋磷作用。

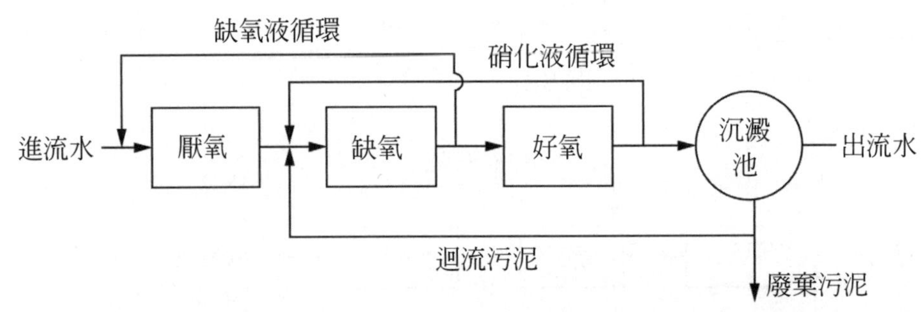

圖 9.1-11　MUCT（University of Cape Town）處理程序示意圖

4. VIP 處理方式

本法處理程序如圖 9.1-12，為將污泥及硝化混合液都迴流至缺氧槽，其後再自缺氧槽迴流混合液至厭氧槽之程序，則迴流之硝酸鹽可在缺氧槽內先被去除，減低對厭氧槽釋磷之抑制。

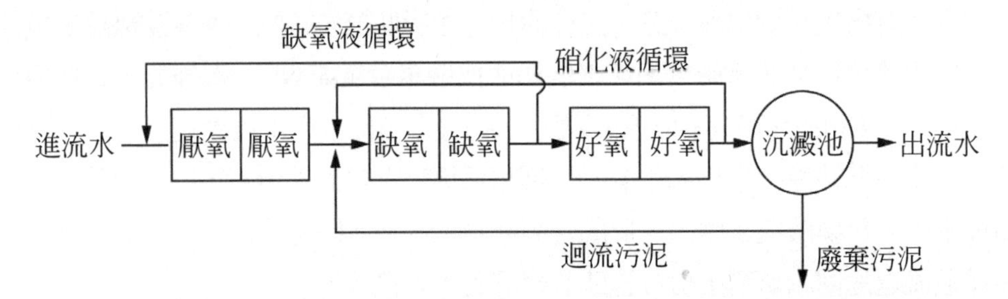

圖 9.1-12　VIP（Virginia initiative plant）處理程序示意圖

5. MSBR 處理方式

MSBR（Modified sequentially batch reactors），所有活性污泥之反應均於同一完全混合式的反應槽中完成，此反應槽兼具生物反應槽與沉澱槽之功能，本程序為將SBR系統之操作分為進水、厭氧期、好氧期、缺氧期、沉澱期及排水和排泥之操作，以使釋磷、硝化、攝磷、脫硝及分離，達到除磷、除氮效果。

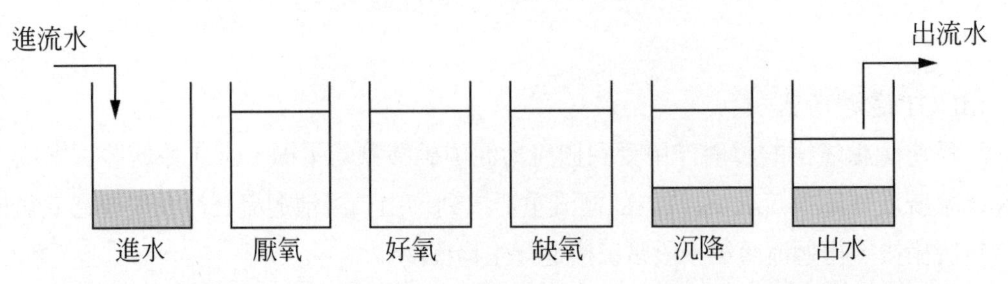

圖 9.1-13　MSBR（Modified sequencing batch reactors）處理程序示意圖

6. TNCU 處理方式

TNCU（Taiwan National Central University），在柱塞流系統，大部分流入水與迴流污泥混合，先進行厭氧釋磷反應後，再於後續好氧槽進行充分硝化及攝磷反應，其後再於後續之 AOAO 缺氧槽充分脫硝及好氧槽硝化，爲提供足夠碳源進行脫硝反應，將小部分流入水引至各脫硝槽，出流前再予提供溶氧，因出流水硝酸鹽有效被去除，可避免迴流污泥影響厭氧槽充分釋磷，各段進流以 70%：20%：10% 爲適當。

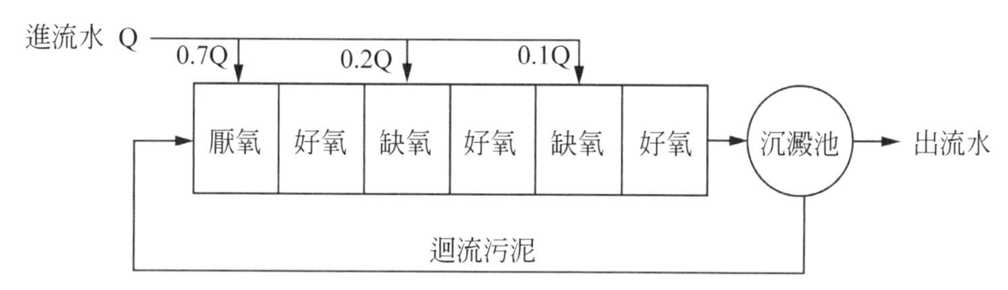

圖 9.1-14　TNCU（Taiwan National Central University）處理程序示意圖

9.1.3 去氮活性污泥法

去氮活性污泥處理方式包括 MLE、SBR、Bardenpho（4 段式）、Oxidation ditch、MBR 及分段進水 Step Feed 等，各種處理方式、設計參數示如表 9.1-5 所示，並參見圖 9.1-15 至圖 9.1-20。

表 9.1-5　各種處理方式的設計參數

項目／方式	食微比（Kg BOD/Kg MLSS．Day）	ASRT (day)	MLSS (mg/L)	水力停留時間（hr）			迴流污流率（%）	硝化液循環率（%）
				缺氧段	好氧段	合計		
MLE	0.1~0.2	7~20	3,000~4,000	1~3	4~12	5~15	50~100	100~200
SBR	0.1~0.2	10~30	3,000~5,000	可變動	可變動	20~30	—	—
Bardenpho（4 段式）	0.1~0.2	10~20	3,000~4,000	1~3（第 1 段2~4）	4~12（第 2 段 0.5~1.0）	8~20	50~100	200~400

方式＼項目	食微比（Kg BOD/Kg MLSS · Day）	ASRT (day)	MLSS (mg/L)	水力停留時間（hr）			迴流污流率（%）	硝化液循環率（%）
				缺氧段	好氧段	合計		
Oxidation ditch	0.1~0.25	20~30	2,000~4,000	可變動	可變動	18~30	50~100	—
MBR	—	長（依MLSS濃度而定）	5,000~20,000	2~3	2~3	4~6	—	100~200
分段進水 Step Feed	0.1~0.2	5~10	2,000~3,000	配合進水比例控制好氧段之相同食微比值設計、總HRT 6~8			50~100	原則不設置，惟高除氮需求可增設

註：本表整理自內政部營建署102年下水道工程設計規範以及「Wastewater Engineering Treatment and Reuse」4 th, Metcal & Eddy, Inc.

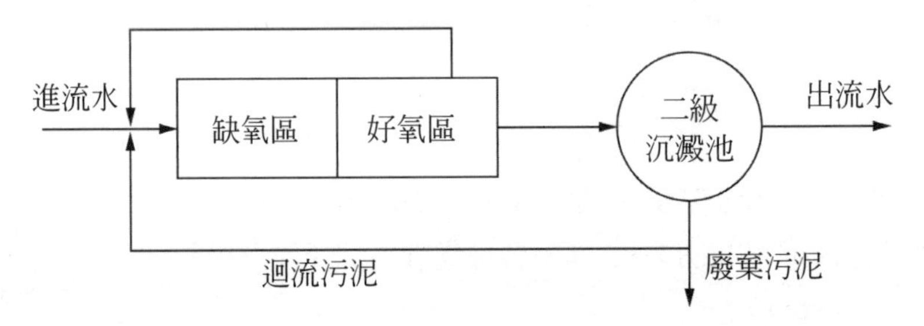

圖 9.1-15　MLE（Modified Ludzack and Ettinger）除氮程序示意圖

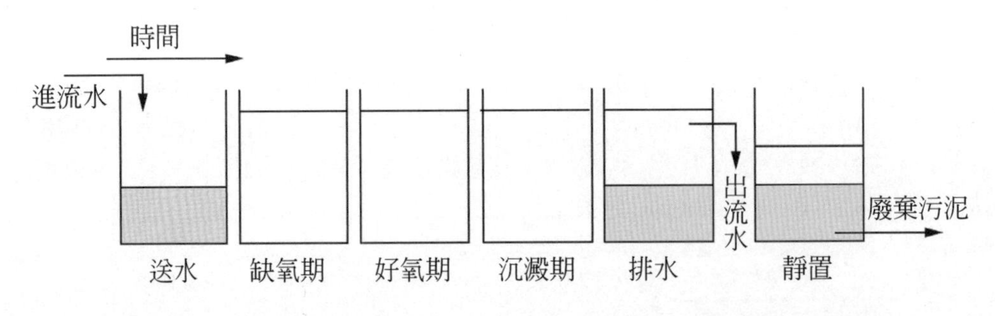

圖 9.1-16　SBR（Sequencing batch reactors）處理程序示意圖

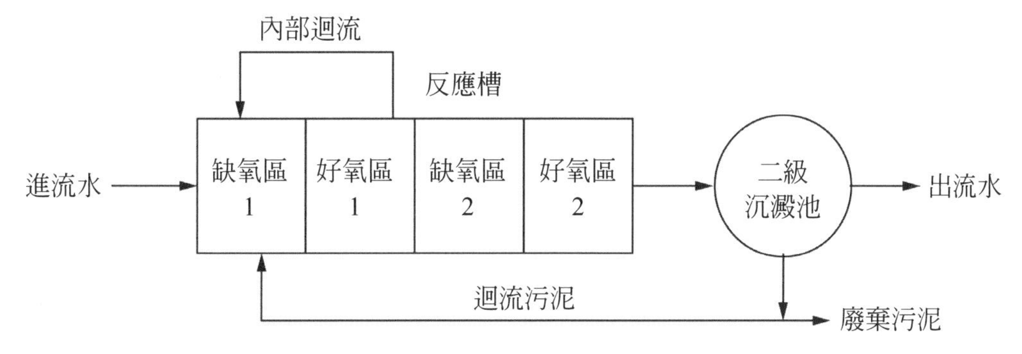

圖 9.1-17　Bardenpho 除氮程序示意圖

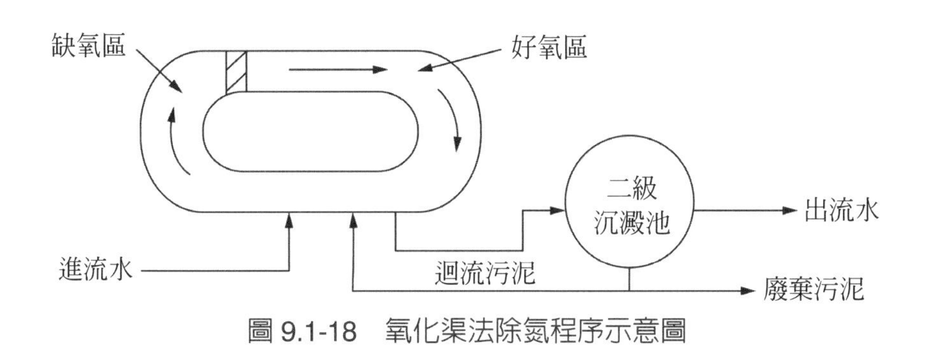

圖 9.1-18　氧化渠法除氮程序示意圖

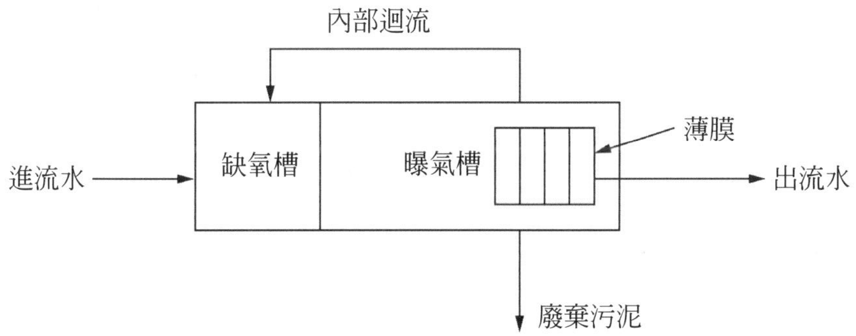

內部迴流
進流水
缺氧槽
曝氣槽
薄膜
出流水
廢棄污泥

圖 9.1-19　MBR 除氮程序示意圖

前述方法雖然都可以達到良好的去氮處理效率，惟如須泵送大量之硝化液內部循環來達到脫硝效果時，將消耗較高動力，類似於 TNCU 程序之分段進水除氮處理程序，採多段缺氧—好氧池佈置並分段進水，可減少內部硝化液循環量，由於進流水分段進入各缺氧—好氧區，槽內污泥濃度之稀釋作用將被推遲至後幾段，前幾段之 MLSS 濃度將高於後幾段，因此分段進水除氮程序具較多之污泥儲存量及較長之 SRT，可承受較大的變動負荷。

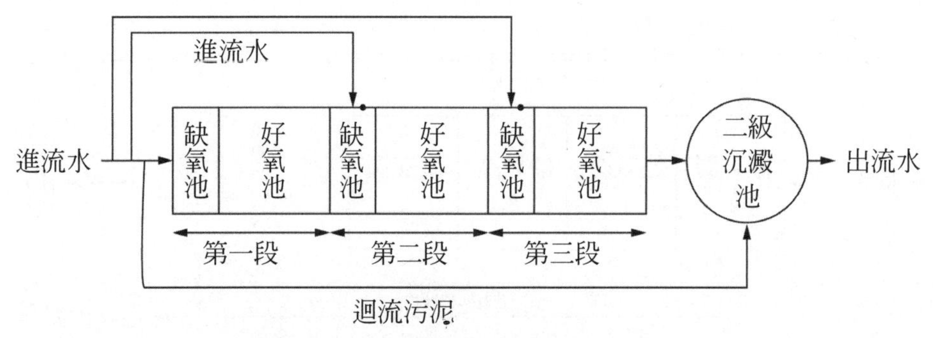

圖 9.1-20 分段進水除氮程序示意圖

有關 9.1.2 去氮除磷活性污泥法及 9.1.3 去氮活性污泥法之各種處理程序，本章僅就處理程序及設計參數加以略述，至於其詳細之反應機制及必要之衍生說明，將於第十三章詳加闡述。

9.2 相關之微生物

由實際操作得知活性污泥法爲由細菌、眞菌、原生動物、微生後生動物等異種個體群微生物所構成之混合培養體。當在處理上最初擔任重要角色的爲分解、同化有機物之異營養性細菌及液狀死物營養性之眞菌，此等爲最低之營養階段，其次被活性營養性之原生動物所捕食，接著被輪蟲及圓蟲類之微生後生動物之二次捕食者所捕食，而達到淨化，其關係可由圖 9.2-1 表示之（參考歐陽嶠暉，下水道工程學，2011）。

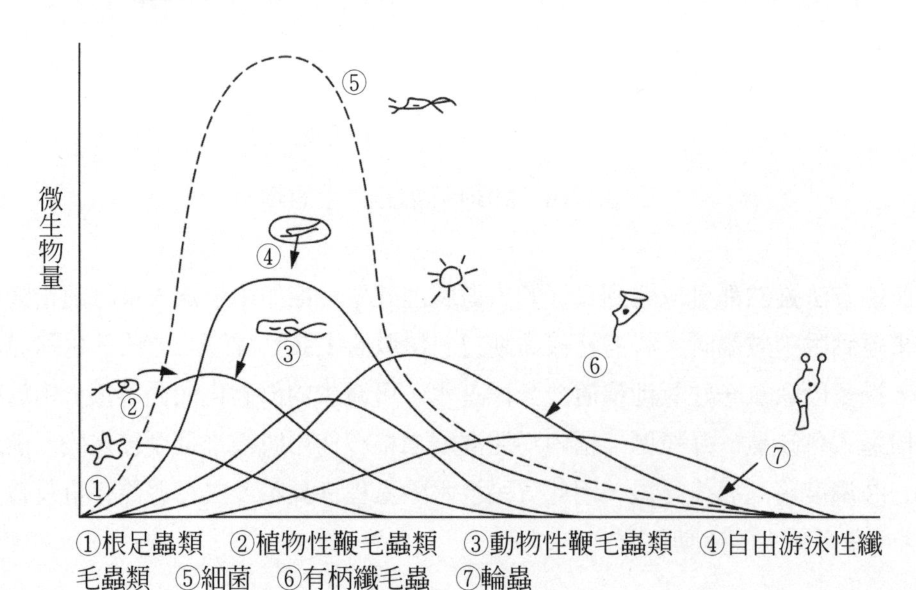

①根足蟲類 ②植物性鞭毛蟲類 ③動物性鞭毛蟲類 ④自由游泳性纖毛蟲類 ⑤細菌 ⑥有柄纖毛蟲 ⑦輪蟲

圖 9.2-1 活性污泥中微生物之變化

活性污泥之生物實驗，除特殊情形外，以原生動物爲主。基本上正常的活性污泥以原生動物爲多，而以纖毛蟲和根足類較占優勢，故正常操作狀態，活性污泥生物相的構成，大多以纖毛蟲類爲指標，詳如表 9.2-1 所示（參考歐陽嶠暉，污水處理廠操作與維護，2004）。

表 9.2-1　活性污泥的生態分類及量的組成

種類	性質	指標生物類名	指標生物例	量組成（%）
非活性污泥性生物	自由游泳型	非活性污泥性纖毛蟲	豆形蟲、石毛蟲等	0.14
中間污泥性生物	自由游泳型及匍匐兩性型	中間污泥性纖毛蟲	漫遊蟲、斜葉蟲、尖毛蟲等	16.88
活性污泥性生物	匍匐型 著生型	活性污泥性纖毛蟲	楯纖蟲、鐘形蟲、蓋蟲、累支蟲等	82.98

資料來源：歐陽嶠暉，污水處理廠操作與維護，2004

原生動物在污水處理上扮演著極重要角色。其以細菌爲食物，作爲自身能量的來源。當細菌生長旺盛初期，自由游動纖毛蟲因較易捕獲細菌作爲食物，而最先取得優勢生長，且隨細菌數之增加而激增。惟其自由游動需較多能量，故當細菌數目減少，食物來源短缺時，其優勢生長條件即消失，取而代之的是不需太多能量的有柄纖毛蟲，可作爲生物處理效果之良好指標。以下將原生動物在顯微鏡下較易觀察之部分，加以說明（參考鄭育麟，環工指標微生物，1988），同時可參考第三章之試運轉及運轉階段與微生物生長的關係，以及對照歐陽嶠暉，下水道工程學（水環境再生工程學），2011 年之指標生物群，整理各種生物相說明如次。

9.2.1 適當負荷或低負荷

1. 變形蟲（Amoeba）

變形蟲屬肉足蟲綱（Sarcodina），沒有一定的形狀，在水中自由游走，爲原生動物中以僞足運動的種類之一。爲單細胞個體，其原生質有內質（膠溶狀）和外質（膠凝狀），體內有一細胞核，多個伸縮泡及食泡。當變形蟲與食物相接觸時，膠凝胞質便改變爲膠溶胞質，此時胞膜內其他部位胞質的收縮力，可以壓迫內胞質流向膠溶胞質方向而導致僞足產生。僞足伸向食物，逐漸將之包圍形成胞內之食泡，胞質隨即分泌消化酶進入食泡，將食物消化分解利用，所餘殘渣則排出體外。變形蟲之呼吸靠簡單之擴散作用，將環境中高濃度的氧擴散到細胞內，而細胞內濃度較大的二氧化碳則自然擴散而出。在活性污泥中普通在夏天及秋天可看到。故屬於活性污泥原生動物。

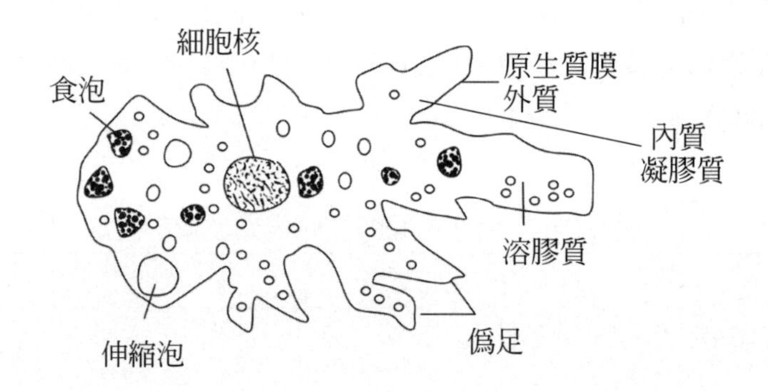

2. 蕈頂蟲（Arcella）

蕈頂蟲亦屬肉足蟲綱（Sarcodina），依其流動性細胞質來判別，腹口面觀（由上至下看）呈圓形，外圍有 1.5 μ 之殼圍成，內有原生質。從側面觀腹（側面觀之），成一半圓形草菇狀，有時可看見僞足，可用來運動及捕食，經常可在活性污泥處理系統發現。有時和一些鞭毛蟲、輪蟲在曝氣池中大量繁殖，放流水及水質佳。

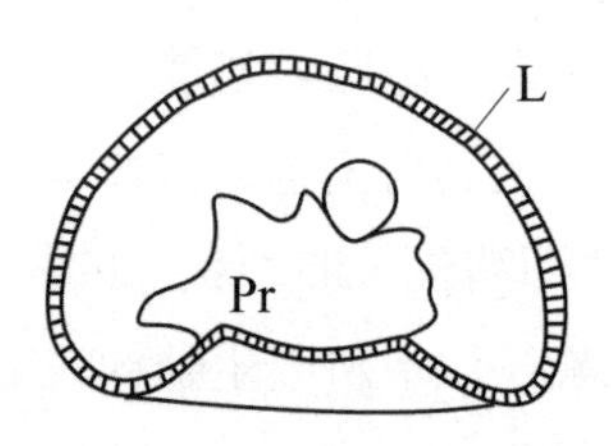

L：殼
Pr：原形質

3. 鐘形蟲

屬於纖毛蟲類。體若鐘形，但鐘口朝上，下方有一鐘柄具有伸縮性，爲固著生長之用。體無色或略呈黃色、綠色等，鐘口處有纖毛。鐘形蟲爲群體生活的一種纖毛蟲，其群體在顯微鏡下有如一簇簇的花朵。鐘形蟲的纖毛詳細觀察可以分爲內外二列，排列於鐘口處，但有一小部分沒有纖毛，稱之爲頸部。細胞體內有口管、口咽。一伸縮泡兼具貯藏之功，細胞質內有數個小食泡及一長形大核。其增值法則以縱分裂方式爲之。屬活性污泥原生動物。

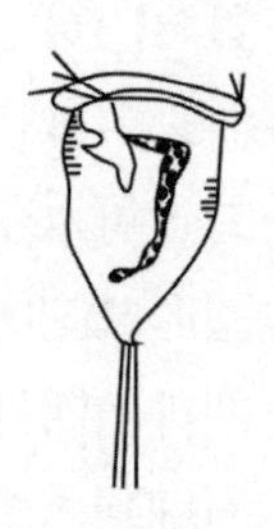
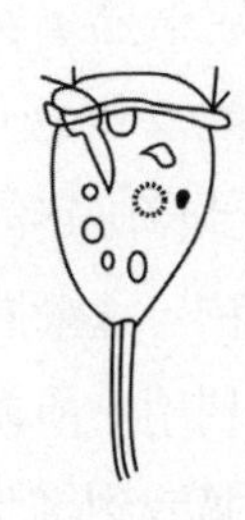

4. 吸管蟲

在吸管蟲之生命環中有自由游動期和成熟杯狀期二相。在成熟期有堅硬的觸鬚。觸鬚可用來附著游動的原生動物而最後進入細胞內。

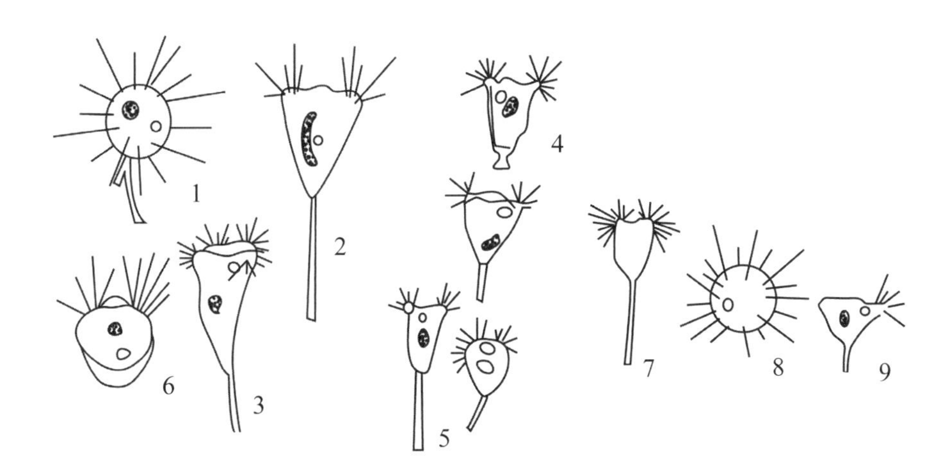

5. 輪蟲（Rotifers）

輪蟲爲最簡單的多細胞動物，具有輪狀排列之纖毛，用以捕食及運動。主要食物爲細菌及細小之有機顆粒。輪蟲具有完備的消化道及咀嚼器、假體腔，以及排泄用的焰細胞，神經系統也發達。輪蟲體細胞數恆定，爲細胞恆定動物之一，即使構成器官之細胞數亦有一定。由於代謝習性，僅可在低有機物含量之水中發現，是一種低污染水體的良好指標。

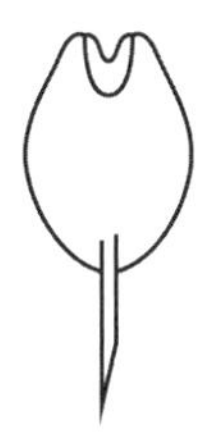

9.2.2 負荷尚高即將轉好情形

1. 斜管蟲（Chilodonella）

纖毛蟲，胞體卵圓形，背部隆起，腹面扁平有纖毛，胞口前端有裂縫，向左伸至尖端，多生活在停滯的污水中。有大核一個，呈球形。

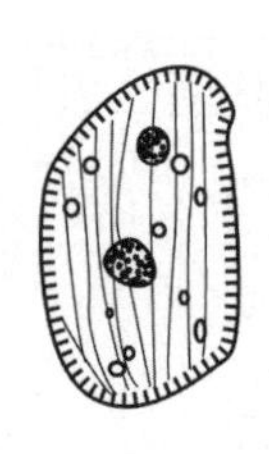
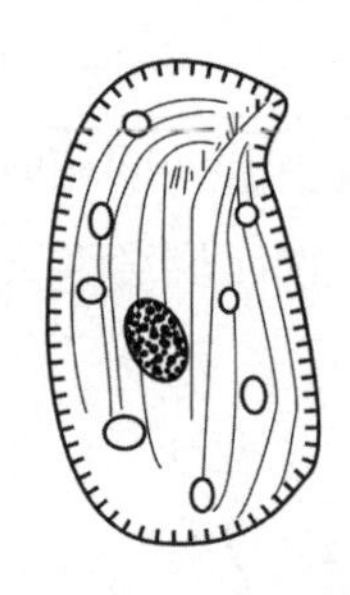

2. 尖毛蟲（Oxytricha）

細胞長橢圓形，50~250 μ，背部隆起，腹部扁平，腹部有剛毛，前端 8 根，中央 5 根，尾部 5 根，有的有緣毛，有的無緣毛。

9.2.3 高負荷情形

1. 波豆蟲（Bodo）

鞭毛蟲，細胞卵形，11~15 μ，具兩根鞭毛，其中一根向尾端伸展，無口槽，體略具可塑性，通常生存在溶解性有機濃度高之環境中。

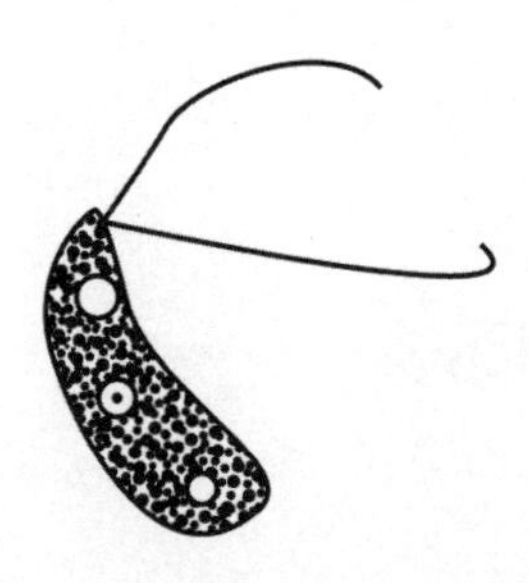

2. 豆形蟲（Colpidium）

纖毛蟲，腎臟形，50~120 μ，細胞全體具纖毛，後方纖毛較長，胞口在細胞右前方 1/4 處，右側具一波動膜，大核一個，球形，小核一個，生長溫度 4~30℃，pH 4.0~8.9。

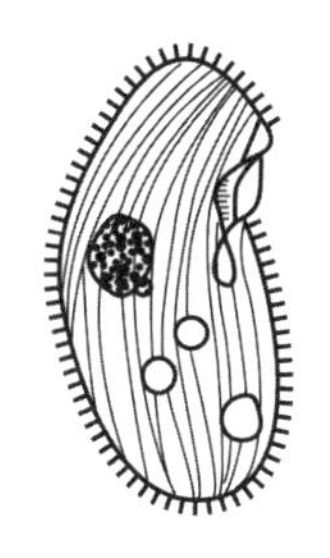
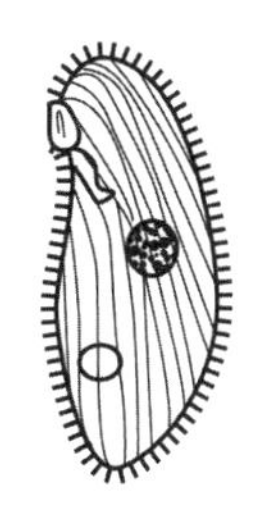

9.3 案例說明及結論

接續參考第三章及 9.2 節之參考資料，今根據臺北市 D 廠近年之實際資料分析，其微生物相經整理自 102 年 1 月至 9 月底每日微生物相觀察資料，得廠內活性污泥常見的原生動物如表 9.3-1 所示，並局部加以驗證前述鄭育麟及歐陽嶠暉之指標資料。

表 9.3-1　D 廠深層曝池活性污泥微生物相

微生物種類	微生物名稱	代表意義
自由游動纖毛蟲	尖毛蟲	負荷偏高
	豆形蟲	
	斜管蟲	
	楯纖蟲	
	漫遊蟲	
	蕈頂蟲	
	鱗殼蟲	
有柄纖毛蟲	累枝蟲	處理良好
	喇叭蟲	
	群鐘蟲	
	聚縮蟲	
	蓋蟲	
	錘吸管蟲	
	鐘形蟲	

微生物種類	微生物名稱	代表意義
輪蟲	狹甲輪蟲	處理良好
	轉輪蟲	
鞭毛蟲	線鞭蟲	低負荷（SRT 長）
鼬蟲	鼬蟲	低負荷（SRT 長）
變形蟲	變形蟲	低負荷（SRT 長）

註：參考對照鄭育麟，環工指標微生物，1988

事實證明，微生物相與 BOD 負荷有極大關聯，經統計 D 廠 102 年 1 月至 9 月底之 BOD 負荷，數值介於 0.04~0.47 kg BOD/CMD，平均約 0.21 kg BOD/CMD，遠低於原設計 0.81 kg BOD/CMD 及一般經驗值 0.7~1.0 kg BOD/CMD；而食微比介於 0.01~0.13 平均約 0.07，遠低於原設計之 0.29 及一般經驗值採 0.2~0.4，顯見進流基質過低，導致微生物相偏向低負荷爲生物物種。D 廠深層曝池 BOD 負荷及食微比歷史趨勢，詳如圖 9.3-1 所示。

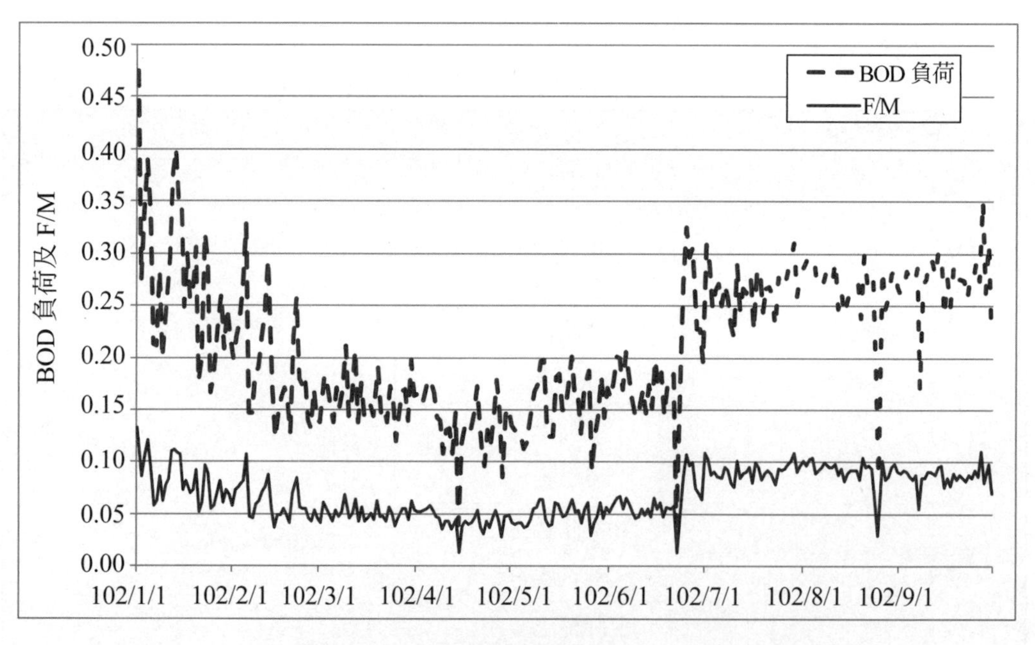

圖 9.3-1　D 廠深曝池 BOD 負荷及食微比（102 年 1 月至 9 月）

由圖 9.3-1 可看出，2 月至 6 月爲超低 BOD 負荷（≦ 0.25 kg BOD/CMD），1 月及 7 月至 9 月爲低 BOD 負荷（> 0.25 kg BOD/CMD），茲統計這兩段期間出現的微

生物相如表 9.3-2 及表 9.3-3 所示。

表 9.3-2　超低 BOD 負荷生物相

微生物種類	微生物名稱	微生物相照片
有柄纖毛蟲	累枝蟲	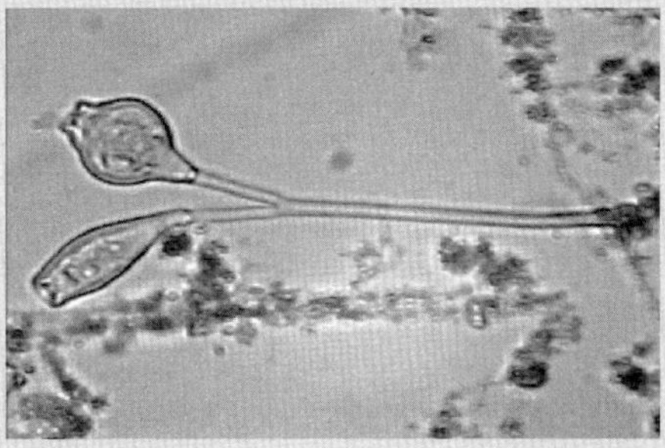
	喇叭蟲	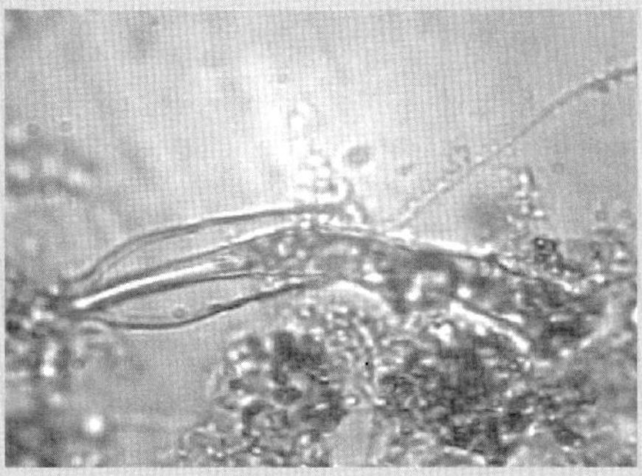
	聚縮蟲	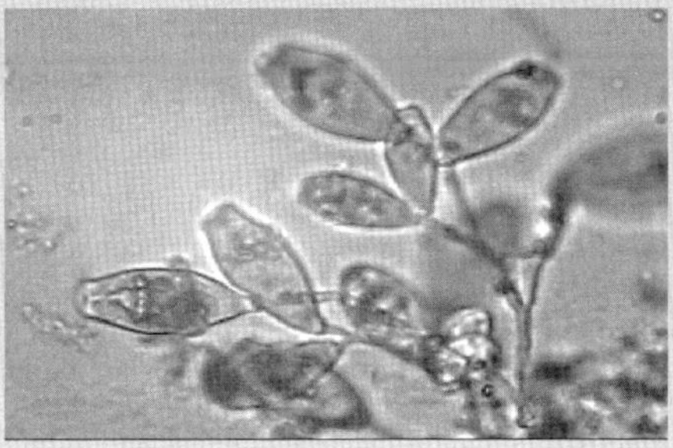
	蓋蟲	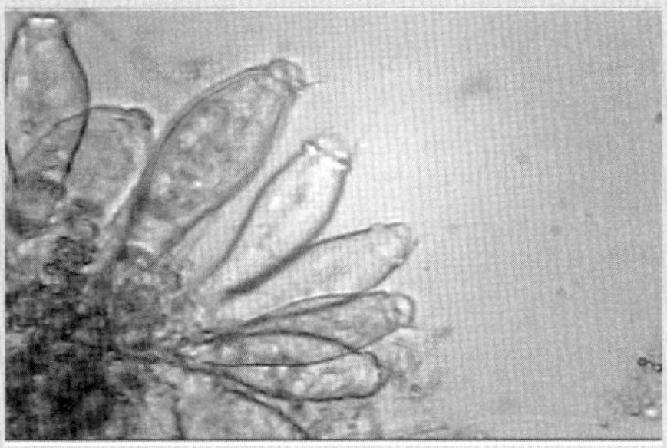

<table>
<tr><th>微生物種類</th><th>微生物名稱</th><th>微生物相照片</th></tr>
<tr><td rowspan="2">有柄纖毛蟲</td><td>錘吸管蟲</td><td>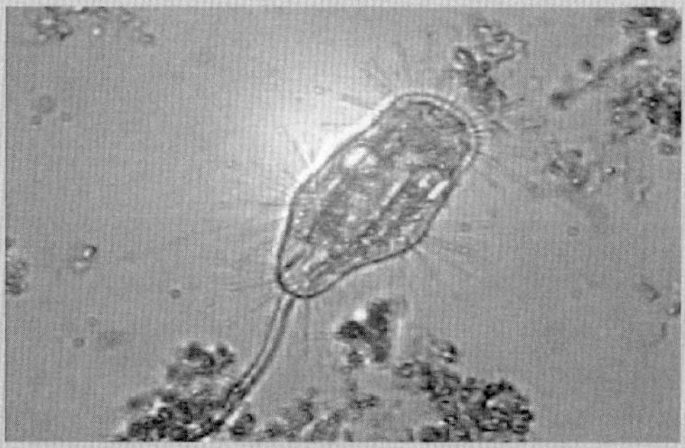</td></tr>
<tr><td>鐘形蟲</td><td>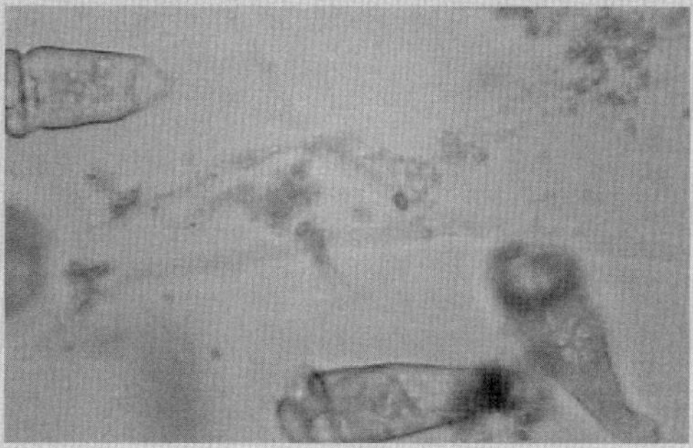</td></tr>
<tr><td rowspan="2">自由游動纖毛蟲</td><td>豆形蟲</td><td>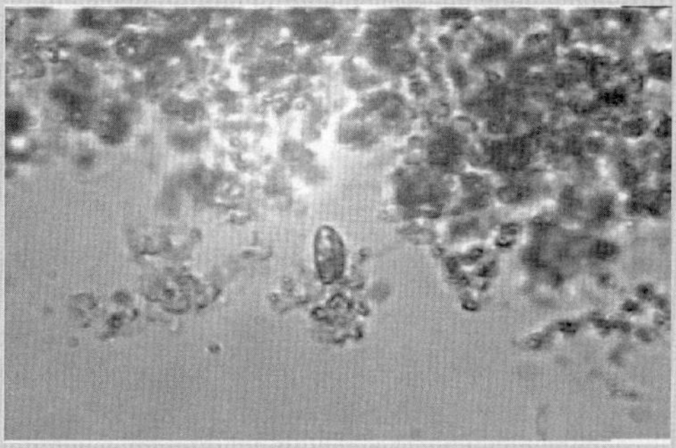</td></tr>
<tr><td>斜管蟲</td><td>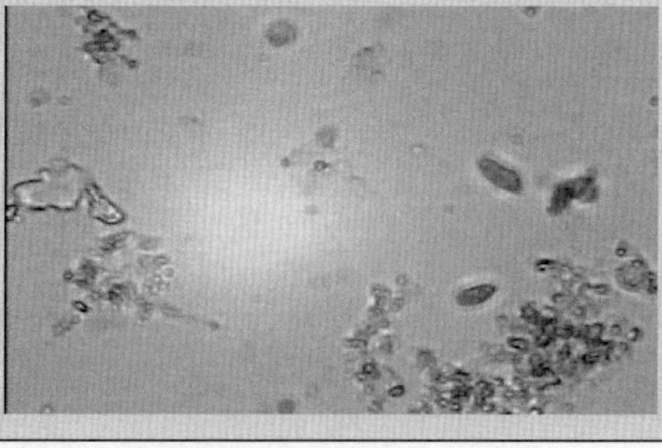</td></tr>
</table>

微生物種類	微生物名稱	微生物相照片
自由游動纖毛蟲	楯纖蟲	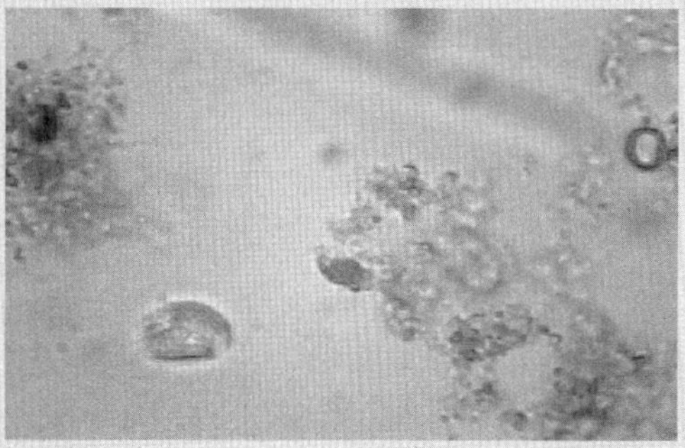
	漫遊蟲	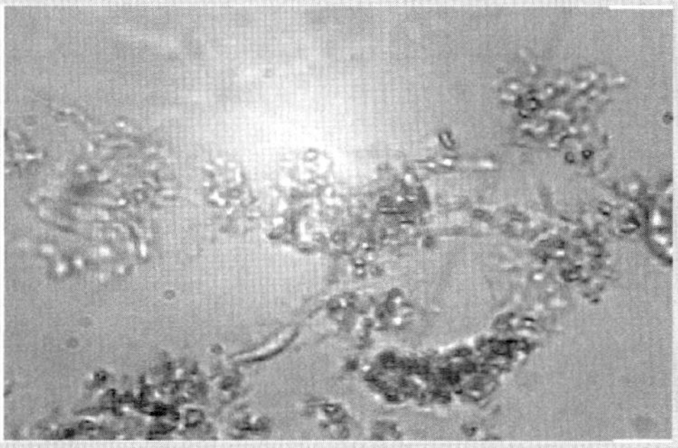
	蕈頂蟲	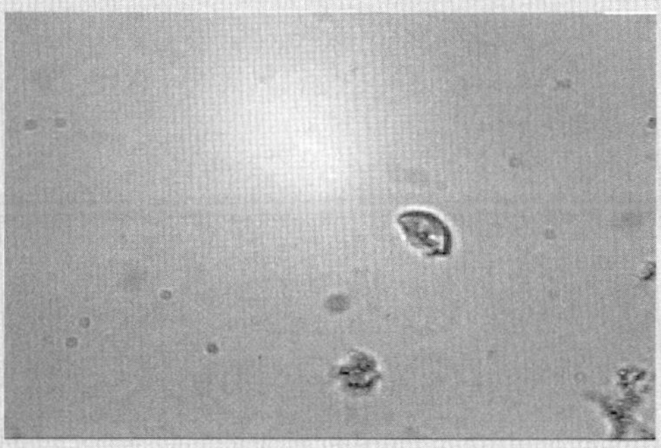
	鱗殼蟲	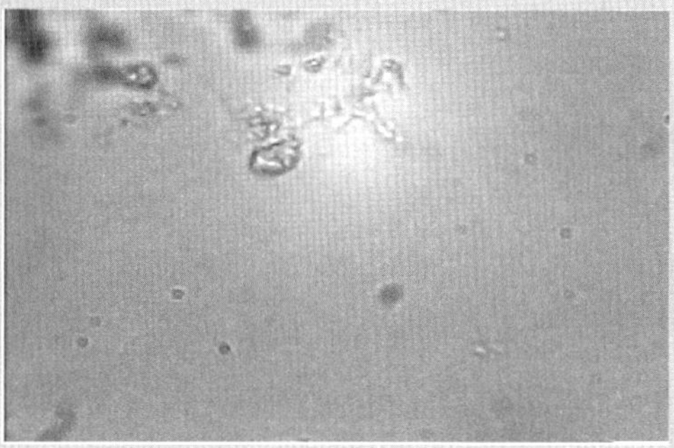

微生物種類	微生物名稱	微生物相照片
輪蟲	狹甲輪蟲	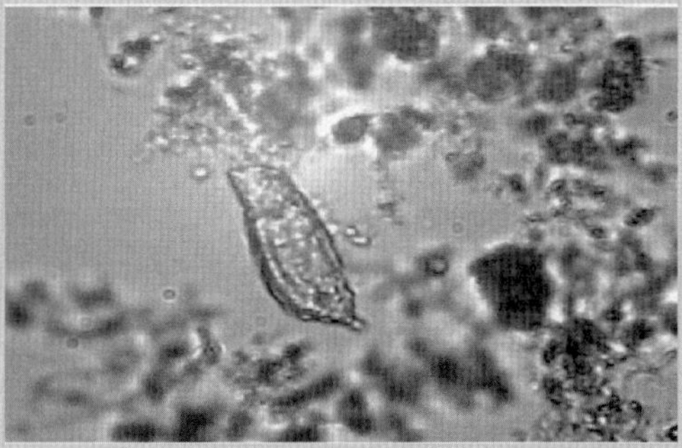
	轉輪蟲	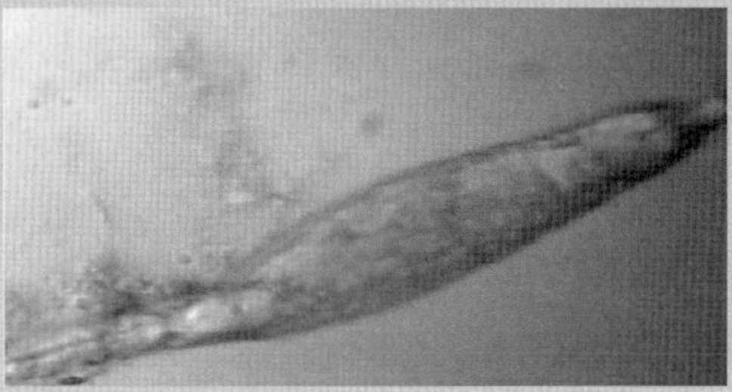
鞭毛蟲	線鞭蟲	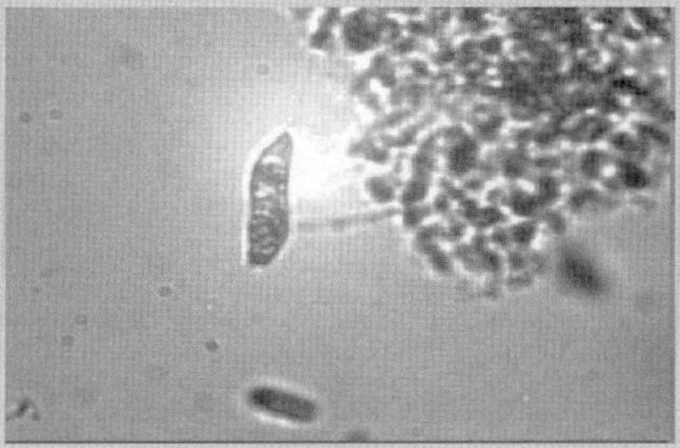
䱲蟲	䱲蟲	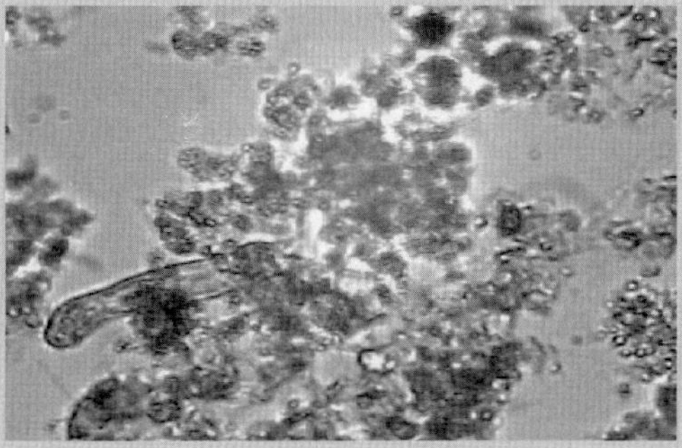

表 9.3-3　低 BOD 負荷生物相

微生物種類	微生物名稱	微生物相照片
有柄纖毛蟲	累枝蟲	
	喇叭蟲	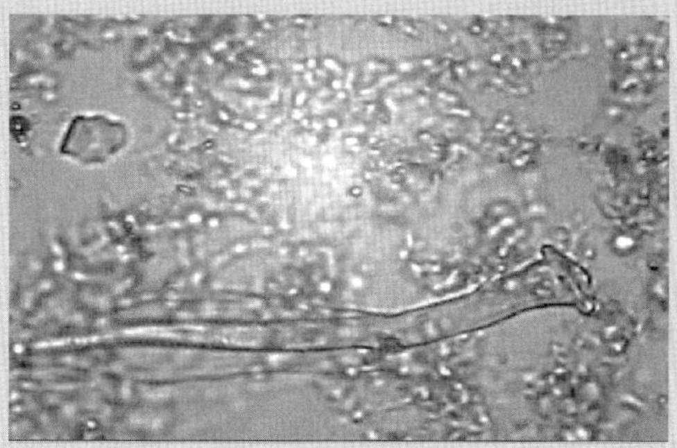
	群鐘蟲	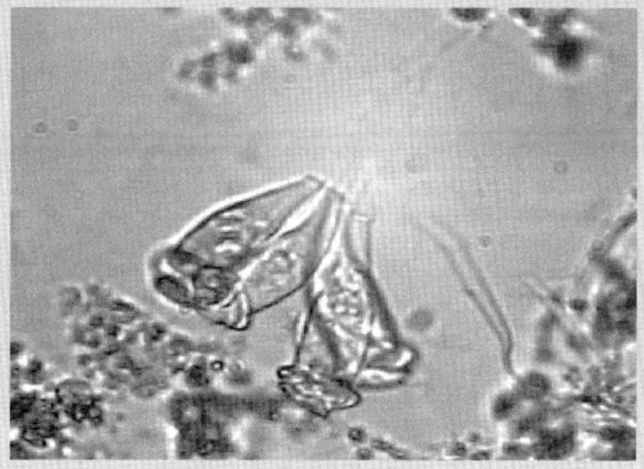
	聚縮蟲	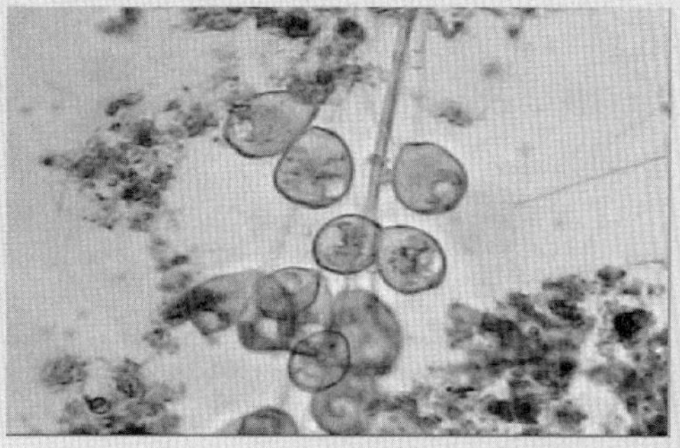

微生物種類	微生物名稱	微生物相照片
有柄纖毛蟲	蓋蟲	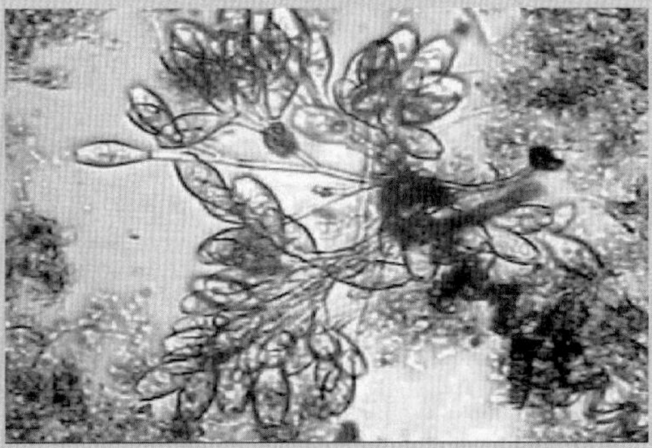
	錘吸管蟲	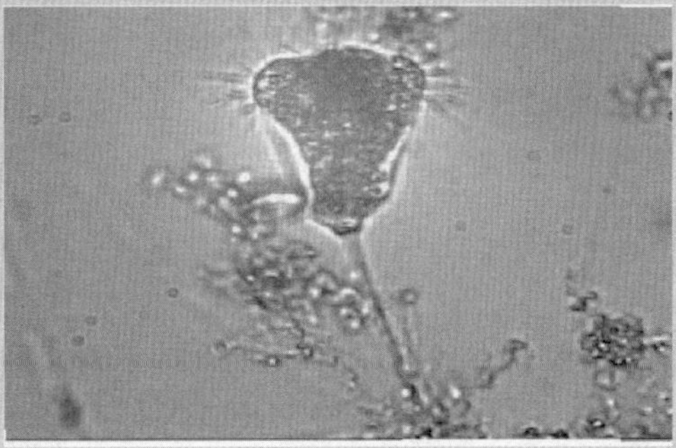
	鐘形蟲	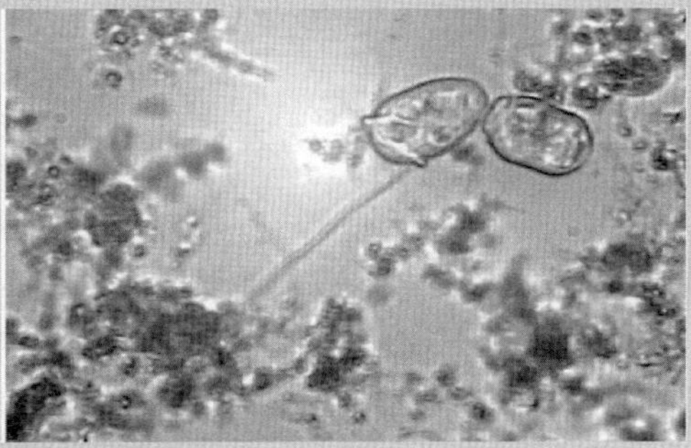
自由游動纖毛蟲	尖毛蟲	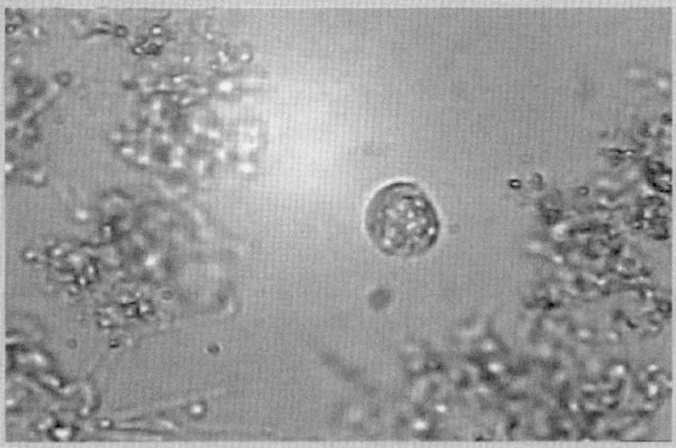

微生物種類	微生物名稱	微生物相照片
自由游動纖毛蟲	豆形蟲	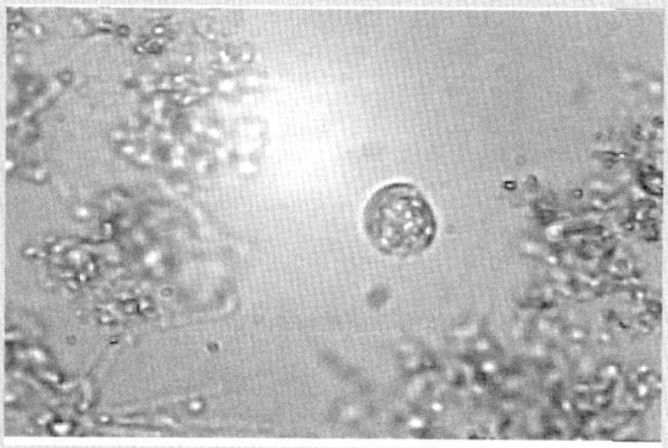
	斜管蟲	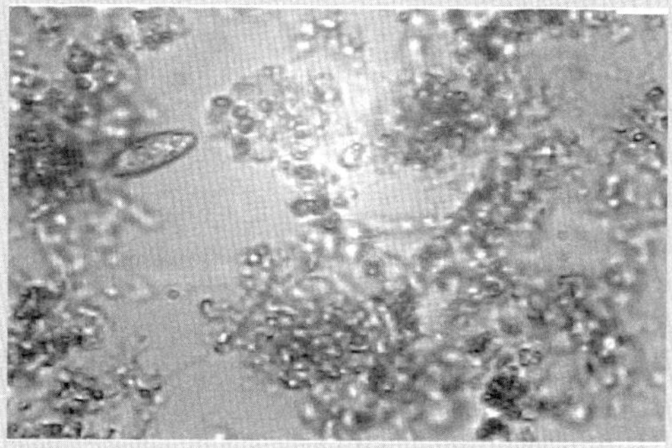
	楯纖蟲	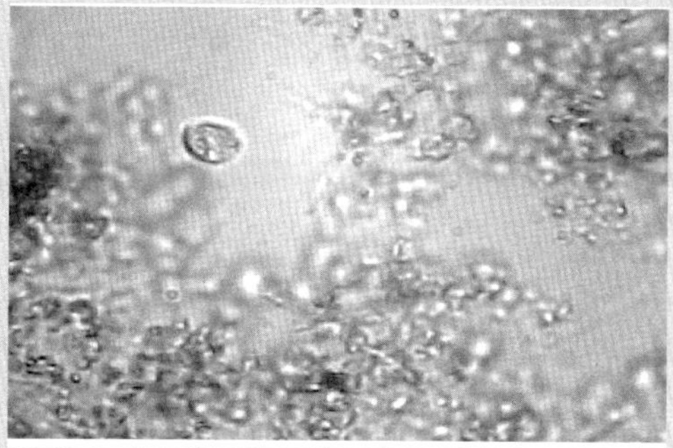
	漫遊蟲	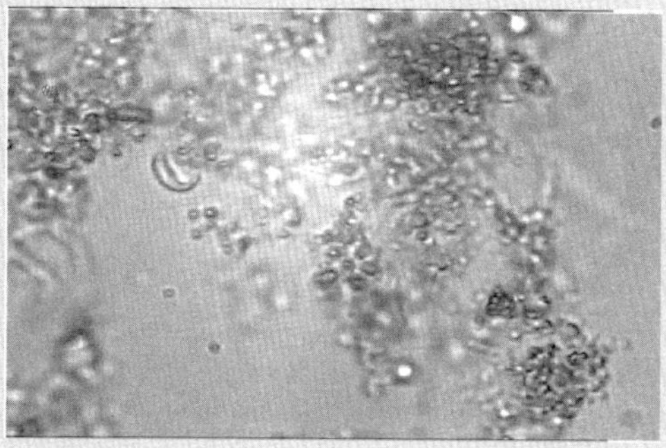

微生物種類	微生物名稱	微生物相照片
自由游動纖毛蟲	蕈頂蟲	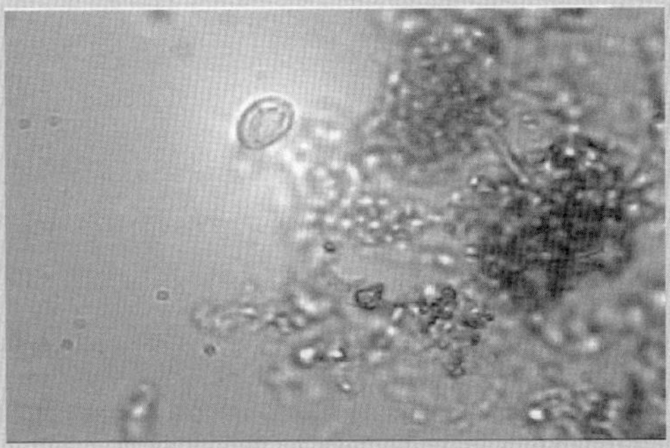
	鱗殼蟲	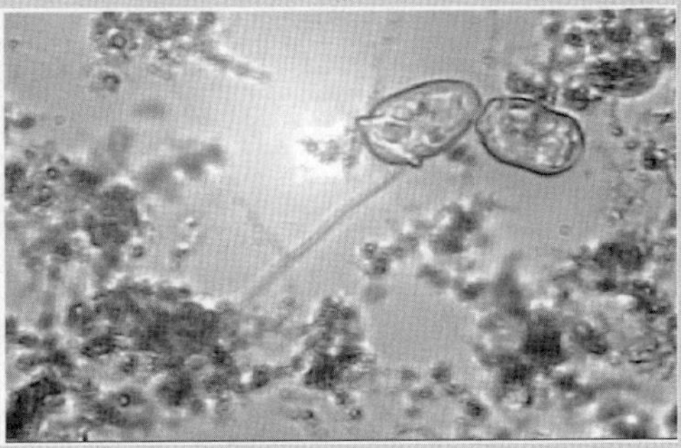
輪蟲	狹甲輪蟲	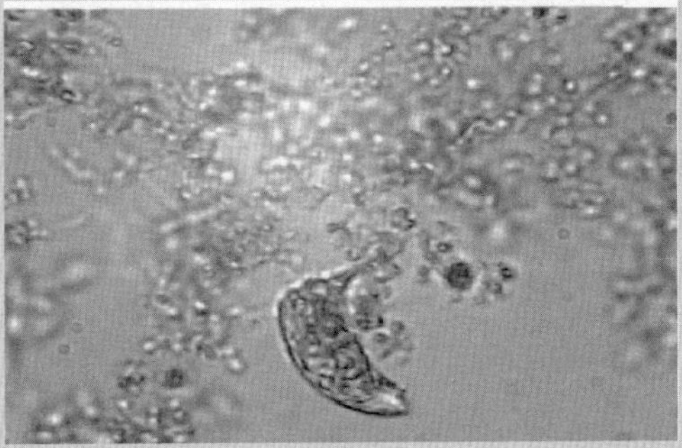
	轉輪蟲	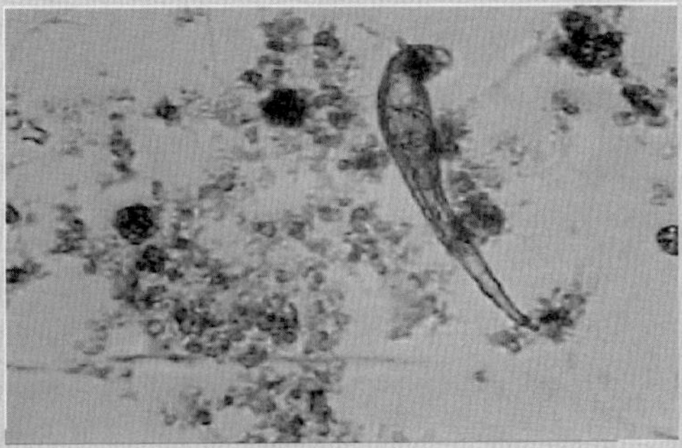

微生物種類	微生物名稱	微生物相照片
鞭毛蟲	線鞭蟲	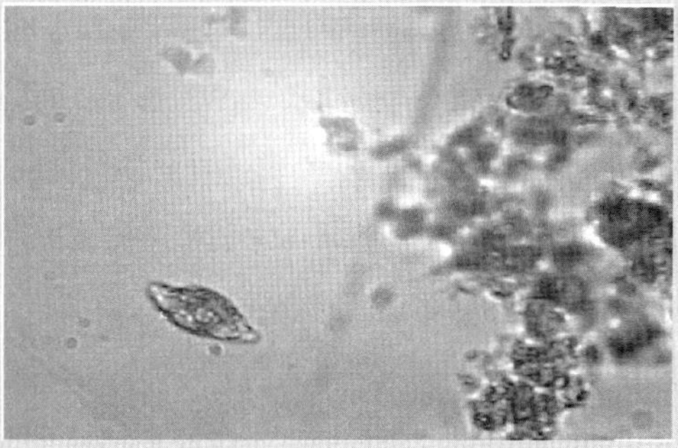
鼬蟲	鼬蟲	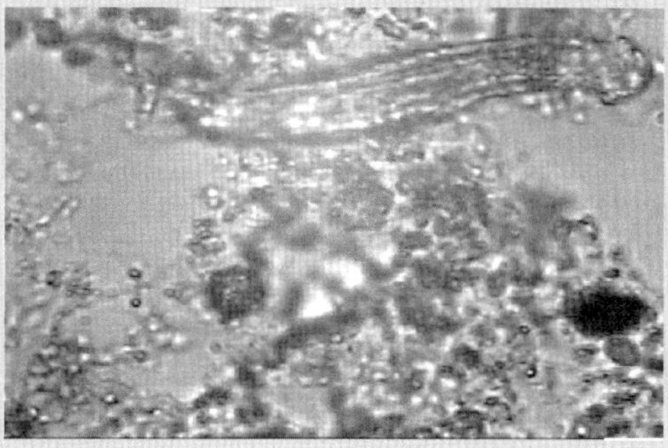
變形蟲	變形蟲	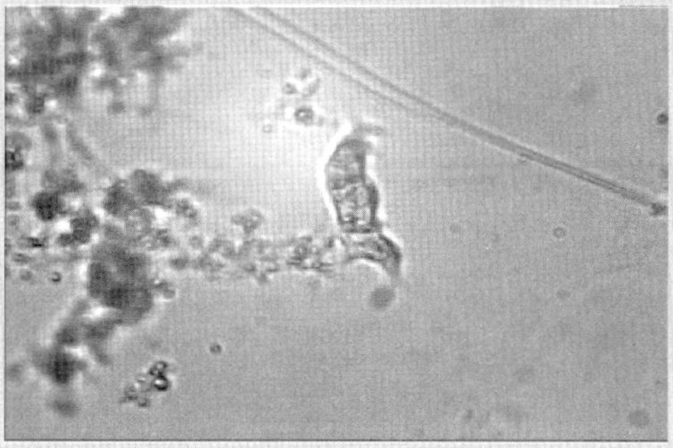

本實際案例，經統計 D 廠深層曝池相關資料，發現由於進流基質過低，導致深層曝池原生動物相偏向低負荷微生物相與前述環工指標微生物之資料相當吻合。至於進流水質與接管進流水有關，非 D 廠可控制或調整，故未來提高進流基質，達到設計之基準，實為重要議題，亦影響後續之微生物相。

參考文獻

1. Metcalf & Eddy, Wastewater Engineering Treatment, Disposal, Reuse.
2. Grady, Diagger, Lim “Biological Wastewater Treatment” 2nd.
3. Wastewater Treatment plants planning, Design and Operation 2nd ed Syed R.Qasim.
4. 歐陽嶠暉，下水道工程學（水環境再生工程學），2011 年版。
5. 歐陽嶠暉，污水處理廠操作與維護，2004。
6. 高肇藩、張祖恩，水污染防治。
7. 下水道施設計畫・設計指針及解說，2009 日本下水道協會。
8. 內政部營建署 102 年下水道工程設計規範。
9. 活性污泥膜濾法（MBR）技術與應用手冊（臺灣水環境再生協會）。
10. 鄭育麟，環工指標微生物，1988。
11. 歐陽嶠暉，下水道學，2016 年版。

第十章 生物膜法生物處理與微生物

10.1 生物膜法生物處理方法

生物處理方法除前述懸浮性生物處理外，尚有生物膜法生物處理方法，又稱爲固定生物膜法，早期之方式有滴濾池法及旋轉生物盤法，惟近年來生物程序技術之提升，已較少使用，本書採較新之處理方式加以介紹，計有接觸曝氣法及好氧生物濾床法兩種方式，整體而言，懸浮性與生物膜法有諸多之不同，今比較如表 10.1-1 所示。

表 10.1-1　懸浮生長與生物膜法之比較

項目	懸浮生長	生物膜法
微生物相生長方式	採用攪拌或曝氣之方式使微生物懸浮生長於池槽中	使微生物形成生物膜附著於介質中
緩衝空間	由於直接面對進流水，較無緩衝空間，對毒性敏感	可藉介質之存在，增加緩衝空間，故對毒性較能容忍
終沉池之設置	必須設置，以及迴流污泥之操作	通常不需設置沉澱池
使用及設計情形	較多較廣，方法繁多	仍有持續研究之空間
污泥量	較多	一般較少

生物膜法爲附著式生長，其一重要特性在於基質與氧氣傳遞受擴散作用限制，其傳輸過程如圖 10.1-1 所示，包含四部分：

(1) 含基質之液體對生物膜表面產生擴散。

(2) 生物膜內部之基質擴散。

(3) 生物反應形成之基質代謝。

(4) 代謝產生物自生物膜排出。

污水進行生物膜法處理前，宜經沉澱處理。當進水水質或水量波動大時，應設調節池。

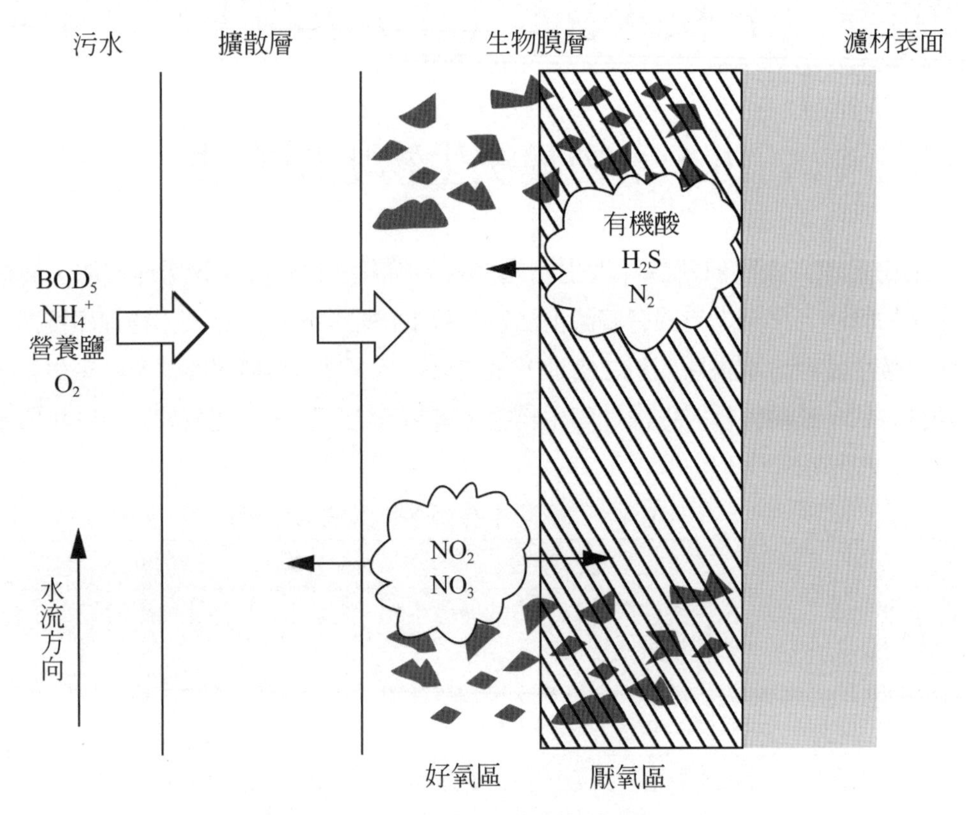

圖 10.1-1 生物膜基質擴散示意圖

資料來源：工業污染防治技術手冊——生物接觸曝氣法，經濟部工業局

1. 接觸曝氣法反應槽

依最大日污水量及設計水質，以BOD容積負荷0.3 kg/m^3・day計算反應槽容量。形狀可為長方形或正方形，寬為水深的1~2倍。有效水深3~5 m。槽數2槽以上。應為堅固耐久且具水密性的鋼筋混凝土構造，槽頂應高出地面15 cm以上。送氣量以計畫污水量的8倍為標準。接觸材以比表面積大，高孔隙率者。材質以具耐腐蝕性、不變形、不破損且具強度者。雖然接觸材比表面積愈大，BOD負荷可愈高，但有可能造成接觸材之孔隙大量蓄積污泥，因之為防止槽內阻塞，反應槽之BOD容積負荷仍以在最大日污水量時，以0.3 kg/m^3・日為宜。

為達到反應槽內接觸材整體均勻接觸，必須維持良好的水流狀態，故槽寬以水深的1~2倍為宜；反應槽進水應防止短流，出水宜採用堰式出水；反應槽底部應設置排泥和放空設施。送氣量需能達到維持反應槽內溶氧呈2 mg/L，其曝氣方式有側面曝氣、槽中心曝氣、槽底全面曝氣及水面機械曝氣等，如圖 10.1-2 所示。

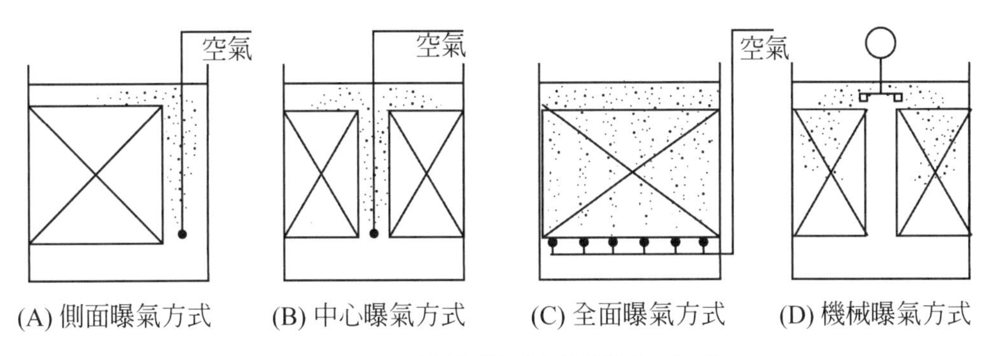

圖 10.1-2　接觸曝氣法各種曝氣方式

資料來源：參考下水道工程學，歐陽嶠暉，2011

接觸曝氣槽第一段取較大容積，越後段越小，以達負荷之平均。槽數的決定，基於下述因素，應採 2 槽以上且多段爲宜：

(1) 接觸槽定期檢查、清理之需要。

(2) 防止短流發生。

(3) 提升處理效率。

同時複數系統設施，應有均勻分流及整流設備，以達處理效果，圖 10.1-3 爲接觸槽配置圖例。

通常接觸曝氣槽第一段採塡充率較大（70%），第二段塡充率較小（30%），且孔隙率均應在 95%（含）以上，使污水可與濾材充分接觸。理想濾材需具備以下特性：

(1) 比表面積大。

(2) 價格低廉且容易取得。

(3) 耐用性佳。

(4) 水流阻力小。

(5) 生物膜容易附著。

(6) 高孔隙率以減少濾池堵塞及維持良好擴散循環。

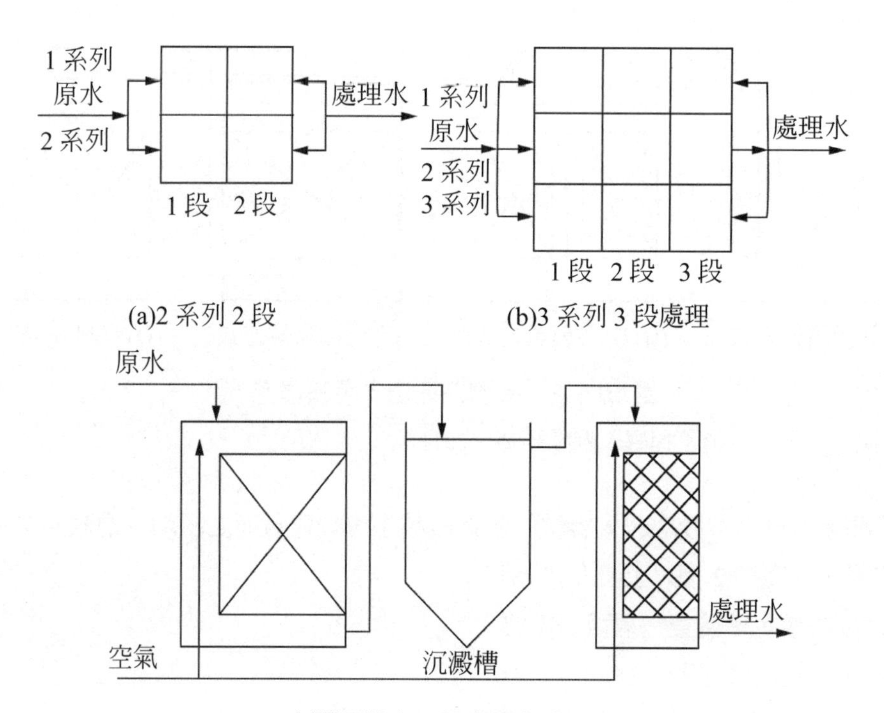

(a)2 系列 2 段　(b)3 系列 3 段處理

(c) 中間沉澱之二級處理程序

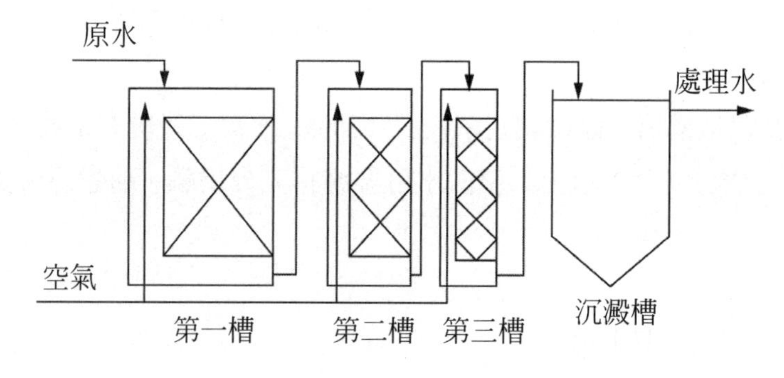

(d) 三段容積 3：2：1

圖 10.1-3　接觸曝氣法流程配置例

資料來源：歐陽嶠暉，下水道工程學，2011 年

常見接觸濾材如圖 10.1-4 所示，可分類為：

(1) 粒狀不定形（形狀不均勻）：礫石、碎石、坑火石、焦煤、貝殼、煤炭渣、木片、塑膠片等。

(2) 成型粒狀（形狀均勻）：管片、變形管片、桿環。

(3) 棒狀、繩狀體：木棒、枝條、多環繩。

(4) 有孔管體：蜂巢管、多孔性圓筒。

(5) 平板、波浪板：木板、塑膠網、塑膠浪板。

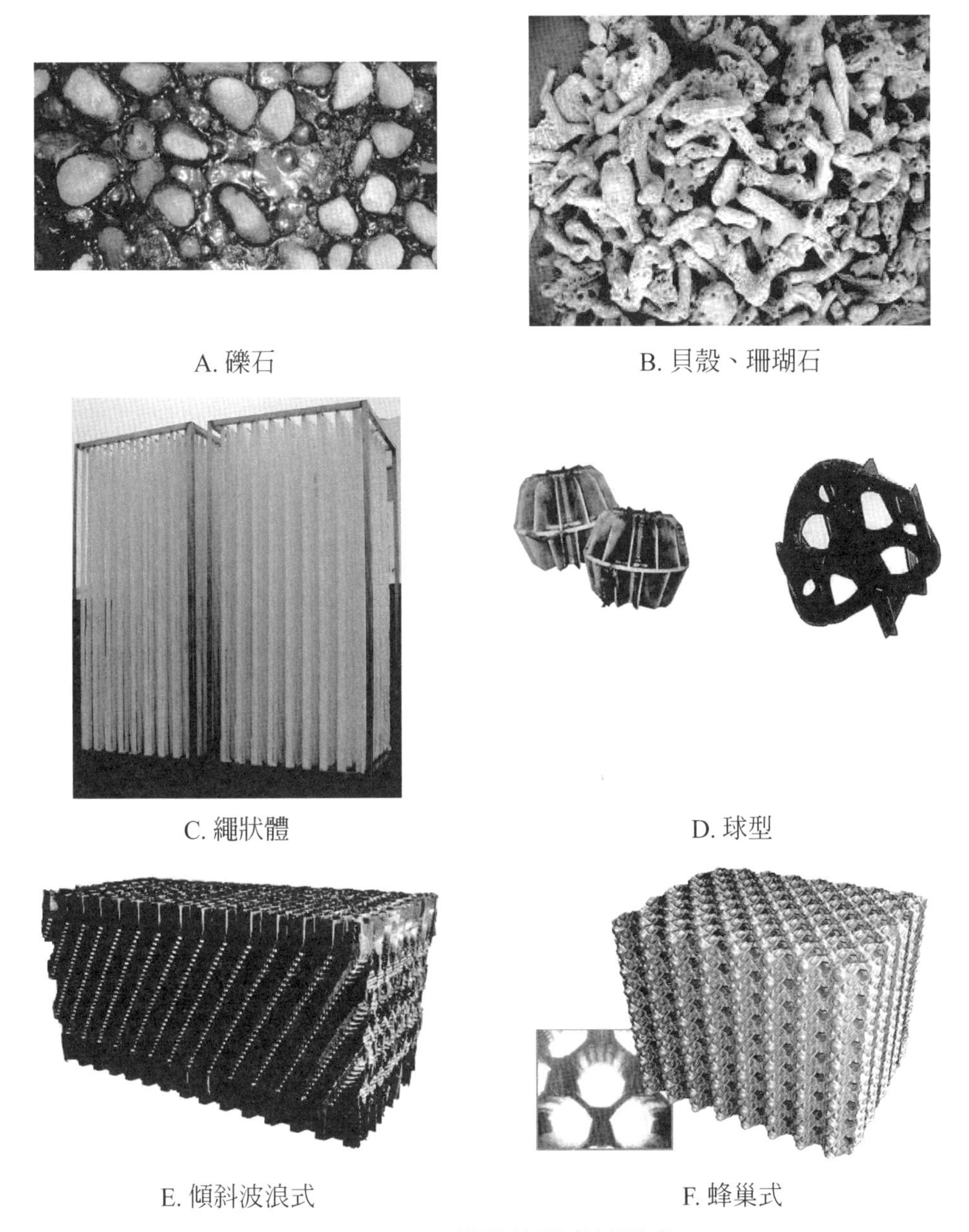
A. 礫石　B. 貝殼、珊瑚石
C. 繩狀體　D. 球型
E. 傾斜波浪式　F. 蜂巢式

圖 10.1-4　常見接觸濾材形式

2. 好氧生物濾床反應槽

過濾速度依計畫最大日污水量 25 m^3/day 以下，BOD 容積負荷 2 kg BOD/ m^3・day 以下設計。槽體爲平面形狀之正方形、長方形或圓形槽。其斷面形狀應能防止發生短流及產生污泥堆積。池數 2 池以上。槽體爲具水密性之鋼筋混凝土構造，其周壁應考慮反沖洗時之水位高度。需氧量以進流水 0.9~1.4 kg O_2/kg BOD 爲準，曝氣以多孔管，可使濾床均勻曝氣之配置。濾材之粒徑爲 3~5 mm，應爲耐久性、表面粗糙、粒狀均勻，濾層厚度以 2 m 爲原則。反沖洗以一日一次爲原則，先以空氣，再以空氣加水，最後以水反沖洗三步驟完成。

好氧生物濾床反應槽設計考慮：

(1) 進水懸浮固體濃度不宜大於 60 mg/L，本法如使用於小規模處理設施，其流量變化較大，應有流量調勻槽、細篩及前處理設施。

(2) 好氧生物濾床除碳的污泥產率係數可爲 0.75 kg VSS/kg BOD_5，好氧生物濾床的容積負荷宜根據試驗資料確定，無試驗資料時，好氧生物濾床的五日生化需氧量容積負荷爲 2 kgBOD_5/(m^3・d)，硝化容積負荷（以 NH_3-N 計）約爲 0.3~0.8 kg NH_3-N/(m^3・d)，脫硝容積負荷（以 NO_3-N 計）宜爲 0.8~4.0 kg NO_3-N/(m^3・d)。

(3) 濾床面積以計畫最大日污水量求之。

$$\text{濾床面積}（m^2）= \frac{\text{計畫最大日污水量}（m^3/day）}{\text{過濾速度}（m/day）} \quad (10\text{-}1)$$

(4) 濾床容積（m^3）= 濾床面積（m^2）× 濾層厚度（m）

$$= \frac{\text{計畫最大日污水量}（m^3/\text{日}）\times \text{進流水 BOD}（mg/L）}{\text{BOD 容積負荷}（kg\ BOD/m^3 \cdot day）} \quad (10\text{-}2)$$

槽體考量：

(1) 好氧生物濾床的池型可採用上向流或下向流進水方式，好氧生物濾床後可不設二次沉澱池。

(2) 各池分水宜用渠道及堰分水，不適合使用壓力管線直接配水。

(3) 池體設計應注意避免短流或污泥於角落堆積。

考慮清潔、維護、反沖洗等不能進水之狀況，應設置池數 2 池以上，每池面積不宜大於 100 m^2。圖 10.1-5 爲好氧性生物濾床系統示意圖，處理程序因需要進行反沖洗，因此出水高度必須考量反沖洗過程之水位高度。好氧生物濾床宜採用濾水頭系統，並分別設置反沖洗供氣和曝氣充氧系統。曝氣裝置可採用膜片或穿孔管曝氣設備。曝氣設備可設在支撐層或濾料層中，反沖洗宜採用氣水聯合反沖洗。

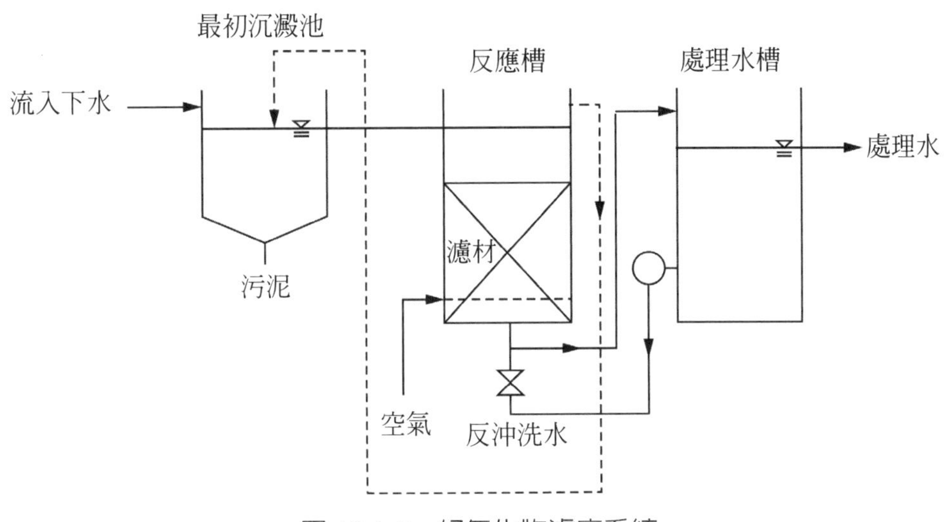

圖 10.1-5　好氧生物濾床系統

濾材：

(1) 濾材填充高度約 2~4.5 m，視池面積、負荷、水損需求、反沖洗考量，濾料上層清水區高度應考慮反沖洗時濾料膨脹率，一般需預留 1~2 m。

(2) 好氧生物濾床採非輕質濾料時，宜選用強度高和不易變質的卵石依一定級配佈置作爲支撐層。

(3) 好氧生物濾床填充濾料應具有高強度、耐磨損、高孔隙率、單位比表面積大、耐久性、生物膜附著性強、比重小、耐反沖洗和不易堵塞的性質，包括人造陶濾料、輕質塑料、碎石等，碎石填料較易取得且價格低廉，但由於其低孔隙率增加濾床堵塞和水流短路的可能性，通常碎石濾床有機負荷爲 0.3~1.0 kg BOD/m^3・day。塑料填料價格較高但具有較高比表面積及孔隙率，適合在較高負荷濾床使用。

反沖洗量請參考表 10.1-2，反沖洗排水應設排水貯槽貯存，再以定量少量持續迴流處理。

表 10.1-2　好氧生物濾床反沖洗條件

方式	反沖洗量（m^3/m^2・hr）	洗淨時間（min）
空氣洗淨	50~60	2~4
空氣及水同時洗淨	50~60（空氣） 30~40（水）	1~2
水洗淨	40~60	3~5

資料來源：歐陽嶠暉，下水道工程學，2011

圖 10.1-6　好氧生物濾床系統

資料來源：T 市 F 污水處理廠

10.2 相關之微生物

於實際操作中，有關接觸曝氣法污泥之微生物相仍以原生動物爲主，今列如表 10.2-1 所示，除變形蟲及草履蟲與前述活性污泥法爲相同物種外，餘自有其特殊之生物相。

表 10.2-1　接觸曝氣法污泥之原生動物生物相（2011/2/28 攝）

中文名稱	學名	照片
僞足變形蟲	Arcella spp.	
有殼變形蟲	Centropyxis spp.	

中文名稱	學名	照片
板殼蟲	Coleps sp.	
衣沙蟲	Difflugia spp.	
鱗殼蟲	Euglypha spp.	
草履蟲	Paramecium sp.	
玉帶蟲	Sptrostomum sp.	
尾纖蟲	Urotricha spp.	

參考文獻

1. Metcalf & Eddy, Wastewater Engineering Treatment, Disposal, Reuse.
2. Grady, Diagger, Lim “Biological Wastewater Treatment” 2nd.
3. Wastewater Treatment plants planning, Design and Operation 2nd ed Syed R. Qasim.
4. 歐陽嶠暉，下水道工程學（水環境再生工程學），2011 年版。
5. 下水道施設計畫・設計指針及解說，2009 日本下水道協會。
6. 內政部營建署 102 年下水道工程設計規範。
7. 活性污泥膜濾法（MBR）技術與應用手冊（臺灣水環境再生協會）。
8. 鄭育麟，環工指標微生物，1988。
9. 工業污染防治技術手冊——生物接觸曝氣法，經濟部工業局。
10. 歐陽嶠暉，下水道學，2016 年版。

第十一章　氮、磷之生物循環與去除

11.1 生物去氮機制與程序應用

11.1.1 生物去氮機制

圖 11.1-1 所示爲氮之生物轉換流程圖，一般污水中之有機氮會經由細菌分解與水解作用轉換爲氨氮，再經自營菌將其氧化爲亞硝酸鹽，最終氧化爲硝酸鹽之過程稱爲硝化（Nitrification）作用，硝化反應如下列反應式所示：

$$NH_4^+ + \frac{3}{2}O_2 \xrightarrow{\text{氨氧化菌}} 2H^+ + H_2O + NO_2^- + 58\sim84\ kcal \quad (11\text{-}1)$$

$$NO_2^- + \frac{3}{2}O_2 \xrightarrow{\text{亞硝酸氧化菌}} NO_3^- + 15.4\sim20.9\ kcal \quad (11\text{-}2)$$

$$NH_4^+ + 2O_2 + 2HCO_3^- \xrightarrow{\text{硝化菌}} H_2O + 2H_2CO_3 + NO_3^- + 173.4\sim104.9\ kcal \quad (11\text{-}3)$$

$$NO_3^- + organiccarbon \rightarrow N_{2(g)} + CO_{2(g)} + H_2O + OH^- \quad (11\text{-}4)$$

在缺氧環境（Anoxic）下，以有機碳爲電子提供者轉化成氮氣，可達到水體中氮之去除目的（如式 11-4 所示），則稱爲脫硝作用（Denitrification）；從電子平衡的角度上來看，硝酸根及亞硝酸根扮演電子接受者，而電子提供者一般則爲有機質，如進流水中生物溶解性 COD（bsCOD）、從內呼吸作用產生的 bsCOD 與額外添加之碳源（甲醇）。

依上式估算其硝化與脫硝作用過程所需的鹼度與需氧量，一般對硝化作用而言，1 g 的氨氮需要 7.07 g 的 $CaCO_3$，且需氧量爲 4.25 g；脫硝部分，0.25 mole 氧氣相當於 0.2 mole 的硝酸鹽與 0.33 mole 的亞硝酸鹽，故 1g 的亞硝酸根的需氧量爲 1.7 g，1 g 的硝酸根需要 2.86 g 的氧氣，亦須 3.57 g 的 $CaCO_3$。

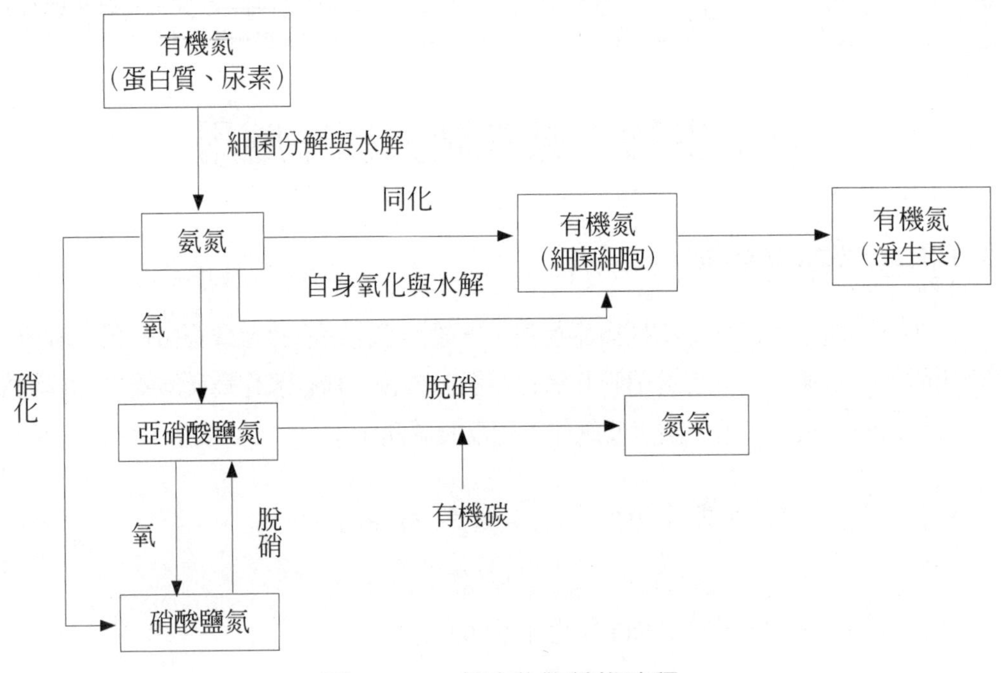

圖 11.1-1 氮之生物轉換流程

1. 影響因子介紹

詳如表 11.1-1 所列，硝化與脫硝反應主要以 DO 及 C/N 兩部分爲主要參數，故常須於後續程序操作設計時，多加注意。

表 11.1-1 生物去氮操作條件

因子	硝化反應	脫硝反應
pH	以 7~8 左右爲主	6.5~7.5（異營菌條件）
DO	一般大於 2，不可小於 1 mg/L	> 0.2 會抑制其反應，一般 < 0.5 mg/L 爲佳
Temp	20~35℃，< 5℃ or >40℃硝化菌會喪失活性	最適溫度 24~40℃（異營菌條件）
C/N	<10	BOD/NO_x–N >2.3, COD/NH_4^+>5
HRT	都市污水 > 2 hr	都市污水 > 2 hr
SRT	越長越有利	—
混合液循環比	—	總氮去除率與內部循環比有增加的趨勢
硝酸鹽	—	接近於零次反應

2. 設計參數計算

缺氧槽設計上，常採用比脫硝率（Specific denitrification rate, SDNR）來做爲其估算之依據，如下式所列

$$NO_R = V_{NOx}(SDNR)(MLVSS)$$

其中 NO_R 爲硝酸根移除量（g/d），V_{NOx} 爲缺氧槽體積（m^3），SDNR 爲比脫硝率（g NO_3^-N/MLVSS.d）。

一般硝酸根移除量可用經驗法則與圖示法求出，一般前脫硝之 SDNR = 0.04 − 0.42 g NO_3^-N/MLVSS.d，後脫硝 SDNR = 0.01 − 0.04 g NO_3^-N /MLVSS.d

另比脫硝率易受溫度之影響，影響公式如下所示：

$$SDNR_T = SNDR_{20}\theta^{T-20}$$

其中 $\theta = 1.026$，T 爲操作溫度（℃）。

11.1.2 傳統生物去氮程序

主要依脫硝槽位置不同可分爲前脫硝（Preanoxic）與後脫硝（Postanoxic）兩種程序。

1. Preanoxic 部分：前脫硝設計參數整理如表 11.1-2 所示。

表 11.1-2　前脫硝設計參數總表

設計參數		單位	處理程序	處理程序	處理程序
			MLE	SBR	Bio-denitro
食微比		kgBOD/kg MLSS.d	0.1~0.2	0.1~0.2	0.1~0.2
固體停留時間（ASRT）		天	7~20	10~30	6~12
MLSS		mg/L	3,000~4,000	3,000~4,000	2,000~3,000
水力停留時間（hr）	厭氧區	—	—	—	—
	無氧區 -1	—	1~3	—	—
	好氧區 -1	—	4~12	—	6
	無氧區 -2	—	—	—	6

設計參數		單位	處理程序 MLE	處理程序 SBR	處理程序 Bio-denitro
水力停留時間（hr）	好氧區 -2	—	—	—	—
	沉澱時間	—	—	—	—
迴流污泥		%	50~100	—	—
內循環水		%	—	—	—
硝化液循環率		%	100~200	—	—

(1) Ludzack-Ettinger

首於 1962 年提出，如圖 11.1-2 所示，進流水先至缺氧區再至好氧區，缺氧區消耗大量碳源（BOD），且硝酸鹽濃度取決 RAS 比例。

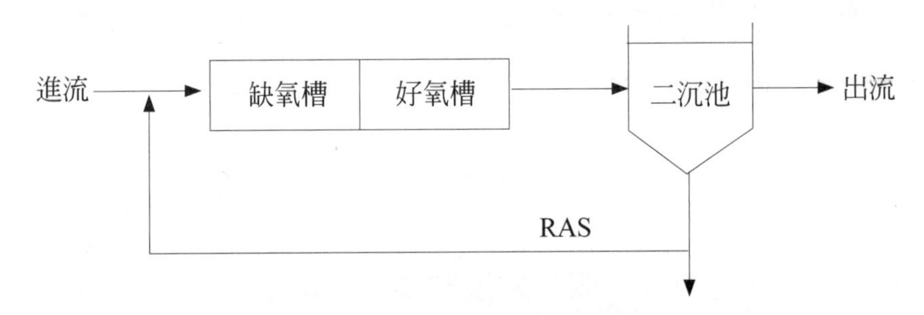

圖 11.1-2　LE 程序流程圖

(2) Modified Ludzack-Ettinger (MLE)

好氧區內因內循環之存在而獲得更多硝酸鹽，進而增加其脫氮率，典型內循環比率（內循環除以進流率）爲 2 以下，BOD/TKN 爲 4，處理程序如圖 11.1-3 所示。

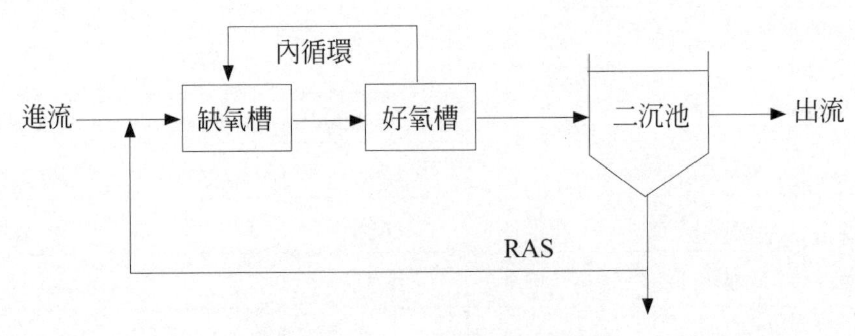

圖 11.1-3　MLE 程序流程圖

(3) Step-feed activated sludge

改善缺氧區碳源不足之問題，MLSS 濃度隨著越往後的處理槽而降低，處理程序如圖 11.1-4 所示。

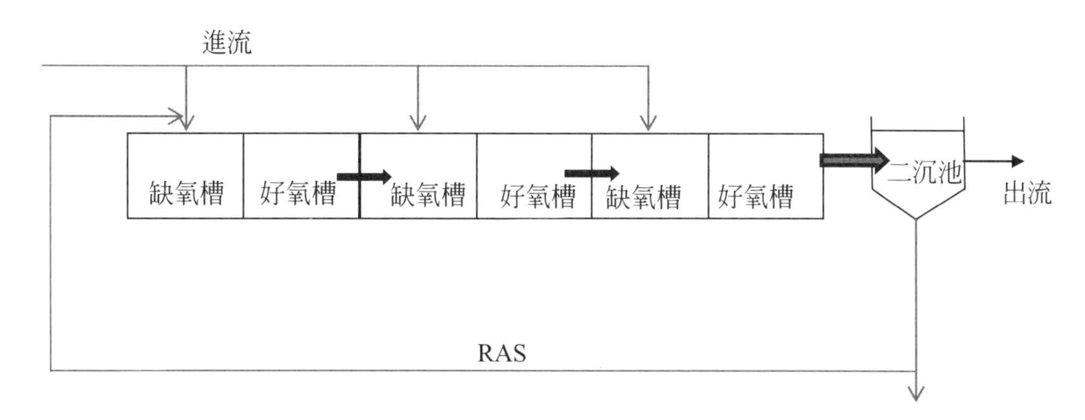

圖 11.1-4　Step-feed 程序流程圖

(4) Sequencing batch reactor (SBR)

適用於較小或間歇性水流，常分爲四階段，分別爲維持混合（Fill phase），好氧與缺氧轉換（React phase），當混合結束（Settle phase），使微生物沉降，排出廢水（Decant phase）；在進流期間讓進流水和混合液接觸混合，且進流期間無曝氣的混合，改善污泥之沉降性，在非好氧沉澱與排水期間，可去除部分的硝酸鹽，處理程序如圖 11.1-5 所示。

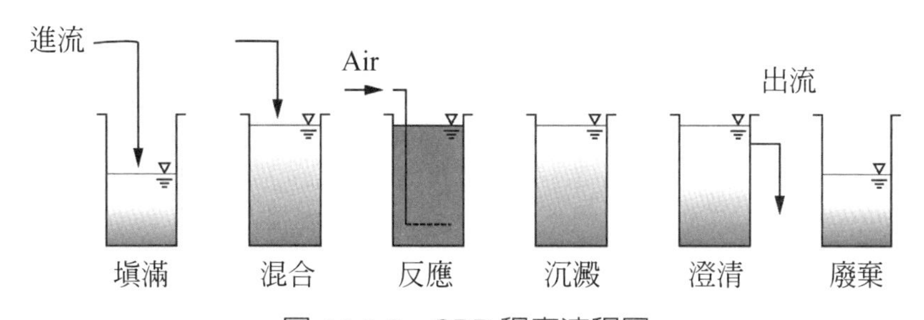

圖 11.1-5　SBR 程序流程圖

(5) Bio-denitro

爲氧化渠之應用，亦爲一種相隔離氧化渠技術，須具備二個氧化渠且依好氧區及缺氧區操作順序變動，進入缺氧區之階段時間通常爲 1.5 hr，其餘爲 0.5 hr，處理程序如圖 11.1-6 所示。

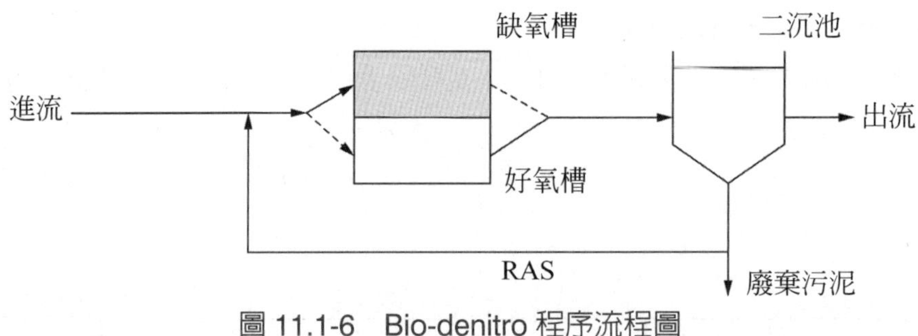

圖 11.1-6 Bio-denitro 程序流程圖

2. Postanoxic：後脫硝設計建議參數整理如表 11.1-3。

表 11.1-3 後脫硝設計參數總表

設計參數		單位	處理程序	
			Bardenpho（4 段式）	Oxidation Ditch
食微比		kgBOD/kg MLSS.d	0.1~0.2	0.1~0.25
固體停留時間（ASRT）		天	10~20	20~30
MLSS		mg/L	3,000~4,000	2,000~4,000
水力停留時間	缺氧區	hr	18~30	—
	好氧區	hr	可變動	—
迴流污泥		%	50~100	50~100
硝化液循環率		%	200~400	—

(1) Single-sludge (Wuhrmann process)

在好氧硝化後進入混合缺氧槽，此槽需較長之停留時間，脫硝速率與其生物內呼吸作用相關，成本部分則隨著是否有使用額外補充碳源而增加。

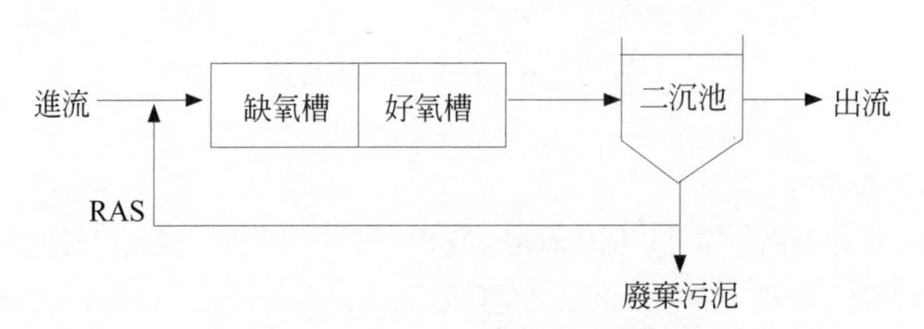

圖 11.1-7 Bio-denitro 程序流程圖

(2) Bardenpho (4-stage)

爲結合前脫硝與後脫硝的處理程序，包含兩組缺氧程序，後缺氧槽停留時間須等於或大於第一缺氧槽，此程序亦具有部分除磷之效果。

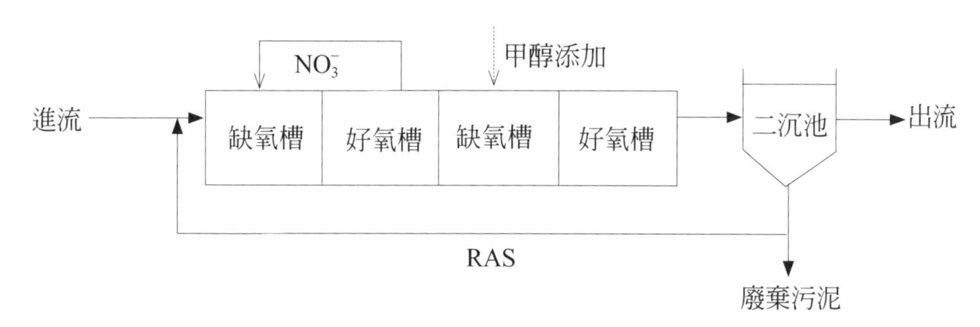

圖 11.1-8　Bio-denitro 程序流程圖

(3) Oxidation Ditch

利用渠道提供連續的迴流，使用曝氣機提供 DO，於曝氣機後方形成好氧區，可快速分解 BOD，且因生物體消耗 DO，易形成缺氧區，此程序具有較大體積及較長之停留時間（SRT），可形成硝化與脫氮區，惟須控制 DO，使缺氧區有足夠體積。

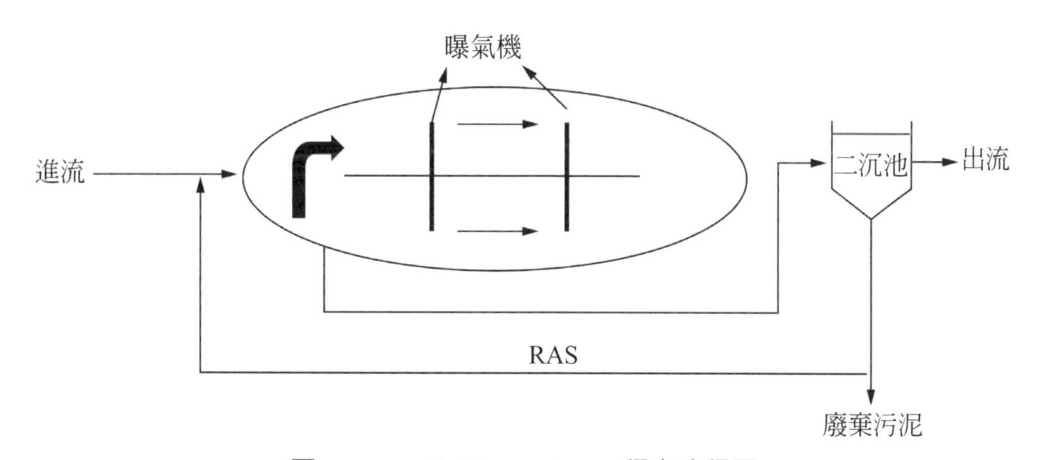

圖 11.1-9　Oxidation Ditch 程序流程圖

(4) Two-stage (two-sludge) with and external carbon source

可增強固液分離效果，且因甲醇的單位除氮成本較低，故常作爲操作基質，參數則爲 DO 及缺氧區之 SRT，而 SRT 較一般程序爲長，其優缺點如表 11.1-4 所示。

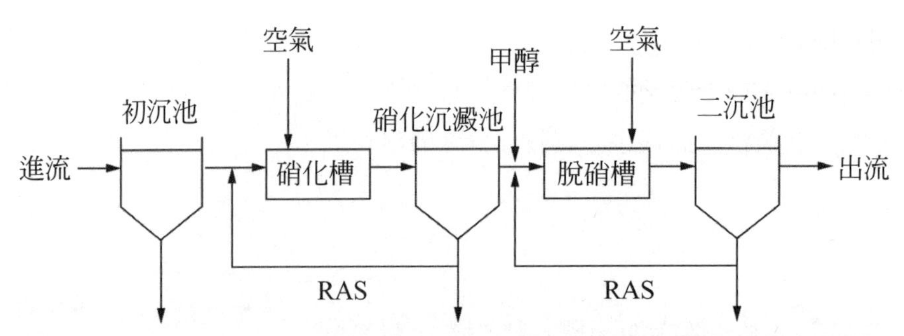

圖 11.1-10　Two-stage with and external carbon source 程序流程圖

表 11.1-4　Two-stage 優缺點比較表

優點	缺點
可結合浮除	操作成本高（甲醇購置），M/N 為 3/4
放流水可達 < 3 mg/L TN	須控制甲醇之進流量

(5) Anaerobic-Aerobic-Anoxic-Aerobic (AOAO)

如圖 11.1-11 所示，第一缺氧槽主要功能在於消耗大量碳源，以利後續好氧硝化作用之進行，第一好氧槽則是在有機碳源不足之情況，使硝化菌利用氨氮及亞硝酸鹽作為氮源，氧化為硝酸鹽，達硝化之目的；第二缺氧槽則是使脫硝菌以水中之硝酸鹽為電子接受者，進行還原作用，使硝酸鹽還原為氮氣，進而達去除氮之功用。

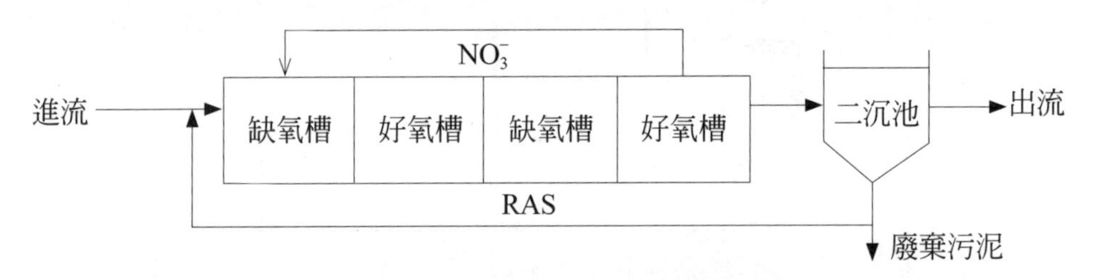

圖 11.1-11　AOAO 程序流程圖

11.2 生物除磷、兼具去氮除磷與新穎技術

11.2.1 生物除磷機制

如表 11.2-1 所列，生物除磷主要可分為兩程序，第一在厭氧環境下，磷蓄積菌（Phosphorus Accumulating Organisms, PAOs）利用水中揮發性脂肪酸（VFA）等較易

被生物分解之有機質，使磷酸鹽物種皆轉化爲正磷酸鹽形態而存於水中，此過程稱爲釋磷反應，其能量用於合成聚羥基丁酸上（Poly-hydroxy-butyrate, PHB）；第二則在需氧環境下利用 PAOs 分解 PHB 且吸收正磷酸鹽，溶液中的 PO_4^- 濃度便下降，達到除磷之目的，此過程一般稱爲好氧攝磷。

表 11.2-1　生物除磷反應機制

條件	反應	功能	機制
厭氧	釋磷	1. 發酵 2. 吸收揮發酸（VFA）／釋磷	1. COD 藉由發酵菌轉化爲 VFA 2. 磷蓄積菌將聚磷酸鹽轉化爲 PHB 的過程中，使用 VFA 並獲得能量
好氧	攝磷	1. 攝取磷 2. 合成新細胞	1. 磷蓄積菌氧化 PHB 並吸收正磷酸鹽，並以聚磷酸儲存 2. 磷蓄積菌增殖，形成新細胞

1. 化學平衡計算

主要依其化學反應方程式估算該過程所需的劑量，一般對除磷作用而言，依進流水 bsCOD 的可利用率爲其依據，1 g 的 bsCOD 可生成 1.06 g 的醋酸，1 g 醋酸會生成 0.3 g 的揮發性懸浮固體物（VSS），1 g 的 VSS 含有 0.3 g 的磷，依此估算移除 1 g 的磷，則需 10 g 的 bsCOD。

2. 影響因子介紹

詳如表 11.2-2 所列，其中下列針對較需注意之因子詳加介紹。

表 11.2-2　生物除磷影響因子

影響因子	厭氧釋磷	好氧攝磷
pH	7.5~8	6.5~7，< 6.5 時，PAOs 活性降低
DO	如有 DO 將停止作用	一般需大於 2 mg/L
Temp	> 10℃	一般需大於 10℃
C/P	於低 SRT 資料，BOD/TP = 20~30 時，有較佳之去除率（<1 mg/L）	影響較小
HRT	都市污水約爲 1~2 hr	都市污水約爲 1~2 hr，延長時間對效率提升較小
SRT	越長越不利，5~12 days	—
硝酸鹽	如存在將抑制細胞中磷之釋出	可取代溶氧爲電子接受者

(1) 廢水中 VFA 的可用率

與有機物質可被 PAOs 利用的相對數目有關，因爲水中 VFAs 或低易生物降解基質（rbCOD）與正磷酸鹽的比例不足時，反應速率會降低；則一般而言，COD/TP 與 BOD/TP 的最低限值爲 45 與 20 mg/L，如可測得 rbCOD，rbCOD/TP 以 15 爲最佳，而對於 VFA/TP 比例在 4。

(2) 溫度

並無顯著之影響，發酵作用在低溫較慢，故在低溫區間，因 VFAs 產生速率較慢，促使生物除磷反應（Biological Phosphorus Removal, BPR）過程較慢，一般而言，溫度區間須小於 30℃，以 40℃爲其限值，因在 30℃以上，聚糖菌（Glycogen-Accumulating Organisms, GAOs）對於增強 BPR 有不利的影響。

(3) 迴流中的硝酸鹽

因硝酸鹽會與 VFAs 反應，故對於除磷系統有負面的影響，其中以系統中存有 6 mg/L 的硝酸氮（NO_3^-–N）爲其最大限值，惟系統中 rbCOD 較高時，對於迴流中的硝酸鹽容忍度較佳。

(4) DO

在厭氧系統中，要先確定 DO 接近零，因 PAOs 會與氧反應，且異營性生物存在於厭氧系統中，會與 VFAs 產生競爭行爲，使 PAO 厭氧代謝降低。

11.2.2 生物除磷程序

一般稱爲 Enhanced Biological Phosphorus Removal technologies（EBPR），此章節主要依照發酵作用、Phoredox (A/O)、Oxidation Ditch 與 Phostrip 等四種操作程序分別介紹之。

1. 發酵作用

利用 VFAs 作爲微生物碳源的供給者，一般而言進流水中 VFAs 與磷的質量比約爲 4，發酵作用可增加水中 VFAs 濃度，且亦可減少其系統污泥之生成量。

2. Anaerobic/Oxic (A/O) or Phoredox

潛在的問題爲硝酸根經迴流污泥（RAS）進入好氧槽，會限制 PAOs 在厭氧槽中的生長，爲解決此問題，常將厭氧槽分爲兩部分，其一爲增加一缺氧槽，使硝酸鹽經脫氮作用減少，一般經此程序後之磷出流濃度約爲 0.025~2.3 mg/L。

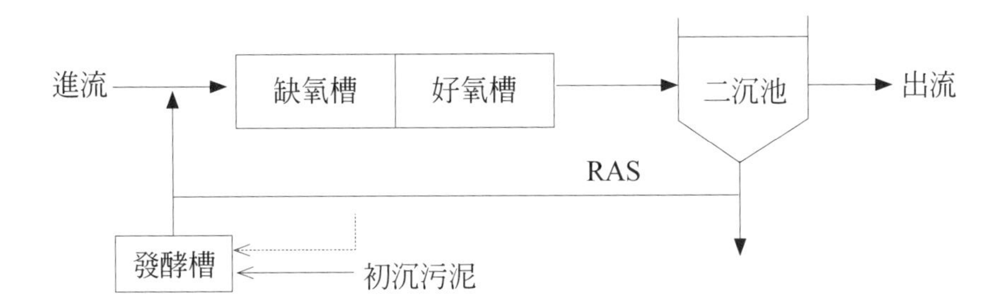

圖 11.2-1　發酵作用程序流程圖

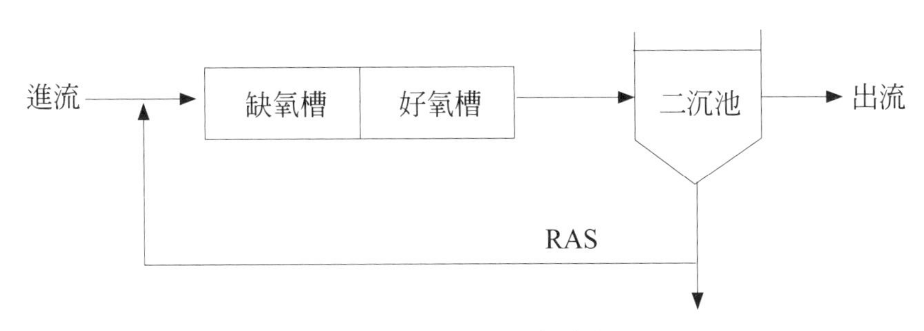

圖 11.2-2　A/O 程序流程圖

3. Oxidation Ditch

與生物去氮程序的氧化渠構造相仿，差別在於渠前（上游處）增設一選擇槽（厭氧槽），當水中 rbCOD 濃度不夠時，才需添加額外的 VFA（碳源），磷出流濃度一般介於 1 和 2 mg/L 之間。

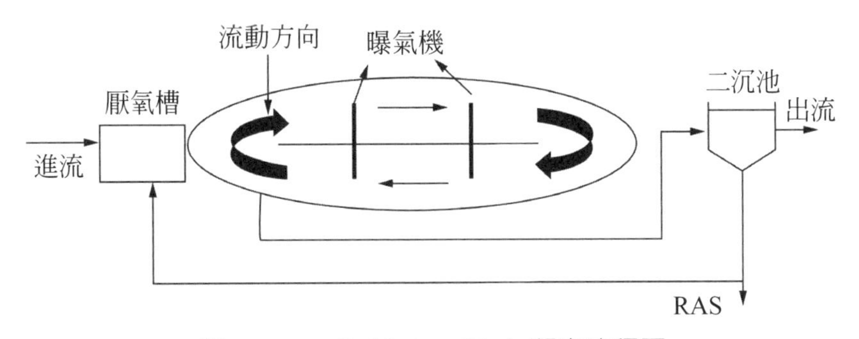

圖 11.2-3　Oxidation Ditch 程序流程圖

4. PhoStrip Process

增設一厭氧系統（單元），磷先經活性污泥單元累積後，污泥送至厭氧單元進行釋磷，上澄液加入石灰（Lime）再以 $(Ca)_3(PO_4)_2$ 形式沉澱去除。

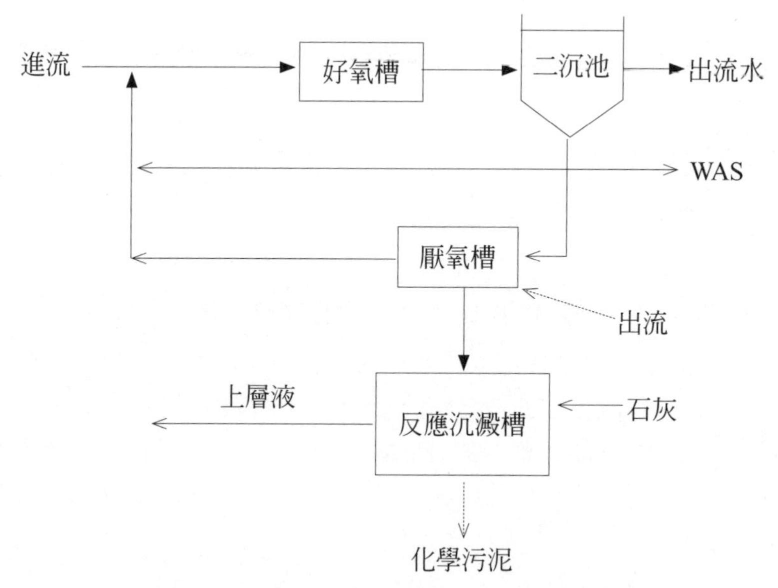

圖 11.2-4　PhoStrip Process 程序流程圖

11.2.3 兼具生物去氮除磷程序

在迴流污泥系統中，須注意硝酸鹽濃度與 DO，使其降低對 EBPR 系統的影響，可利用 COD/TKN 比率決定槽體之大小，常用生物去氮除磷程序參數詳見表 11.2-3。

表 11.2-3　常用生物去氮除磷程序參數表

設計參數		單位	處理程序			
			A_2O	Modified Bardenpho 法	UCT 法	Modified UCT 法（MUCT）
食微比		kgBOD/kg MLSS.d	0.15~0.25	0.1~0.2	0.1~0.2	0.1~0.2
固體停留時間（ASRT）		天	4~27	10~40	10~30	10~30
MLSS		mg/L	2,000~4,000	2,000~5,000	2,000~5,000	2,000~5,000
水力停留時間（hr）	厭氧區	0.5~1.5	0.5~1.5	1~2	1~2	1~2
	缺氧區 -1	—	0.5~1.0	2~4	2~4	2~4
	好氧區 -1	—	3.5~6.0	4~12	4~12	2.5~4

設計參數		單位	處理程序			
			A_2O	Modified Bardenpho 法	UCT 法	Modified UCT 法（MUCT）
水力停留時間（hr）	缺氧區 -2	—	—	2~4	2~4	—
	好氧區 -2	—	—	0.5~1	—	—
迴流污泥		%	20~50	80~100	80~100	80~100
內循環水		%	100~300	400	100~600	100~600

1. Anaerobic/Anoxic/Oxic (A_2O)

在達到完全硝化之同時，亦可經由廢棄污泥的排出以達除磷之效果，和 A/O 不同之處在於，迴流污泥中硝酸的濃度較低。

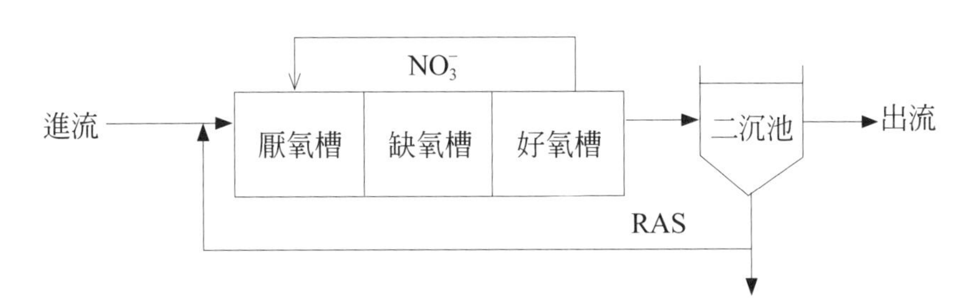

圖 11.2-5　A_2O 程序流程圖

2. Five-Stage Bardenpho Process

與前述 4-stage 程序差異不大，惟該程序於上游處增設一厭氧槽，故 RAS 所含之 NO_3^- 會影響厭氧槽之反應。

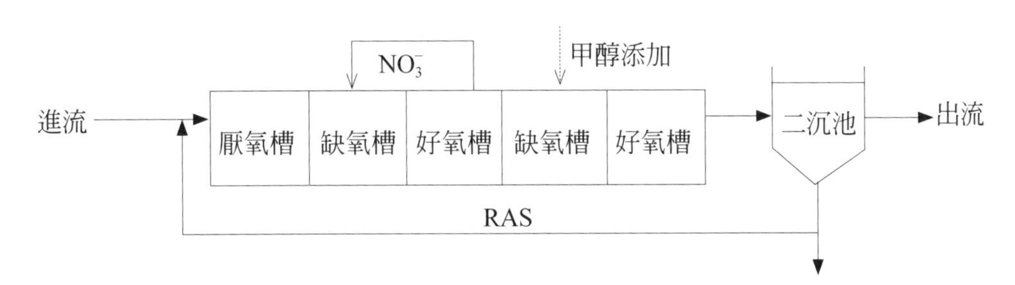

圖 11.2-6　Five-Stage Bardenpho 程序流程圖

3. Modified and Normal University of Cape Town Process (UCT & MUCT)

UCT 與 A/O 程序原理類似，爲將迴流污泥直接導入缺氧槽，使硝酸鹽避免進入厭氧槽中，MUCT 部分則增設一缺氧槽，該槽雖可增進其除磷效率，卻因缺氧槽水力負荷過大，造成硝酸鹽去除效果降低；MUCT 則因 RAS 先經脫硝再迴流至厭氧釋磷故可修正上述問題。

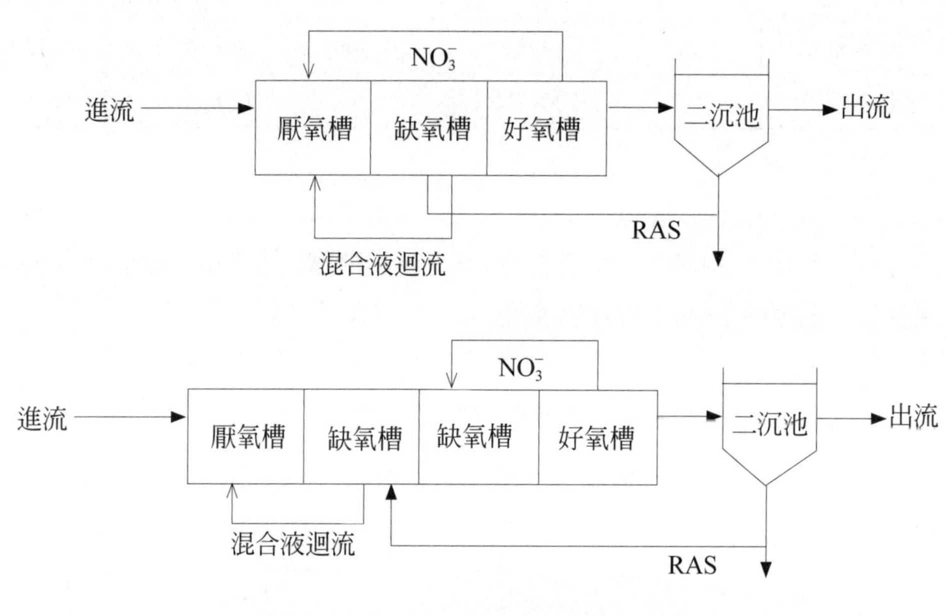

圖 11.2-7 UCT&MUCT 程序流程圖

4. 揮發性脂肪酸誘導磷去除法（Volatile fatty acid Induced Phosphorus Removal, VIPR）

在缺氧槽中，異營性脫硝菌主導氮去除之反應，其去除效果與有機碳、硝酸爲碳源與電子接受者相關。

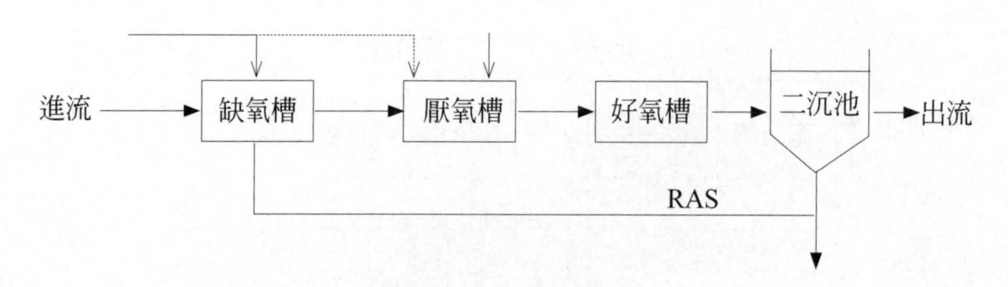

圖 11.2-8 VIPR 程序流程圖

11.2.4 去氮除磷新技術發展

目前全球主要新技術發展主要著重於降低去氮除磷系統之需氧量、碳源需求與biomass之生成等面向。

1. 硝化脫硝捷徑法（Shortcut nitrification /Denitrification）

如下列化學反應式所示，主要省略硝化程序 NO_3^- 之生成步驟，藉由 NO_2^- 的累積，達氨氮之去除，該程序可減少化學需氧量（COD）的使用（一般傳統硝化／脫硝1 moleNH_4^+需要4 g COD），且降低其biomass之生成，適用於C/N小於8之廢水。

$$NH_4^+ + \frac{3}{2}O_2 \rightarrow \frac{12}{5}COD \rightarrow \frac{1}{2}N_2 + H_2O + H^+ + \frac{9}{10}\text{biomass}$$

2. 厭氧氨氧化（Anaerobic ammonia oxidation, ANAMMOX）

在厭氧環境下，自營性的微生物在以 CO_2 爲碳源，將氨氮與亞硝酸鹽，直接轉化生成 N_2 的過程稱之，系統溫度一般在35℃以上，完整反應如下列所示，其優缺點如表11.2-4所列，程序流程如圖11.2-9。

$$NH_4^+ + 1.32NO_2^- + 0.066HCO_4^- + 0.13H^+ \rightarrow 1.02N_2$$
$$\rightarrow 2.03H_2O + 0.26NO_3^- + 0.066CH_2O_{0.5}N_{0.15}$$

表 11.2-4　ANAMMOX 優缺點比較

優點	缺點
省操作成本與能源消耗	自營菌生長緩慢，如何保留有效污泥
不須額外添加碳源	絕對厭氧
不須額外添加氧氣	需亞硝酸氮參與
對於 CO_2 吸收有幫助	—

3. 部分硝化、厭氧氨氧化與脫硝同步法（Simultaneous partial Nitrification Anammox and Denitrification, SNAD）

適用於C/N較低（小於1.5）的廢水，應用機制如下列反應式所示，SNAD爲結合三種程序，故可大量因此減少曝氣與額外添加碳源的需求，以大幅減少操作費用，SNAD與傳統法比較詳見表11.2-5。

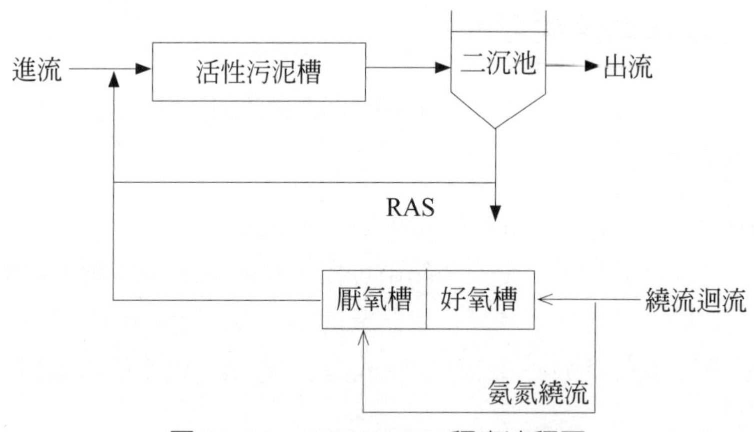

圖 11.2-9　ANAMMOX 程序流程圖

表 11.2-5　SNAD 與傳統法比較

項目	傳統程序	SNAD
反應槽數量	2（好氧＋厭氧）	1（缺氧）
需氧量（g O_2/g NH_4^+—N）	4.3	1.8
所需有機碳（g COD/g NH_4^+—N）	4.1	—
污泥生成（g biomass/g NH_4^+—N）	1.5	0.2

Partial nitrification: $NH_4^+ + 1.5O_2 \rightarrow NO_2^- + H_2O + 2H^+$

Anammox: $NH_4^+ + NO_2^- \rightarrow N_2 + 2H_2O$

Denitrification: $NO_3^- + 0.83CH_3OHH^+ \rightarrow 0.5N_20.83CO_2 + 2.17H_2O$

4. 同步硝化脫硝法（Simultaneous Nitrification and Denitrification, SND）

指硝化與脫硝發生在同一反應槽（好氧）中或在相同的膠羽上，須滿足碳源、DO 等動力平衡，惟系統的決定影響因子爲下列幾項：在膠羽中其氧氣濃度梯度的微觀環境、巨觀環境中與混合相關的因素、DO 濃度梯度、碳源的可利用性與好氧脫硝菌的存在（如 Pseudomonas），COD、DO 及膠羽的大小爲程序控制因子，系統一般在 C/N 爲 11.1 下硝化及脫硝速率達到平衡，而最佳操作條件：DO 一般在 0.5~1.5 mg/L 區間，膠羽大小則在 80~100 um。

5. 改良式 A_2O

(1) 程序一

如下圖所示，改良式可分爲階段性進流與加入載體等，載體加入可增加其操作之比表面積，亦使其槽體（如置於好氧槽中）所需體積減少至原來設計的 1/2~1/4 倍；該程序與傳統程序相較下，可使其 HRT 降低，故改良式的土地需求較一般傳統的爲少。

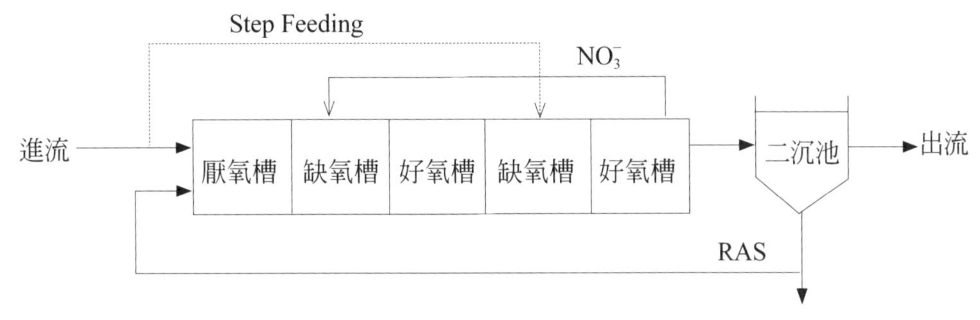

圖 11.2-10　改良式 A_2/O 程序一

(2) 程序二

如圖 11.2-11 所示，迴流污泥（RAS）直接進入第一缺氧槽，藉由水解作用釋放出可降解的有機碳，而後進流污水直接進入厭氧槽與第一缺氧槽出流水混合，部分的混合液（約 0.4Qin）繞流至第二缺氧槽中，以確保有足夠之有機碳源，在第一個好氧槽中，氨氮降解至硝酸鹽，進入第二缺氧槽，最後再經由第二缺氧槽之脫硝作用，使出流水的 COD 降至最低；此法改良傳統 A_2O 從好氧槽到缺氧槽硝酸根迴流需較大流量（一般爲 2~4Qin），改善缺氧槽中的 DO 濃度增加與 COD 被稀釋等缺點。

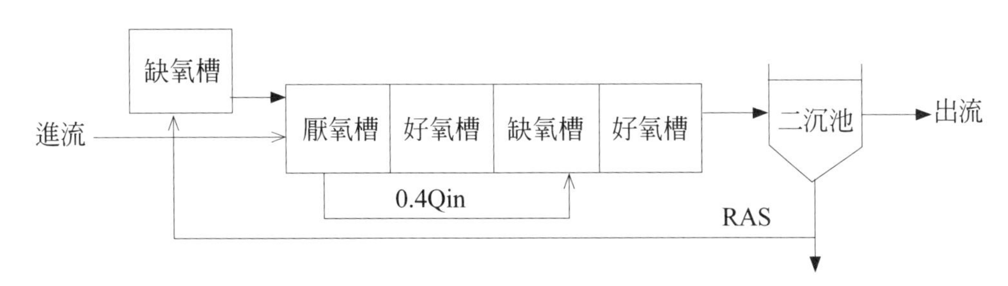

圖 11.2-11　改良式 A_2/O 程序二

6. 厭氧流體化膜生物反應床（Anaerobic fluidized bed membrane bioreactor, AFMBR）

主要以厭氧取代好氧系統，藉以降低系統能源消耗與污泥生成，另有產生能源之可能（CH_4），且結合 MBR 系統，故具高處理效率，高 SRT 等特點。

7.Microvi-reactor

於生物處理槽中，加入 Biocatalvsts（生物催化載體），其生物轉換過程如下列反應式所示，主要爲硝酸根經生物載體作用轉化爲氮氣之程序，詳細反應槽圖如圖 11.2-12。

$$NO_3^- \rightarrow NO_2^- \rightarrow NO + N_2O \rightarrow N_2$$

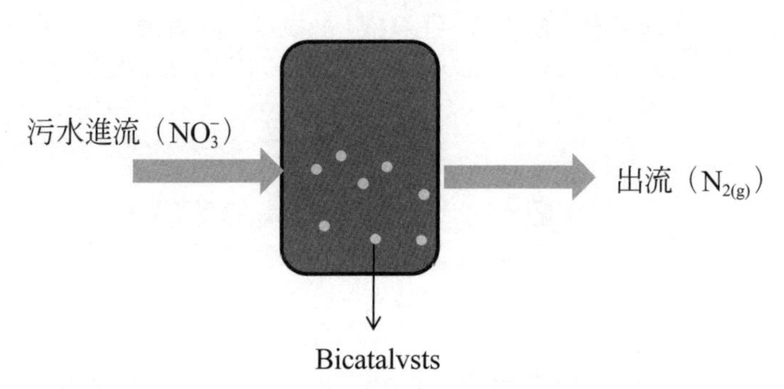

圖 11.2-12　Microvi-Reactor 程序反應圖

參考文獻

1. Bae et al., "Performance Evaluation of a Pilot-Scale Anaerobic Fluidized Membrane BioReactor for Domestic Wastewater Treatment." Inha WCU.
2. Jih-Gaw Lin, "Development of Cutting Edge Biological Nitrogen Removal Process: Anaerobic Ammonium Oxidation in Taiwan." proceeding in 13 Jan 2014 in NTU.
3. Jose Jimenez. "Simultaneous Nitrification-Denitrification to Meet Low Effluent Nitrogen Limits.", in 2012 Annual VWEA Education Seminar in Water Environment Association, Virginia,USA.
4. Kaschka E. and Weyrer S., "Phostrip Hanfbook", Fourth Edition 1999.
5. Leaderman & Associates Co., Ltd. "Introduction of Anammox Technology to Remove the Ammonium Nitrogen in Wastewater."
6. Mariko Sakuma. "A_2O process introduced to 7 WWTPs in Regional Sewerage , Tokyo", proceeding in Biological Nutrient Removal in 78 Annual Technical Exhibition and Conference, Washington DC,

USA.

7. Metcalf and Eddy, "Wastewater Engineering-Treatment and Reuse", McGraw Hill publishing Co. 4nd Ed.
8. Perry L. McCarty, "Anaerobic Domestic Wastewater Treatment – The Next Steps Forward." proceeding in 13 Jan 2014 in NTU.
9. U.S. EPA (n.d.) Municipal nutrient Removal Technologies reference document. Retrieved September, 2008.
10. 李曉芬，高科技產業園區廢水除磷技術操作成本比較分析，國立朝陽科技大學環境工程與管理研究所碩士論文，台中市，2008。
11. 阮國棟等四人，亞硝酸自營菌脫氮技術發展趨勢，全球化及近未來（Near Future）科技對環境管理之影響——環保署科顧室年度自行研究計畫論文集，2005。
12. 徐樹剛，含氮磷廢水之減量技術介紹（含實務案例分享），工業技術研究院，2013。

第十二章

其他去除微生物之高級處理方式

經一般二級處理後之廢污水，常因特別的使用目的而需要更進一步之處理程序如處理水再利用等，而水質的要求標準，亦因其用途的不同而有所差別，其中廢水中殘留的常見微生物包含細菌、原生動物及病毒等，造成的影響爲生物體的致病等；常見用於去除微生物之高級處理程序適用表如表 12.1-1 所列。

表 12.1-1　常用去除微生物之高級處理程序

處理程序		細菌	原生動物	病毒
膜	微過濾 & 超過濾	√	√	–
	逆滲透法	√	√	√
	電透析法	√	√	√
吸附		–	√	–
離子交換		–	√	–
蒸餾		√	√	√
臭氧		√	√	√

12.1 膜過濾程序

如圖 12.1-1 所示，一般而言，進流水稱作原水（Feed stream），經過膜過濾後有兩種出流水，分別爲淡水（Permeate flow）與濃縮水（Concentrate flow），此程序去除的粒徑大小範圍常介於 0001~1.0 μm，膜主要扮演一選擇性的屏蔽，主要利用膜本身之穿透性、濃縮性與選擇性通量（kg/m^2/d），以達分離之目的；膜過濾分類方法則依分離的粒徑大小，包含微過濾（Microfiltration, MF）、超過濾（Ultrafiltration, UF）、奈米過濾（Nanofiltration, NF）、逆滲透法（Reverse Osmosis, RO）及電透析法（Electrodialysis, ED）等；目前常用之膜過濾程序首先依圖 12.1-2 比較欲去除物種之大小與膜分離的粒徑大小不同，可知一般而言病毒之除去，須採用 NF 與 RO 之技術，才有去除之可能，詳請參見表 12.1-2，另各膜程序基本機制與特性表如表 12.1-3 所列。

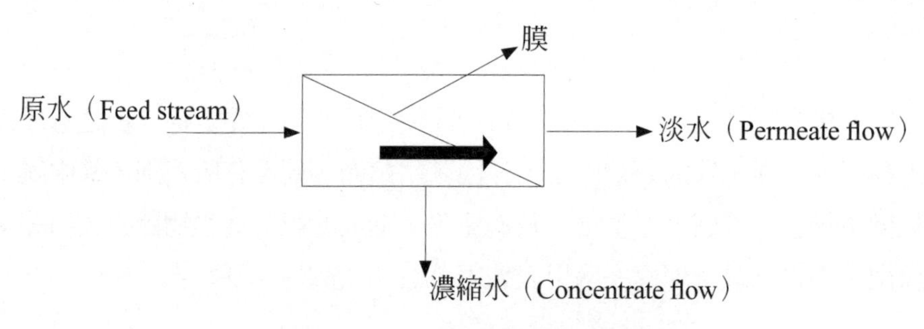

圖 12.1-1 一般膜過濾之程序圖

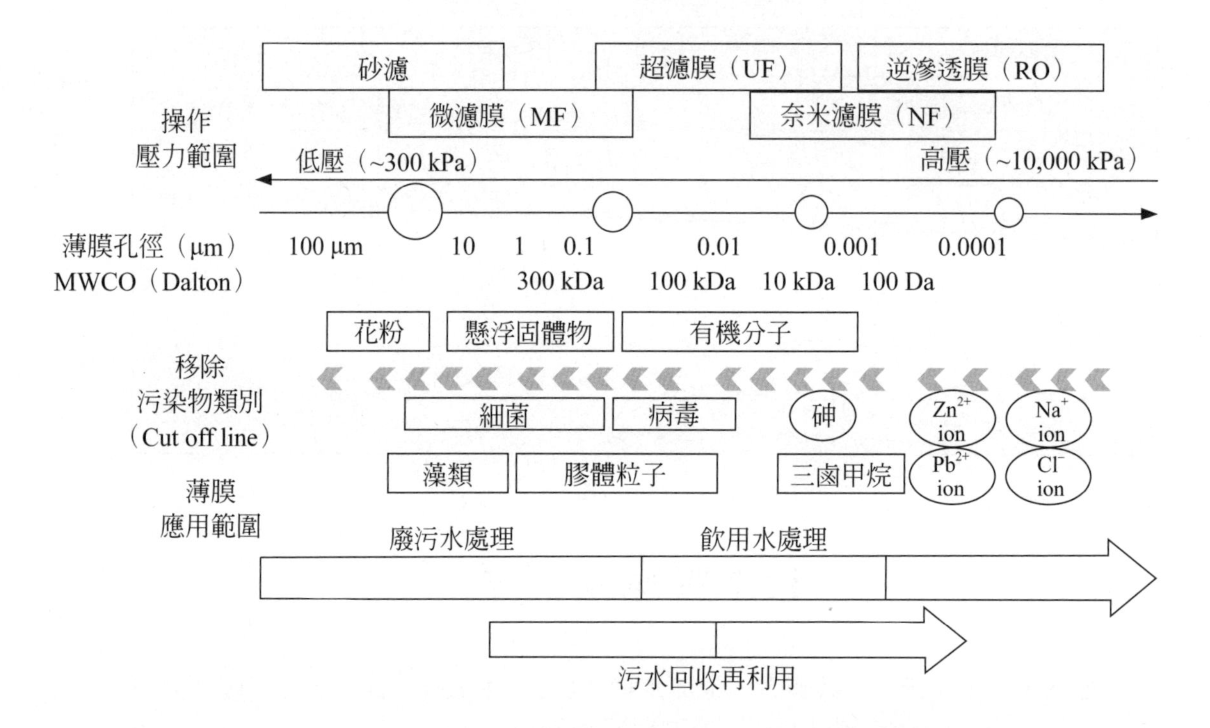

圖 12.1-2 常見殘留廢水物種大小與膜適用圖

資料來源：經濟部水利署「工業廢水再生利用技術參考」手冊，2010

表 12.1-2 膜過濾程序去除微生物適用技術

成分	膜技術
細菌	MF、UF、NF 與 RO
原生動物	MF、UF、NF 與 RO
病毒	NF 與 RO

表 12.1-3　各膜程序基本機制與特性表

程序	驅動力	分離機制	Pore size（nm）	操作範圍（μm）
MF	壓力差	篩	> 50	0.02~2
UF	壓力差	篩	2~50	0.005~0.2
NF	壓力差	篩 + 擴散	< 2	0.001~0.01
RO	壓力差	擴散	< 2	0.0001~0.001
ED	電動力	選擇性膜 的離子交換	< 2	–

資料來源：Mecalf & Eddy, Wastewater Engineering: Treatment and Reuse (Fourth edition)

12.1.1 膜過濾（Microfiltration, MF）與超過濾（Ultrafiltration, UF）

如常見的膜生物反應處理（MBR）法則爲該單元與好氧活性污泥法結合應用的程序。

1. 原理

因其具有消毒之功用，近年常用於取代快濾程序與 RO 之前處理程序，如圖 12.1-3 所示，可分爲橫流（Cross Flow, CF）、具池的橫流（Cross flow with reservoir, CF/reservoir）與直接供水（Direct Feed, DF）等三種，CF 與 CF/reservoir 差別在於進流水先經過一儲池再進入膜池中，直接供水部分則無迴流的產生。

2. 操作因子

一般來說，MF 與 UF 的系統規劃設計常需仔細檢視與計算該系統之壓力差、滲透流流量與回收率，各參數之說明如下。

(1) 壓力差：計算方式爲 $P = P_f - P_p$，其中 P_f 爲原水進流壓力（kPa），P_p 爲淡水壓力（kPa）。

(2) 滲透流流量（Q_P, kg/s）：$Q_P = F_W A$，其中 F_W 爲跨膜水通量（kg/m^2/s），A 爲膜面積（m^2）。

$$R = \frac{Q_P}{Q_f} \times 100 = 1 - \frac{C_p}{C_f} \times 100$$

(3) 回收率（R, %）：其中 Q_p 與 Q_f 分別爲穿透流量與供給流量（kg/s），C_p 與 C_f 則爲穿透流濃度與供給流濃度。

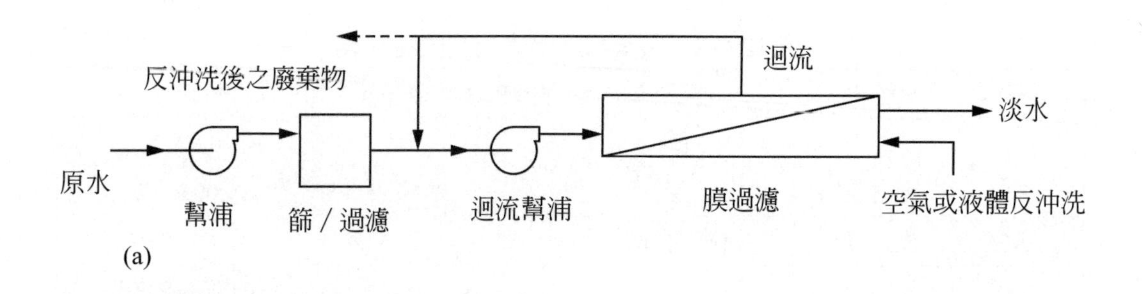

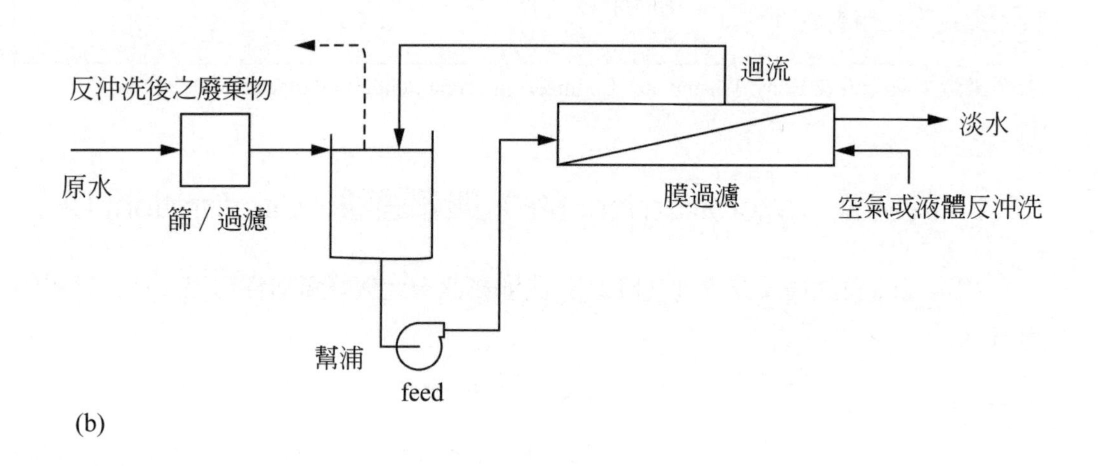

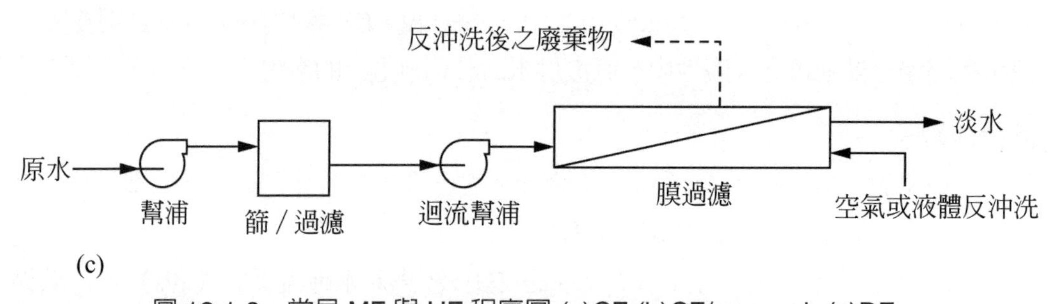

圖 12.1-3　常見 MF 與 UF 程序圖 (a)CF (b)CF/reservoir (c)DF

資料來源：Mecalf & Eddy, Wastewater Engineering: Treatment and Reuse (Fourth edition)

詳細 MF 與 UF 優缺點比較參見表 12.1-4，另建議操作因子之設計範圍詳請參見表 12.1-5。

表 12.1-4　MF 與 UF 優缺點表

膜	優點	缺點
MF	減少處理過程所需化學加藥量	屬高強度能源技術
	降低空間需求	需前處理單元，造成成本與空間增加
	減少人力需求	所蒐集之濃縮物處理問題
	可去除細菌與病毒	膜的更換維護
UF	具消毒功能	相較於傳統，其成本較高

表 12.1-5　不同膜之操作條件建議區間

膜	操作壓力（kPa）	通量（$L/m^2/d$）	能耗（kWh/m^3）	回收率（%）
MF	7~100	405~1,600	0.4	94~98
UF	70~700	405~815	3	70~80
NF	500~1,000	200~815	5.3	80~85
RO	850~7,000	320~490	10.2	70~85

資料來源：Mecalf & Eddy, Wastewater Engineering: Treatment and Reuse (Fourth edition)

12.1.2 逆滲透法（Reverse Osmosis, RO）

逆滲透法乃利用半滲透膜產生化學潛勢差，造成水從低濃度方向往高濃度方向傳送，其程序流程如圖 12.1-4 所示，分別爲滲透、達平衡時與逆滲透三種方式，其中如 (b) 圖所示，達平衡時所造成之壓力差，一般稱爲滲透壓（化學潛勢差），一般利用 $F_W = \frac{Q_P}{A}$ 可估算所需膜之面積（A, m^2），F_W 爲水通量（$kg/m^2/s$），Q_P 爲滲透流量

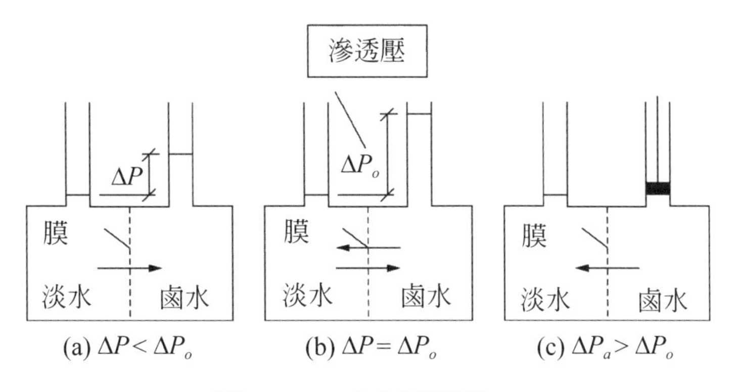

(a) $\Delta P < \Delta P_o$　(b) $\Delta P = \Delta P_o$　(c) $\Delta P_a > \Delta P_o$

圖 12.1-4　RO 原理圖

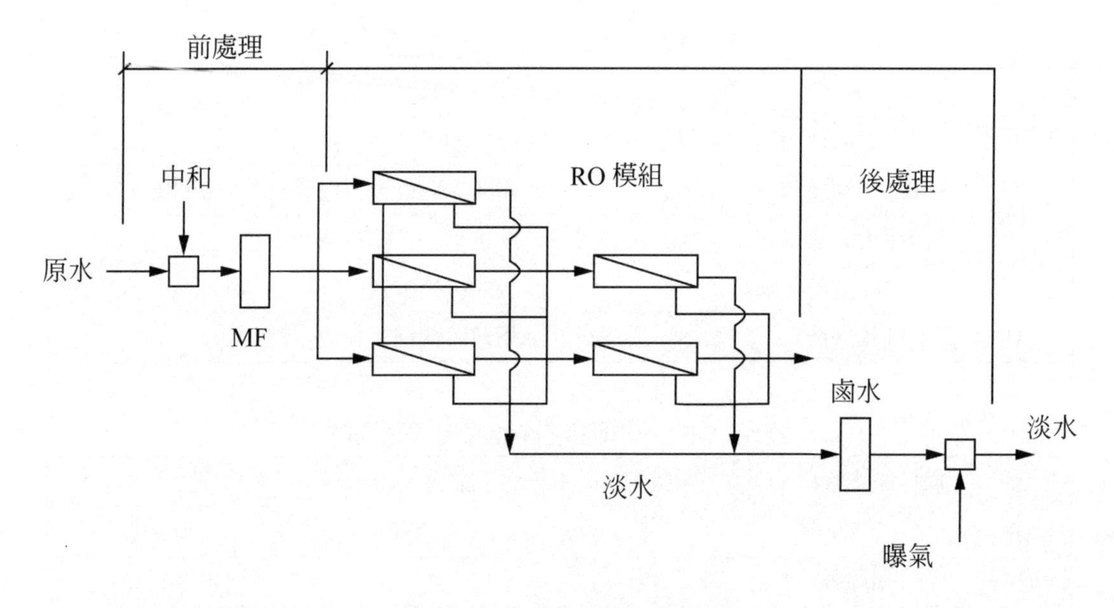

圖 12.1-5　RO 處理程序圖

（kg/s）；如圖 12.1-5 所示，RO 處理常需搭配前處理與後處理系統，前處理系統部分常配置快濾（SF）或 MF，以維持其系統之操作，其建議操作因子之設計範圍詳請參見表 12.1-5。

12.1.3 電透析法（Electrodialysis）

如圖 12.1-6 所示，為半滲透性離子選擇膜之技術，主要利用兩電極間電動勢與電流之生成，使溶液與離子達分離之效果，電流需求計算如下列所示。

$$I = \frac{FQN\eta}{E_c}$$

式中：I ——電流（Amp）

F ——法拉第常數（96485 A.s/eq）

n ——電池槽數

E_c ——電流效率（%）

Q ——流量（L/s）

N ——溶液之 Normality

η ——電解質的去除率（%）

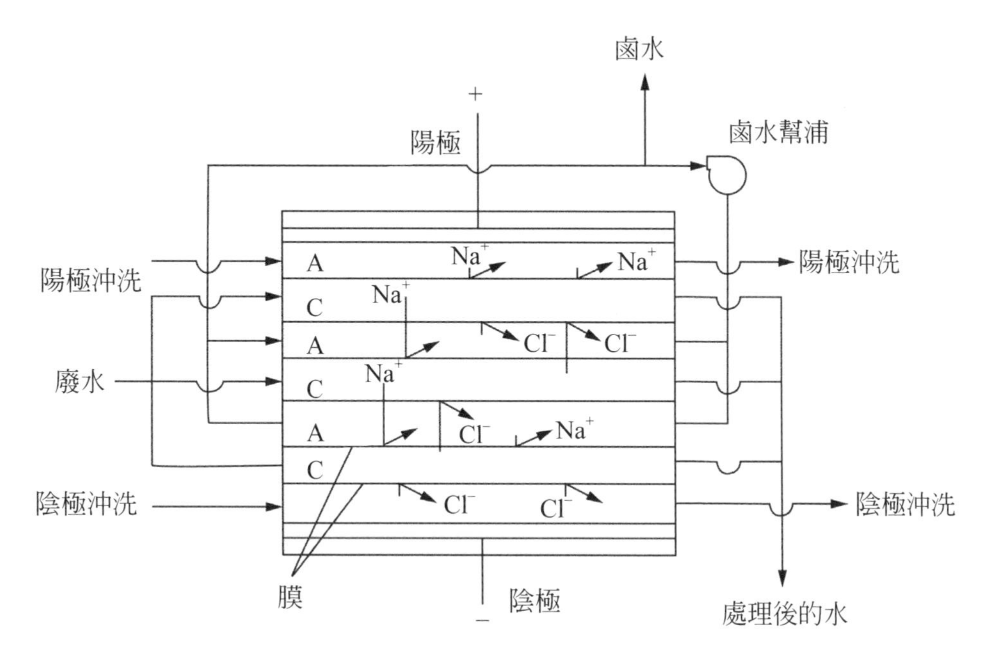

圖 12.1-6　電透析操作示意圖

資料來源：Mecalf & Eddy, Wastewater Engineering: Treatment and Reuse (Fourth edition)

12.2 其他高級去除程序

12.2.1 吸附

將液相上之物質利用質傳轉換到固相的介質上稱之，常用的吸附介質如活性碳、合成聚合物、二氧化矽，惟活性碳的使用價格最低，故其爲最常之使用介質，活性碳可分爲兩種形式，氣體吸附碳（Gas-adsorbent carbon）與液相碳（Liquid-phase carbon），氣體吸附碳用以吸附氣體中之雜質，而液相碳則是用來除去液體及溶液中之雜質，兩者差別在於成品空隙大小分布；另外依照其大小可分爲粒狀（Granular）與粉狀（Powered）兩種，PAC 的直徑小於 0.074 mm，而 GAC 的直徑約大於 0.1 mm 作爲分類依據，GAC 與 PAC 的特性參數比較詳見表 12.2-1。

1. **吸附之基本原理可分爲四步驟**：分別爲主體流動傳輸、膜擴散、孔隙傳輸、吸附等四階段。

(1) 主體流動傳輸（Bulk solution transport）：包含有機物的移動，而造成此移動的來自於被吸附劑附近固定膜中的介面層的主體流所吸附，如活性碳槽中的平

表 12.2-1　GAC 與 PAC 的參數特性比較表

參數	單位	GAC	PAC
表面積	m^2/g	700~1,300	800~1,800
密度	kg/m^3	400~500	360~740
粒子密度	kg/L	1~1.5	1.3~1.4
粒子大小範圍	mm (μm)	0.1~2.36	(5~50)
有效大小	mm	0.6~0.9	NA
均勻係數	UC	≦ 1.9	NA
平均孔隙直徑	–	16~30	20~40
磨損數	–	75~85	70~80
灰	%	≦ 8	≦ 6

資料來源：Mecalf & Eddy, Wastewater Engineering: Treatment and Reuse (Fourth edition)

流或擴散等。

(2) 膜擴散（Film diffusion）：包含有機物經由穩定的液體膜到達吸附劑孔隙入口處之擴散現象。

(3) 孔隙傳輸（Pore transport）：包含物質到達吸附劑的孔隙是藉由分子擴散的結合，或是吸附劑表面的擴散現象。

(4) 吸附（Adsorption, sorption）：指物質被吸附到吸附劑中可吸附的區域中。

其中常見的吸附力包含：庫倫力（Coulombic-unlike charges）、偶極電荷（Point charge and a dipole）、偶極間的交互力（Dipole-dipole interaction）、凡德瓦力（London or van der waals forces）或氫鍵（Hydrogen boding）等；而吸附（Sorption）一名詞常用於描述有機物被吸附的過程，另包含許多一系列之步驟，當中反應最慢的步驟常稱爲速率限制步驟，如一般物理吸附法其速率限制步驟爲擴散傳輸步驟，另外化學吸附法其速率限制步驟則爲吸附步驟。

2. **吸附特性常用等溫吸附式表示**：有 Freundlich、Langmuir 與 Emmet 之等溫吸附式，其中以 Freundlich 與 Langmuir 爲最常用之特性曲線，詳細計算公式如下列所示，

$$\log\frac{x}{m} = \log K_f + \frac{1}{n}\log C_e$$

$$\frac{x}{m} = \frac{abC_e}{1 + bC_e}$$

式中：x/m ——單位吸附劑所能吸附之吸附質重量（mg/g）

K_f ——Freundlich 的能力因子

C_e ——平衡狀態下的吸附質濃度（mg/L）

$1/n$ ——Freundlich 的強度參數

a、b ——經驗常數

3. **質傳區（Mass Transfer Zone, MTZ）**：吸附發生的區域稱之，即廢水通過的區域高度與 MTZ 相等時，水中的污染物質會達到最低限值；一般其高度之計算如下列所示。

$$H_{MTZ} = Z\left[\frac{V_E - V_B}{V_E - 0.5(V_E - V_B)}\right]$$

式中：H_{MTZ} ——質傳區之高度（m）

Z ——吸附管柱高（m）

V_E、V_B ——分別爲耗竭區與突破區之體積（m^3）

4. **程序應用**：本章節主要介紹以活性碳吸附爲主軸，其程序應用一般可藉顆粒大小分爲 GAC 與 PAC 兩種程序，以下將分別介紹之。

(1) GAC：主要機制爲廢水通過一含有活性碳床的槽體，使其中污染物吸附於其上，去除之過程；另依照管柱的不同可分爲固定床、移動床與膨脹床，固定床爲最簡易且最常用的操作方法，主要利用一固定式之管柱即可，其中可採串聯或並聯使用，而固定床常採用將廢水從槽頂流往槽底之方向，活性碳則固定於底部的排水系統，適當地反沖洗與表面沖洗可使去過程所造成的水頭損失減低，惟反沖洗卻會對活性碳造成一定程度的影響。另外向下流式爲常使用的處理程序，主要因其可於一個簡單的步驟即去除，亦可避免如向上流式常會發生粒狀物於床底部沉積之問題；而膨脹床或移動床部分，主要是爲了解決固定床使用時其會產生水頭損失累積之問題，在膨脹床的部分，進流水於管柱的底部進入，而管柱內的活性碳則因吸附水中之污染物而產生膨脹，類似一般快濾床反沖洗時會膨脹的過程，當管柱底部的活性碳吸附能力達飽和時，會將底部的部分活性碳移除，另外從管柱的頂部加入等量的經再生或新鮮的活性碳補充之。

(2) PAC：常直接使用於生物處理或物化處理的程序當中，舉生物處理程序爲例，可在生物處理程序後加一接觸單元，而 PAC 則可加用於此單元中，使出流水在此接觸單元內與 PAC 反應，待充分反應後，PAC 即沉澱於槽體下方，而處理過後的水即可排放，且因 PAC 的大小較細，故常需要一些聚合物如聚電解質等物幫助移除這些 PAC，或者可考量於後增設一快濾程序，加以去除 PAC 反應後所產生污泥內的活性碳，如果於生物處理程序的曝氣單元直接加入 PAC，通常可去除水中較溶於水的有機物，另外如於物化處理程序中直接加入 PAC，則可針對特定欲去除之物種沉澱去除之。

5. **設計參數**：GAC 部分需考量接觸時間、水力負荷率、深度與接觸槽數量等，其餘詳細參數建議區間請參見表 12.2-2；PAC 部分則以 Specific volume 作爲設計依據，其計算公式如下列所列。

$$\frac{V}{m} = \frac{q_e}{C_0 - C_e}$$

式中：V ——槽體中污水之體積（L）

m ——吸附劑之重量（g）

q_e ——平衡後吸附劑的濃度（mg/g）

C_0、C_e ——分別爲進流與出流之濃度（mg/L）

表 12.2-2　GAC 常用設計參數建議值

參數	符號	單位	數値
體積流率	V	m^3/h	50~400
床體積	V_b	m^3	10~50
截面積	A_b	m^2	5~30
長度	D	m	1.8~4
密度	ρ	kg/m^3	350~550
接近速度	V_f	m/h	5~15
有效接觸時間	t	min	2~10
空床接觸時間	$EBCT$	min	5~30
操作時間	t	d	100~600
通量體積	V_L	m^3	10~100
比通量	V_{sp}	m^3/kg	50~200
比床體積	B_V	m^3/m^3	2,000~20,000

資料來源：Mecalf & Eddy, Wastewater Engineering: Treatment and Reuse (Fourth edition)

12.2.2 離子交換（Ion exchange）

爲藉由不溶於水的交換介質，置換水中欲移除物種的單元程序，其中存在於液相中的離子和固相中離子進行的可逆反應，一般介質常使用樹脂爲代表，其操作程序可簡略分爲批次與連續性兩種，批次部分會將樹脂與廢水在同一槽體中混合攪拌，待交換完畢之飽和樹脂，常利用沉澱將其從槽體中移除並再生之；連續性部分則常將欲交換之物質置於床體或填充管柱中，使廢水流經床體或填充管柱時，達去除之效果，一般分爲向下流與填充柱等形式。

1. **分類方法依其樹脂之形式可分爲五類**：強酸型陽離子、弱酸型陽離子、強鹼型陰離子、弱鹼型陰離子與重金屬選擇性樹脂，其中各形式樹脂的反應基整理於表 12.2-3 所示。

表 12.2-3　各形式離子交換樹脂

樹脂種類	反應基	可交換離子種類
強酸型陽離子	以 $R–SO_3H$ 與 $R–SO_3Na$ 兩種	所有的陽離子
弱酸型陽離子	羧基（–COOH 基）	僅可交換弱鹼中的陽離子如 Ca^{2+}、Mg^{2+}（Na^+、K^+ 等無法進行交換）
強鹼型陰離子	四面體銨鹽官能基 $–N^+(CH_3)_3$ 及 $–N^+(CH_3)_3OH^-$	所有的陰離子
弱鹼型陰離子	氨基	SO_4^{2-}、Cl^- 或 NO_3^-（HCO_3^-、CO_3^{2-} 或 SiO_4^{2-} 則無法去除）
重金屬選擇性樹脂	R–EDTA–Na	–

2. 原理與化學特性

該程序之化學反應劑量可以下列公式計算，以了解與評估樹脂對離子的選擇能力。

$$nR^-A^+ + Bn^+ \Leftrightarrow R_n^- — B^{n+} + nA^+$$

$$K_{A+\rightarrow B+} = \frac{\left[A^+\right]^n\left[R_n^- - B^{n+}\right]}{\left[R^- - A^+\right]^n\left[B^{n+}\right]}$$

其中 K 爲選擇係數，$[A^+]$ 與 $[R^-–A^+]$ 分別爲 A 在水溶液與樹脂中之濃度。

3. 交換能力

一般樹脂的離子價數與水合半徑不同的交換能力比較，如下所列。

$$Li^+ < H^+ < Na^+ < NH_4^+ < K^+ < Rb^+ < Ag^+$$

$$Mg^{2+} < Zn^{2+} < Co^{2+} < Cu^{2+} < Ca^{2+} < Sr^{2+} < Ba^{2+}$$

$$OH^- < F^- < HCO^- < Cl^- < Br^- < NO_3^- < ClO_4^-$$

12.2.3 蒸餾（Distilation）

利用蒸發與凝結分離溶液中成分的單元程序，因該程序成本較高，故在有幾項特別需求時才考量採用，如有高回收率、去除率、污染物無法利用其他程序去除或可取得其他較便宜之能源等需求時，即可考量採用，其優點爲可去除水中非揮發性污染物，缺點爲耗能、有機物可能去除率較低、二次污染、淨水速度較慢。

1. 程序應用

(1) 多效蒸發器（Multiple–effect evaporation）

如圖 12.2-1 所示，該程序常將多個蒸發器組合一起使用，進入槽體之前會先經過熱交換器的前處理程序，後續廢水會將水蒸氣濃縮，而通常揮發性的污染物會在通過第一蒸發器時被去除，如一些分子量較低的有機酸等。

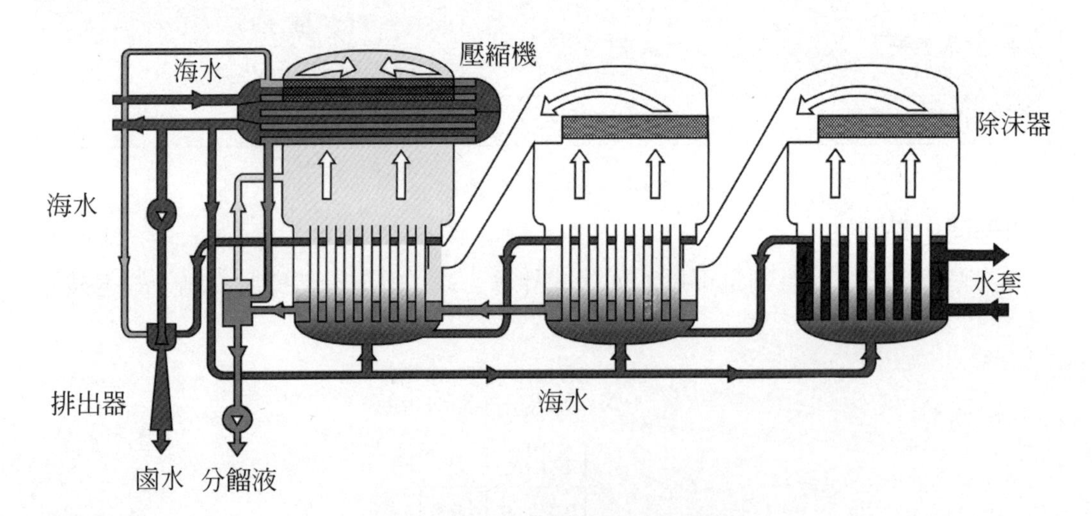

圖 12.2-1　多效蒸發器程序圖

(2) 多階段閃火蒸散（Multistage flash evaporation）

該程序在進入熱交換器之前先去除 TSS 與氧氣，並保持在較低的操作壓力下；閃火（Flashing）一般爲蒸氣的生成，或因爲壓力而減少的沸騰稱之，當廢水進入各階段時，會先經過一減壓閥，此時部分的水會成爲水蒸氣並經過濃縮，最後當濃縮後之廢液達到最低壓的階段，再行排出，詳細程序流程如圖 12.2-2 所示。

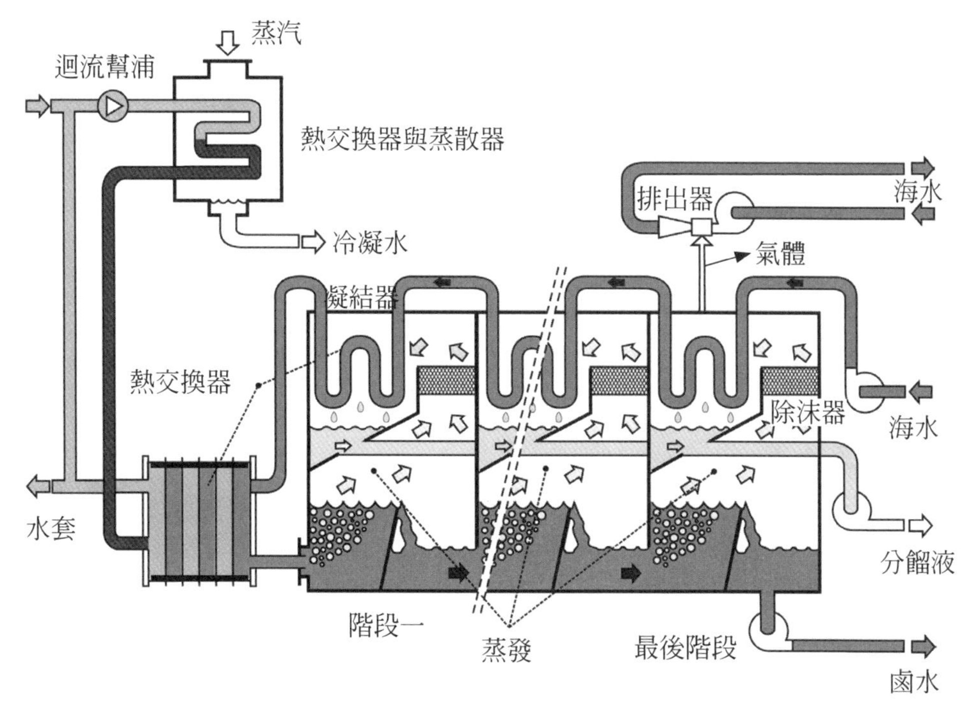

圖 12.2-2　多階段閃火蒸散程序圖

(3) 壓縮蒸汽蒸餾（Vapor-compression distillation）

如圖 12.2-3 所示，該程序指利用鼓風機、壓縮機等壓縮方法，增加其蒸氣壓力，進而增加凝結的溫度，和以往不同的地方在於此程序所需能源供給在於蒸氣幫浦之使用。

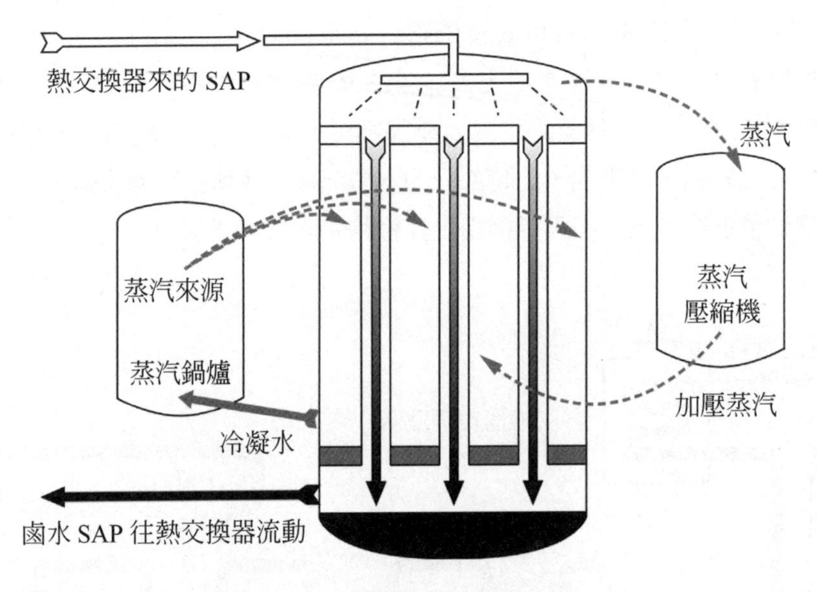

圖 12.2-3　壓縮蒸汽蒸餾程序圖

12.2.4 臭氧消毒

臭氧的生成可從電解、光化學反應或輻射化學反應等作用而來，最常產生臭氧為使用紫外線，其特性一般在室溫下為藍色氣體並具有獨特的氣味，另詳細生成機制如下列反應式所示，主要反應是利用自由基作為氧化能，進而形成一連續之反應。

$$O_3 + H_2O \rightarrow HO_3^+ + OH^-$$

$$HO_3^- + OH^- \rightarrow 2HO_2$$

$$O_3 + HO_2 \rightarrow HO + 2O_2$$

$$HO + HO_2 \rightarrow H_2O + O_2$$

臭氧之應用可分為前氧化、中氧化與後消毒等單元，前氧化主要針對無機的化合物（如固體物、色度及臭味）與增進混凝沉澱的處理效率；中氧化有助去除毒性微量的有機物、三鹵甲烷等前驅物；而後消毒主要針對水中的微生物去除而設立，因臭氧之強氧化能力可使病原體達去活化的效果，亦可破壞藻類活動的新陳代謝程序以去除藻類，惟因臭氧的半生期較短，並無法提供餘氯，使管網中的微生物有再生的可能。

參考文獻

1. Metcalf and Eddy, “Wastewater Engineering–Treatment and Reuse”, McGraw Hill publishing Co. 4nd Ed.
2. 楊萬發譯，水及廢水處理化學，國立編譯館主編，臺北市，1992。
3. 經濟部水利署「工業廢水再生利用技術參考」手冊，2010。
4. 歐陽嶠暉，下水道工程學（水環境再生工程學），2011 年版。
5. 歐陽嶠暉，下水道學，2016 年版。

第十三章
生態工法、現地處理、人工濕地及礫間接觸曝氣

13.1 生態工法簡介

隨著科技日新月異，民眾生活品質的高度提升，對大自然資源的耗費已經到了警戒值，如何有效提升水資源開發工程技術，使其既能滿足水資源利用、水土保持、防洪、灌溉、排水等需求，以及可避免過度破壞河川溪流原有的生態環境，利於水生生物的存續乃重要課題。因此生態工法以生態系爲通盤考量單位的思維，深入瞭解溪流中水生物的生態特性，並修正不當工程設計，採取必要措施，以落實生物多樣性的保育之目標。

依相關之文獻生態工法源於德奧境內，同時近年發揚於美國、日本等先進國家，其精神匯集了生態保育學者專家、土木水利工程人員、環境保護志工等多方面的心力，將安全、生態、永續的概念付諸實行於工程建設與自然環境之中，達到完妥之境界。

自從 1938 年德國 Seifert 首先提出近自然河溪整治的概念，利用自然植栽、塊石重力等自然資源，防止溪流沖蝕、保護溪流岸坡，成爲現今發展生態工法的濫觴。行政院公共工程委員會緣於 91 年 4 月成立生態工法諮詢小組，積極辦理各項推動方案；並根據 91 年 8 月 14 日生態工法諮詢小組第三次會議結論，將生態工法定義爲「基於對生態系統之深切認知與落實生物多樣性保育及永續發展，而採取以生態爲基礎，安全爲導向的工程方法，以減少對自然環境造成傷害」。

因此生態工法基本上是遵循自然法則，使自然與人類共存共榮，把屬於自然的地方還給自然。生態工法所重建近自然環境，可提供日常休閒遊憩空間、生物棲息環境、治山防洪、國土保安、水土保持、生態保育、環境綠美化、景觀維護、自然教育、國民健康及森林遊憩等功能。由於在國人生活品質逐漸提高下，對於自然資源保育及親近大自然之需求增加，傳統野溪整治工程頗受生態保育團體質疑，因此，於治山防洪與生態保育間必須有平衡點，生態工法於此方面有好的立足點。

生態工法應用於河川治理上，主要爲提升河川環境品質所採行的經營管理措施，

故有以下四項施行的作爲（Brooks, Shields Jr, 1996）：

復育（Restoration）

使現有河川形態經人爲改變後，使其組成、條件、功能、景觀等回復至未干擾前的狀態。

復健（Rehabilitation）

重現某特定河段未被干擾前所應具有的部分重點特徵與功能。

強化（Enhancement）

增進河川之功能、環境品質，而無須考慮是否爲原有的環境特質。

創造（Creation）

產生一個全新的河川環境或資源，不考慮此環境或資源曾存在與否。

本章介紹生態工法，緣於冀將微生物及生物處理之精神導入生態處理程序，合理自然之需求。

13.2 現地處理

生活污水是人類日常生活作息中不可避免製造出來的副產物，早期生活污水水質較單純，當時僅是任由污水自然排入土壤或河川，再藉由河川的自淨作用即可分解低負荷之污染物；惟隨著人類生活品質的提升，科技的發展，生活習慣隨之改變，故生活污水的水量增加、污水水質也較爲複雜，以至於以往自然的處理方式已無法負荷，新形態的污水處理方式也隨之而生。

基本上，污水處理依據處理程度不同而分級，通常分三級，分別爲初級處理、二級處理及高級處理，初級處理：爲最簡易的處理方式，包含篩濾、沉砂、沉澱等方式，先用攔污柵擋下垃圾、毛髮等大型物體，再進入沉砂池利用重力沉降方式使水中大顆粒污染物沉降分離。二級處理：因生活污水均屬於有機污水，二級處理主要以活性污泥進行處理，簡單的講，就是利用微生物在適當的環境下，把水中的有機性污染分解，達到淨化水質的目的。高級處理：係指污水經過二級處理後，再經其他的處理程序，例如使用臭氧或加氯消毒，或是逆滲透等處理，使排放水質更加乾淨。就一般生活污水而言，二級處理是最基本的，經二級處理才能確保處理後之排放水不致污染環境。生活污水利用上述之污水處理方式，集中至污水處理場處理仍爲主要的污水處理方式；但隨著人類對環境保護要求的提高、對自然資源利用、保育觀念的提升並創造優質的生活環境，應用生態工法處理廢污水技術也運用而生。

13.2.1 現地處理方式及功能簡介

利用前述生態工法處理污水之方式主要採現地處理（On-site treatment），現地處理之定義主要是指在污水排放的附近將污水集中就地處理，去除污染物或減低污染濃度後，再排入河川等水體的處理方法。其與傳統的污水收集處理方式不同之處，在於不需利用污水下水道管線系統將各地污水集中到污水處理廠處理。

政府有鑑於公共污水下水道系統的建設進度不如預期，及民眾對河川水質的高度要求及期望，行政院環保署自 2002 年起，開始輔助地方政府在各污染水源附近、受污染的河川支流匯流處，設置現地處理設施，包括有人工濕地、礫間接觸曝氣設施等水質淨化工程，透過污水與自然環境中的氧氣、土壤、微生物、植物交互作用，使水質淨化，藉以削減排入河川的污染量。該等現地處理設施除了具備水質淨化功能，亦營造景觀及環境生態教育之功能。

臺灣地區早在 1980 年代就有類似的前述生態工法工程，其中最著名的就是宜蘭縣冬山河親水公園，延聘日本的工程師在冬山河濱水陸相接之處，建成台階平台，使人易於親水、接近自然，這開創性的設計也成功帶動了當地的繁榮。在此之前，臺灣河流的灘地多為雜亂無章、亂草叢生，傾倒垃圾、棄置廢物更是屢見不鮮，直到宜蘭冬山河的成功經驗，臺灣才發現了河濱灘地經整理可以提高公共利益造就親水用途。

接續自 2002 年起政府也開始引進歐、美、日本等國家現地處理的工法與技術，並陸續在各地建置多處生態工法場址，包括表面流與地下流人工濕地、地下滲透過濾、礫間接觸曝氣、草溝草帶等工程。運用河濱灘地設置現地處理的生態工程，除了能淨化水質，並改善河濱灘地風貌，使其兼具保育、休憩與教育的多重功能。現地處理過的水除能再利用外，更能補注河川基流水量、維持河川生態健康。表面流人工濕地由水池、土壤礫石、水生植物組成，透過未處理之污水與自然環境中的氧氣、土壤、微生物、植物交互作用，達到水質淨化的目的。表面流人工濕地是現地處理工法中與自然濕地最為相似的一種，也是較早且較普遍使用的處理方式。

依現有的經驗現地處理的操作維護費用，人工濕地為例約 0.5 元／公噸，接觸礫間氧化設施操作維護費約 1.5 元／公噸，皆較傳統的二級污水處理廠操作維護費用約 15 元／公噸較為低廉。惟因污水處理廠有處理較高濃度、較多污水量，以及高處理效率、不受氣候環境變化且土地面積較小及操作控制穩定性高等特性，仍為生活污水最適當的處理方式。至於河川水質現地處理現階段僅作為削減污染量的措施之一（BOD 及 SS 濃度≦ 40 mg/L），補足公共污水下水道普及率以及截流設施的不足，並非完美之設施。現地處理設施設置完成後，由地方政府操作維護充分發揮水質用戶接管淨化功能。以下爲現地處理各種方式及基本原理簡介：

1. 表面流人工濕地系統（Free water surface system, FWS）

濕地的構造依污水流動方式可分爲，表面流人工濕地系統（Free water surface system, FWS），及地下流人工濕地系統（Subsurface flow system, SFS），而地下流人工濕地又依其水流方式可分爲水平式地下流人工濕地與垂直式地下流人工濕地。表面流人工濕地係設計濕地的水位爲高度高於濕地的底層土壤表面（亦可與土壤表面齊平），使污水可以在人工濕地之表面上自由流動，藉表面水層之流動供氧，底泥層土壤與水生植物組合成之生態系統，透過物理、化學、生物等各種機制來改善流經濕地之水質。

表面流人工濕地種植許多耐污染的挺水性水生植物（Emerged vegetation），根部深入濕地底層的土壤中，茂密的根系可讓許多微生物附著生長，空氣中的氧氣也可以經由植株傳送至濕地底層，提供氧氣給微生物利用，讓微生物發揮分解污染物質的功用。

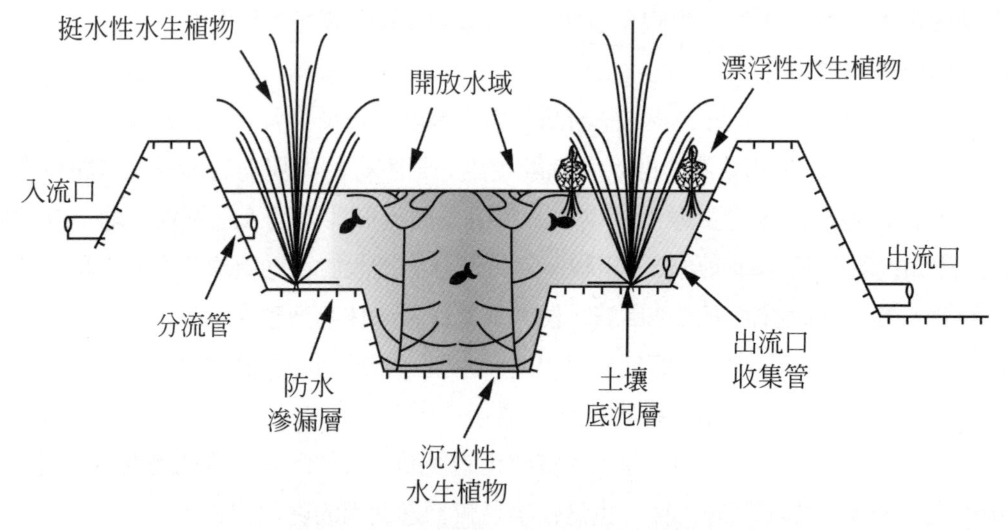

圖 13.2-1　表面流人工濕地示意圖

2. 地下流人工濕地系統（Subsurface flow system, SFS）

地下流人工濕地係由溝渠、濾床、水生植物組成，在溝渠中塡入礫石或其他濾材作爲濾床，並栽種水生植物，讓水流在地面下快速通過，與濾材表面和植物根系附著的微生物接觸，使微生物發揮分解污染物、淨化水質的功效，同時濾材覆蓋水面，可以避免臭味逸散及避免蚊蟲滋生。地下流人工濕地可依水流流動方向分為「垂直流動系統」（Vertical flow system）及「水平流動系統」（Horizontal flow system）。

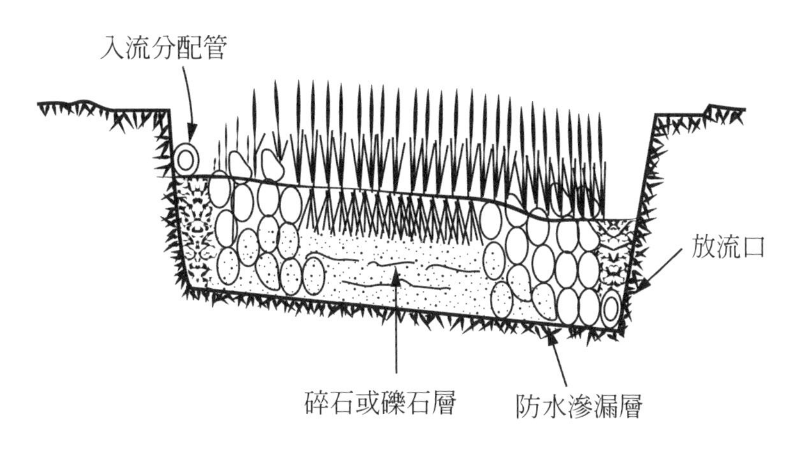

圖 13.2-2　地下流人工濕地示意圖

3. 草溝、草帶

草溝、草帶淨化污水之原理，係「讓人類使用過的東西，安全返回大自然」的概念，並推動將低污染或處理過的污水回收再利用，可作為公園、高爾夫球場草坪等的灌溉水。即提倡讓污水排到長滿草的地上，讓草根與周邊土壤中的微生物發揮淨化水質的功能。

草溝：係種植草類以防止沖蝕之土築溝渠，透過植物性緩衝，產生之沉澱及過濾等機制淨化水質。

草帶：亦稱植生緩衝帶，與草溝類似，主要是用來接受地表逕流進行薄層流處理，透過林木及草帶增加水流停滯時間，提高營養鹽去除功效。

4. 土壤滲透過濾

土壤滲透過濾概念來自於 19 世紀，當時農夫將污水排到填滿土壤的大坑中，以解決污水臭味問題，並種上植物，此種方式類似於氧化池、氧化塘之概念。同時土壤能減緩污水流速，讓土壤中的微生物有機會將污水中的有機物分解，進而淨化污水。當污水快速流過砂層，只要保持砂層的空氣流通，砂層間的微生物就能利用好氧機制分解污染物。土壤滲透過濾依水流滲濾的速度不同，分「慢濾」與「快濾」兩種，亦與污水處理中之快、慢濾之原則相同。慢濾為普遍使用的自然處理方法，快濾處理則是較進階的污水處理，處理後的水流會成為地下水的補注。

5. 礫間接觸曝氣

19 世紀德國科學家曾將污水引入埋滿煤渣、石頭的坑中，讓微生物在煤渣與石頭的表面附著生長，以分解污水中的污染物；後來發展爲將煤渣與石頭改成比較大的顆粒，讓水流通得比較快以處理大量的污染，稱爲「礫間接觸」，若再加上曝氣即稱爲「礫間接觸曝氣」（Gravel contact oxidation）。礫間接觸曝氣的成本比表面流人工濕地貴，但單位時間內可處理的污水量較大，且較不會滋生蚊蟲、臭味，可以在土地面積較小、污水處理需求量較高的地方採用。

由於現地處理之處理方式於臺灣主要爲人工濕地及礫間接觸曝氣兩大類型，以下將獨立章節加以分述。

13.3 人工濕地之程序及機制

13.3.1 處理之原則及程序

承接上節人工濕地現地處理工程之生態系統內，能將淨化污水中的物質透過許多不同原理機制進行轉換，以達到水質淨化成效。惟在整個人工濕地之生態系統運轉過程中，其淨化水質原則遵守著生態系統質量守恆（Ecosystem mass balance）；在整個人工濕地之生態系統轉換過程，透過流入其系統內養分及其他化學物質輸入，於生態系統內部自然淨化循環轉換及系統流出養分與化學物質之輸送，達成生態系統質量平衡。

人工濕地作爲淨化水質處理系統單元流程，一般可分爲前處理單元、輸配水管道單元及水域單元等三大主要處理單元組成。

1. 前處理單元

係指由引水渠道或集水池（井）、攔污柵和沉澱池（沉砂池）等設備單元組成，主要功能是匯集淨化水質之水源，沉澱水中懸浮顆粒物質與攔截垃圾。

前處理單元應依據進水水源污染程度和懸浮固體濃度含量程度，設計污水在沉澱（砂）池停留時間。當污水之污染物質和懸浮固體物濃度含量高時，可加設攔污柵和沉澱（砂）池設施。

2. 輸配水管道單元

係指由配水井或配水槽、輸配水管網、明渠（或暗渠）等輸配水管道設施單元所組成水路網絡管道，主要功能是輸送與分配水源於各水域內，連結水域系統間各水域之水源供輸作用。

污水經集水槽（井）流進輸配水網管路系統，再分配流入各水域池內。對於一般輸配水管路的控制流速宜為大於 0.2 小於 0.6 m/s 之間，避免流速過低，導致污染物質沉澱於管路中阻塞管路或流速過高其沖蝕管路側壁。

進水水質與水力停留時間：

(1) 進流污水之生化需氧量（BOD）濃度，限制其濃度狀況應小於 80 mg/L 範圍。而最適宜處理淨化水中生化需氧量入流濃度，應在 30~40 mg/L 之間。

(2) 進流污水之懸浮固體物（SS）的入流濃度使用，宜小於 120 mg/L。

(3) 整體人工濕地水域淨化系統於水力停留時間設計，在一般自然條件下，對於去除 BOD 考量，建議設計停留時間為 5~6 天。

3. 水域單元

本單元為人工濕地主要水質自然淨化處理單元，係依目標設計與預期淨化水質去除污染程度，建議水域內之水深設計：

(1) 於挺水性水生植物（Emerged vegetation）水域，有效水深設計建議與維持不大於 0.6 m 範圍。

(2) 於沉水性水生植物（Submerged vegetation）水域，有效水深設計建議維持不大於 1.2 m 範圍。

13.3.2 處理之機制

人工濕地之生物淨化機制行為，主要透過生物的吸收及分解作用，而使污水濃度和重金屬毒性降低。人工濕地對水中污染物質削除管道，主要以人工濕地之底泥層區域之根毯（Root mat）為主。其底泥層厚度約為 30~60 cm，涵蓋好氧性底泥層與厭氧性底泥層兩區，是生物進行吸收、分解機制以及淨化水中污染物質物最多的地方。人工濕地底泥層之生物主要淨化作用機制，一般可分為 1. 微生物淨化機制與 2. 水生植物淨化機制，以及其他物理化學機制參見圖 13.3-1，今分述如下 。

1. 微生物淨化機制

透過微生物淨化機制作用可分為：有機碳分解、有機氮分解、有機磷分解等機制原理。

(1) 有機碳分解

人工濕地污水中之有機碳轉換，是在人工濕地生態系統中所有養分循環裡最簡單的一種，也是構成人工濕地內生物最主要元素。由於碳的轉換可在底泥層之好氧與厭

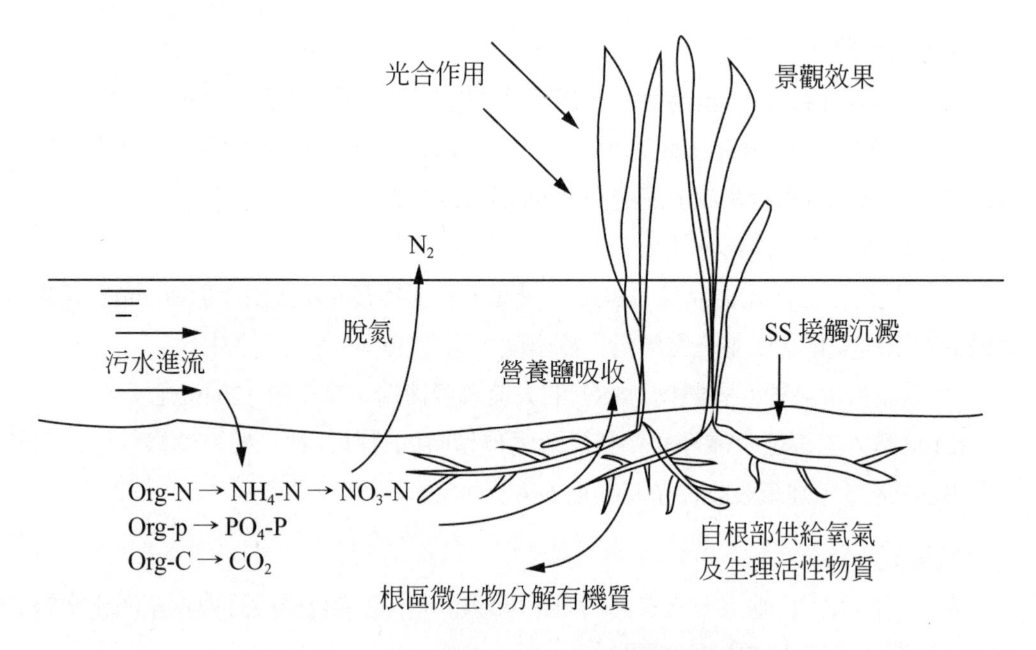

圖 13.3-1　人工濕地之淨化水質機制原理運作

氧條件下進行，透過水域內底泥微生物呼吸作用（Respiration）將水中溶解性有機碳進行轉換，產生二氧化碳與水。

$$(CH_2O)n + nO_2 \rightarrow nCO_2 + nH_2O + \Delta H$$

$$\text{或 } C_6H_{12}O_6 + 6O_2 \rightarrow 6CO_2 + 6H_2O + \text{能量}$$

有機碳可藉助微生物呼吸作用分解，產生 CO_2、H_2O 與能量，而其中 CO_2 又可透過水生植物之光合作用進行碳的轉換。

(2) *有機氮分解*

主要是進行硝化作用（Nitrification）與脫硝作用（Denitrification）。當污水中之有機氮，經好氧性底泥層微生物，如亞硝酸菌屬（Nitrosomonas）與硝酸菌屬（Nitrobacter）之分解，產生氨氮，並藉由硝化作用成硝酸鹽氮（NO_3^-）、亞硝酸氮（NO_2^-）；而在厭氧性底泥層則透過厭氧性異營菌，進行脫硝作用，將電子加入水中亞硝態氮（NO_2^-）及硝酸氮（NO_3^-），形成氣態之二氧化碳及氮氣，逸散入大氣中，並將水散於水域中。

$$4NH_4^+ + 6O_2 \rightarrow 4NO_2^- + 8H^+ + 4H_2O$$

$$4NO_2^- + 2O_2 \rightarrow 4NO_3^-$$

$$5CH_2O + 4NO_3^- + 4H^+ \rightarrow 2N_2 + 5CO_2 + 7H_2O$$

人工濕地之硝化作用速率大部分是由氧氣因子控制，亦即在每一步驟反應上都需要有氧氣的參與，即使僅有 0.3 mg/L 低溶氧水域環境裡仍可進行硝化作用。同時由上列反應式亦可得知，人工濕地在脫硝作用過程，將會增加水域中的鹼度濃度，並使 pH 値上升。

(3) 有機磷分解

人工濕地污水中磷來源，可能來自於農業肥料中最常出現之正磷酸鹽（Orthophosphate），以及家庭使用清潔劑之縮合磷酸鹽（又稱複磷酸，Polyphosphate），和最主要來自人體排泄物或生物殘渣污水中之有機磷酸鹽（Organic phosphate）之三種。此三種物質濃度的總和，稱之爲總磷酸鹽（又稱總磷，TP）。

磷將以可溶性無機磷、固態有機磷與固態無機磷之三種形態存在人工濕地裡。其中僅有可溶性無機磷，可被微生物與水生植物吸收，其他形態的磷則需要透過生化轉換，才能提供微生物與水生植物使用。亦即流入人工濕地內之污水，經過底泥層之厭氧性與好氧性微生物分解水中有機磷酸鹽，可轉化成可溶性無機磷酸鹽（PO_4^{3-}）, 使水生植物有機會可以吸收。

$$\text{Org–P} \rightarrow \text{PO}_4\text{–P}$$

在表面流人工濕地中，進流污水與其介質在水生植物根區接觸機會較少，使得應用人工濕地現地處理系統技術達到去除磷效果並不很高，僅能透過水域內水生植物吸收同化成爲植物本體組織。當這些水生植物漸漸枯萎、死亡，其殘株碎屑會沉積至水域之底泥層，促使部分有機磷經微生物分解後再重新釋出於水體中，又增加水中總磷含量，因此，水生植物之定期維護管理，尤其重要。

2. 水生植物淨化機制

係透過水生植物新陳代謝之吸收作用與光合作用機制進行。

(1) 吸收作用（Absorption）

包括水生植物本身生理活動讓水分被吸收之上升根系吸力（Root pressure），與水生植物進行蒸發散時蒸散吸力（Transpirational suction）。

(2) 光合作用（Photosynthesis）

一般水生植物行光合作用之反應如下式所示。

$$6CO_2 + 12H_2O + 光 \rightarrow C_6H_{12}O_6 + 6O_2 + 6H_2O$$

$$C_6H_{12}O_6 + 6O_2 + 6H_2O \rightarrow 6CO_2 + 12H_2O + 能量$$

3. 物理淨化機制

人工濕地之物理淨化機制反應行爲，係透過含有粒徑大於 0.2 mm 以上（如砂粒等）無機物質之污水，經人工濕地生態系統過程，進行稀釋、擴散、沉降、揮發、淋洗等作用，以及水生植物根系攔阻作用，有效提供人工濕地在水中懸浮固體濃度等污染物質移除削減。

4. 化學淨化機制

人工濕地之化學水質淨化機制反應行爲，係透過人工濕地水中顆粒之膠體表面與水中不同元素離子，進行氧化還原、或分解、或化合、或吸附、或凝聚、或交換、或螯合等作用，降解水中污染物質。

13.4 礫間接觸曝氣之原理

13.4.1 原理及程序

礫間接觸曝氣（Gravel contact oxidation）則是以人工方式在有限的空間與時間內達到水質淨化的效果。主要是在充填礫石的槽體內，引入須淨化的河水，使與河床面有相同作用之礫石接觸表面積變大，利用生長在礫石表面生物膜上之微生物，將水中有機營養質消耗與分解，透過接觸沉澱、生物膜吸附、分解等作用，達到淨化水質的效果，一般定義爲「非永久性」設施，一般設計使用壽命 20 年以上，進流 BOD 上限約爲 80 mg/L，適用於 BOD 低於 50 mg/L 之污水，其機制如下說明：

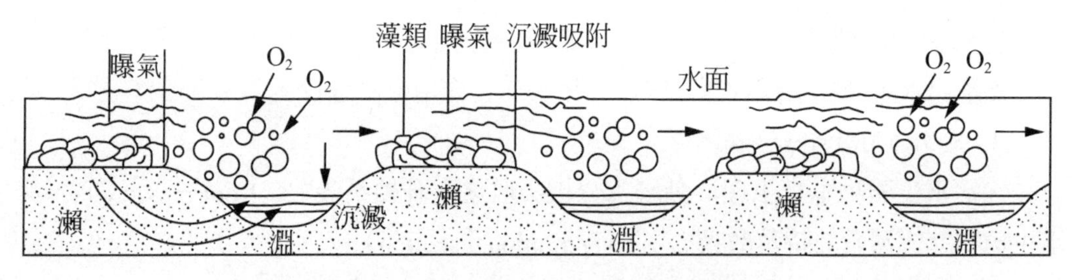

圖 13.4-1　河川自淨作用概念圖

1. 接觸沉澱（Sedimentation）

污水在流動過程中，其浮游之有機污染物質經過礫石表面及間隙會接觸而沉澱。

2. 生物膜吸附（Adsorption）

水中之有機污染物質因礫石表面水中之生物膜黏性，吸附在礫石上。

3. 分解（Decomposition）

被吸附之有機污染物質經生物膜上之微生物消耗與分解，達到水質淨化功效。

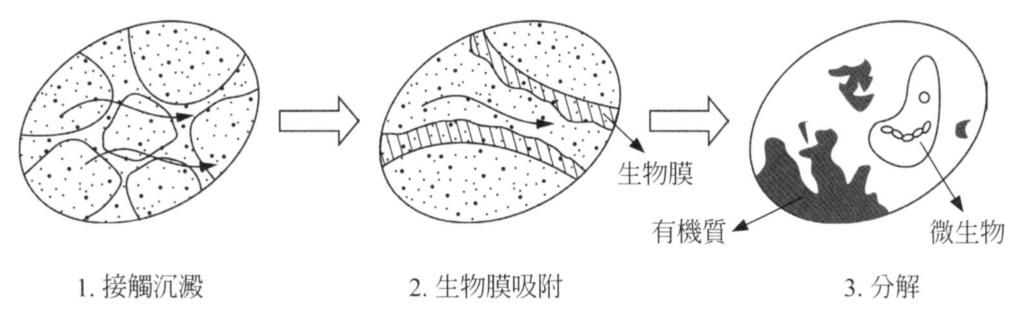

圖 13.4-2　礫間處理細部示意圖

13.4.2 處理之形態

礫間接觸曝氣（簡稱礫間處理）之系統種類可分成水平流與垂直流兩種類型，水平流式係指礫間處理區之水流動方向以水平方式流過處理槽區。垂直流式係指礫間處理區之水流動方向以垂直方式由上至下流過處理槽區，再由底部收集管收集後排出。

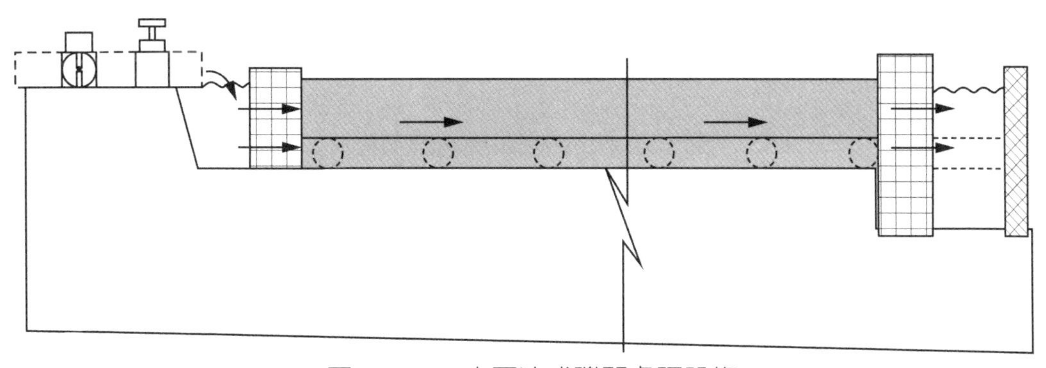

圖 13.4-3　水平流式礫間處理設施

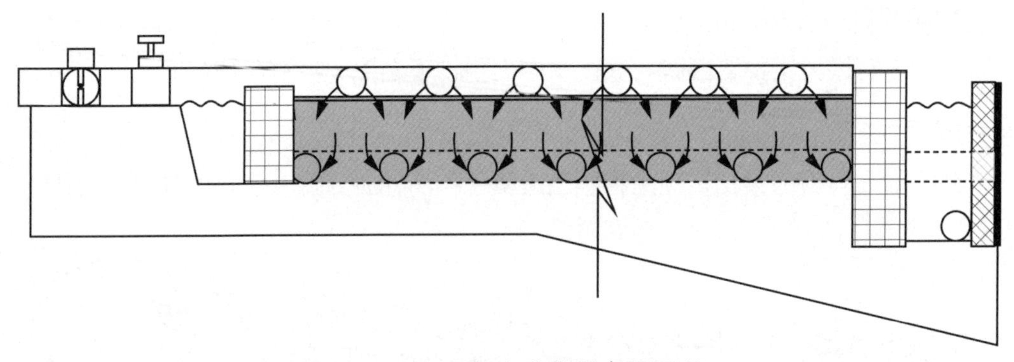

圖 13.4-4 垂直流式礫間處理設施

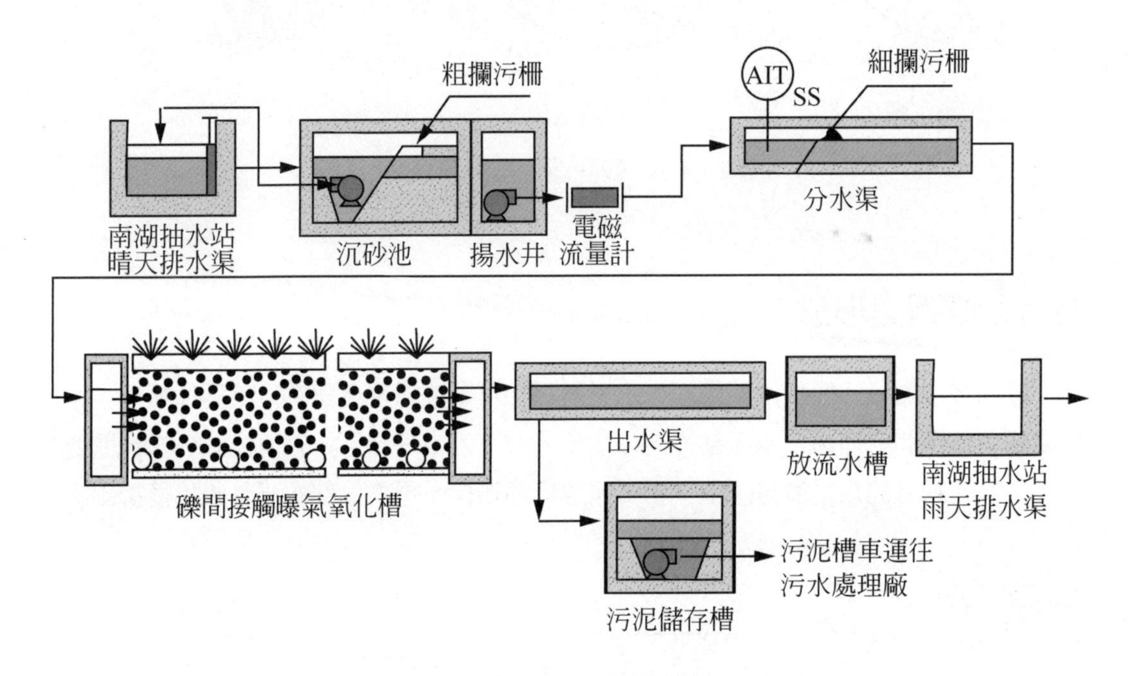

圖 13.4-5 礫間設施處理流程

一般礫間處理之處理單元至少包含進水設施、前處理單元、分水設施、礫間接觸氧化槽及放出流設施等，再依計畫需求決定是否增設泥砂、淤泥輸送或儲存設施等如圖 13.4-5 所示。為使處理系統功能達到預期效果，於工程設計前應先定義符合工程需求的處理程序，以便執行後續的功能計算；而處理程序的流暢度，尚須配合場址面積、形狀及周邊既有設施一併考量。如此後續的細部設計、施工、操作維護管理及處理水質目標方可達到預期功能，亦可使整體工程之設施配置更符合人性化及節能目的。各處理單元分別說明如下：

1. 進流及前處理設施

前處理單元設置之目的即在於將處理水於進入礫間槽體之前先經過沉砂及攔污之過程，避免過多垃圾、固體物進入槽體造成堵塞。除了沉砂以及攔污之外，若需使礫間處理槽內之處理水位不至於太低而無法重力出流，於沉砂及攔污過程之後可設置揚水井，利用抽水泵浦揚升水位進入後續配水設施，如此可提升礫間處理槽之處理常水位，也可減少施工時之開挖深度。

2. 分水設施

配水設施設置之目的在於將處理水量可均勻分配進入礫間處理槽，同時也產生消能與穩定水流效果，避免後端礫間處理槽中之水流不穩定而產生短流。

3. 礫間接觸曝氣槽

經過配水設施之穩流及配水之後，將處理水導入礫間處理槽，藉由槽體中之礫石所附著的生物膜產生水質淨化效果，乃爲本工程之最主要重點工項。

4. 放出流設施

透過礫間處理槽處理後之淨化水，將可透過出流設施以重力方式放流，依照不同工程需要，若需加設出流流量監測設備、出流水再利用設備，皆可於出流設施中加設。

5. 污泥處理設施（可依計畫需求考量，非必要設施）

礫間處理槽中所產生之污泥，可定期排至污泥處理設施之中進行沉澱，再抽送至合法處理場進行處理或就近排入污水下水道系統。

參考資料

1. 林鎭洋，生態工法概念（一）。
2. 施心翊，生態工程？生態工法？——從生態工法談起。
3. 黃靖溱，廢水處理技術　生活污水人工濕地處理生態工法技術之研究。
4. 行政院環境保護署，人工濕地工程手冊初稿（修正版），2008。
5. 行政院環境保護署，礫間處理工程手冊初稿（修正版），2008。

第十四章

案例介紹（污水處理廠、人工濕地及礫間處理之微生物相）

14.1 概說

一般污水處理廠（水資源回收中心）之二級生物處理，係利用微生物的代謝作用，使污水中的有機物轉換形成污泥後排出。而生物處理前面章節已有說明又可概分爲好氧性處理及厭氧性處理，與細菌、眞菌、原生動物、微生後生動物等異種個體群微生物所構成之混合體有密切關係。其中微生物在污水處理程序中扮演著重要角色的是異營性細菌與眞菌類，分別對水中有機物污染物及液狀死物進行分解（異化作用），同時藉由細胞合成（同化作用）大量增生，此爲最低之營養階段。其次爲被活性營養性之原生動物所捕食，再則是被輪蟲及圓蟲類之微生後生動物之二次捕食者所捕食，而達到淨化，其關係可以圖 14.1-1 表示之。

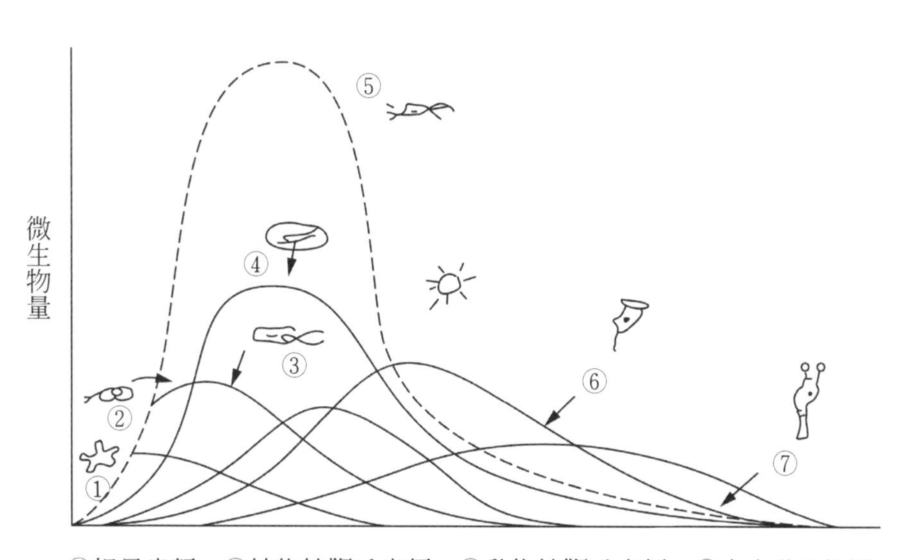

①根足蟲類　②植物性鞭毛蟲類　③動物性鞭毛蟲類　④自由游泳性纖毛蟲類　⑤細菌　⑥有柄纖毛蟲　⑦輪蟲

圖 14.1-1　活性污泥中微生物之變化

資料來源：歐陽嶠暉編著，下水道工程學

然而污泥之微生物相會隨著生物處理程序不同或進流水質不同而改變，因此微生物相可綜合反應處理的水質及操作條件，依日本下水道協會整理之活性污泥處理負荷溶氧狀況與微生物相之關係如表 14.1-1，活性污泥有機負荷狀況與微生物相之關係則如圖 14.1-2；美國學者 Patterson and Hedley 亦於 1992 年將負荷狀況分爲五類，歸納出活性污泥有機物負荷狀況與微生物相之關係如圖 14.1-3 所示，並依表 14.1-2 瞭解其處理對策（整理及參考歐陽嶠暉，下水道工程學，2012 及污水處理廠操作與維護，2004）。

表 14.1-1 活性污泥處理負荷溶氧狀況與微生物相之關係一覽表

	高負荷 標準負荷 低負荷
‧個體數	多 ←→ 少
‧種類	小 ←→ 多
‧蟲體大小形狀	小形 ←→ 大形
‧細菌類	分散狀細菌類 → ← 分散狀細菌類 →
	← 膠羽狀細菌類 →
‧原生動物	小形鞭毛蟲類 → ← 植物性鞭毛蟲類 →
	← 纖毛蟲類 →
	← 後生動物 →
‧移動型	← 游泳型 → ← 游泳型 →
	← 匍匐運動型 →
	← 附著、固著型 →
‧有殼與否	← 有殼型 →

DO 溶氧量	DO 不足	DO：2~3 mg/L	低負荷所造成之 DO 消耗量較低
‧原生動物	鞭毛蟲類 ←→	纖毛蟲類 ←→	變形蟲類
‧後生動物	線蟲類 ←→	輪蟲類 ←→	其他之後生動物
‧細菌類	分散狀細菌類 ←→	絲狀性細菌類 ←→	膠羽狀細菌類

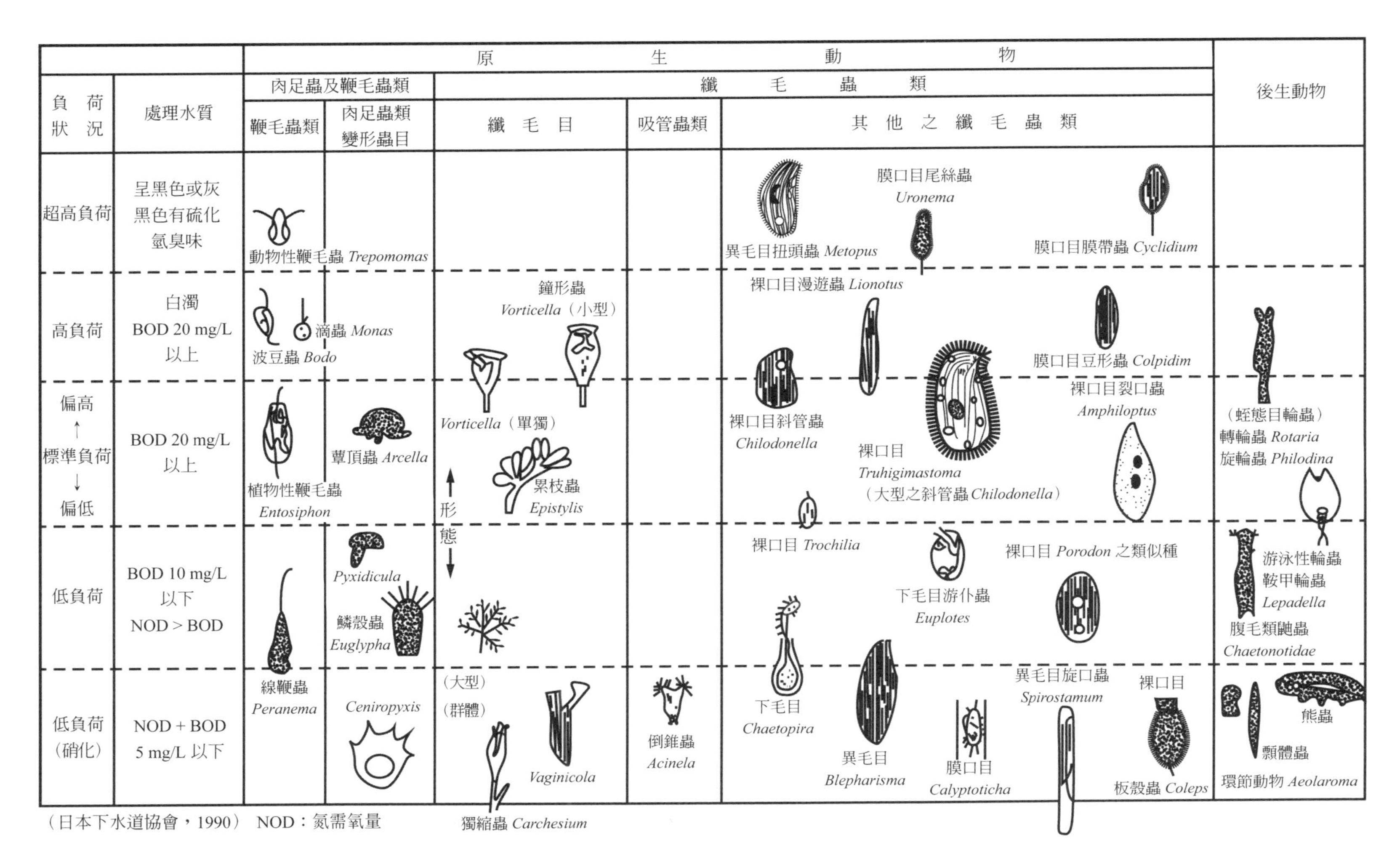

圖 14.1-2　活性污泥 BOD-SS 負荷與微生物相關係圖

(D. J. Patterson and S. Hedley, 1992.)

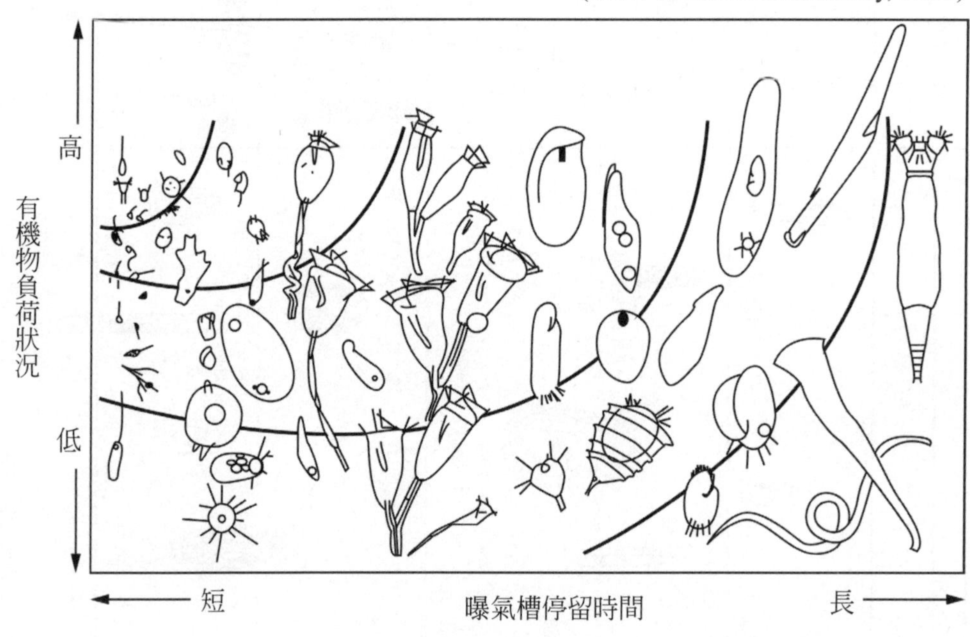

圖 14.1-3　活性污泥有機負荷與微生物相關係圖

表 14.1-2　活性污泥操作所出現之微生物相及處理對策

<table>
<tr><th>編號</th><th colspan="2">於曝氣槽出現之現象</th><th>對策</th></tr>
<tr><td>1</td><td colspan="2">活性污泥良好時出現之微生物相</td><td>留意不要改變當時之操作條件，繼續維持現狀</td></tr>
<tr><td>2</td><td colspan="2">活性污泥狀況不佳時出現之微生物相</td><td>因殘存有機物量多，生物氧化較慢，故為使有機物能盡快氧化，可增加空氣量及污泥量，或暫時停止進流水。此外，將迴流污泥再曝氣，提高迴流比亦有效果</td></tr>
<tr><td rowspan="2">3</td><td rowspan="2">活性污泥回復時出現之微生物相</td><td>自高負荷好轉時之微生物相</td><td>增加空氣量以提高溶氧大都可好轉</td></tr>
<tr><td>內分解後再好轉時之微生物相</td><td>生物種個體數之平衡為最大之問題
・大型變形蟲＋游仆蟲（Euplotes）＋線鞭蟲（Peranema)+熊蟲等之個體總數＞累枝蟲（Epistylis）＋鐘形蟲（Vorticella）＋獨縮蟲（Carchesium）等緣毛目之個體總數之狀態：
因尚未內分解故可降低空氣量，稍微增加污泥排棄量以減少 MLSS
・於上述前者＜後者之場合：
因已轉好，僅須繼續維持該狀態即可</td></tr>
</table>

<table>
<tr><th>編號</th><th colspan="2">於曝氣槽出現之現象</th><th>對策</th></tr>
<tr><td>4</td><td colspan="2">內分解或即將內分解時出現之微生物相</td><td>污泥已解體之問題對策，依原因可分爲二：
·符合設計流量但發生解體之狀況：
此時減少送風量同時增加污泥廢棄量，降低MLSS而操作之
·設計流量未符合之場合
僅達1/2～1/3設計流量時，將曝氣槽容積調爲1/2～1/3，以提高容積負荷
設計流量若相差不大時，可在夜間停止曝氣而做間歇操作</td></tr>
<tr><td>5</td><td colspan="2">進流水濃度極低時出現之微生物相</td><td>通常將送風量減少且降低MLSS而操作，若污泥很輕時，應採日夜間歇曝氣或縮小曝氣槽容積，以提高容積負荷</td></tr>
<tr><td>6</td><td colspan="2">溶氧極度不足時出現之微生物相</td><td>依出現之生物種類、生物狀態採不同之對策</td></tr>
<tr><td>7</td><td colspan="2">過度曝氣時出現之微生物相</td><td>降低送風量與迴流污泥量</td></tr>
<tr><td rowspan="3">8</td><td rowspan="3">污泥鬆化時出現之微生物相</td><td>絲狀菌造成之鬆化</td><td rowspan="3">依出現之生物種採不同之對策</td></tr>
<tr><td>眞菌類造成之鬆化</td></tr>
<tr><td>藍藻類造成之鬆化</td></tr>
<tr><td>9</td><td colspan="2">污泥堆積而有曝氣死角時出現之微生物相</td><td>通常以稍微增加曝氣送風量解決之。曝氣死角係每一槽均有之現象，除處理水呈白濁、低溶氧微生物占優勢外，應不致於造成很大問題。不過，應立即檢視曝氣管線是否嚴重堵塞、找出曝氣死角的位置及是否有沉積物存在等問題，以即早規劃因應</td></tr>
<tr><td>10</td><td colspan="2">曝氣槽有大量泡沫出現時之微生物相</td><td>依出現之生物種類及污泥狀態採不同之對策</td></tr>
<tr><td>11</td><td colspan="2">處理水呈色變時出現之微生物相</td><td>依出現之生物種類採不同之對策</td></tr>
</table>

活性污泥通常以原生動物爲主，其中又以纖毛蟲和根足類較占優勢，故正常操作狀態活性污泥生物相的構成，通常會以纖毛蟲類作爲指標，詳如表 14.1-3 所示。

原生動物在污水處理上扮演極重要的角色，以細菌爲食物，作爲自身能量的來源。當細菌生長旺盛初期，自由游動纖毛蟲因較易捕獲細菌作爲食物，最先取得優勢生長，且隨細菌數之增加而激增。因爲其自由游動需較多能量，故當細菌數目減少，食物來源短缺時，其優勢生長條件即消失，取而代之的是不需太多能量的有柄纖毛蟲，可作爲生物處理效果之良好指標。

表 14.1-3 活性污泥的生態分類及量的組成

種類	性質	指標生物類名	指標生物例	量組成（%）
非活性污泥性生物	自由游泳型	非活性污泥性纖毛蟲	豆形蟲、石毛蟲等	0.14
中間污泥性生物	自由游泳型及匍匐兩性型	中間污泥性纖毛蟲	漫遊蟲、斜葉蟲、尖毛蟲等	16.88
活性污泥性生物	匍匐型 著生型	活性污泥性纖毛蟲	楯纖蟲、鐘形蟲、蓋蟲、累支蟲等	82.98

資料來源：歐陽嶠暉，下水道工程學，2012 及污水處理廠操作與維護，2004

14.2 處理程序介紹

14.2.1 活性污泥生物處理程序

活性污泥法常用於一般污水處理廠，污水經管網收集後進入處理廠，由攔污柵過濾去除其中較大的固體物，如泥砂、紙張、塑料等後進入初級沉澱池。污水在初沉池中停留數小時，待其中固體污染物沉降後，進入二級生物反應池。視處理方式的不同，反應池可以為好氧型曝氣池或厭氧型生物濾池等。一般說來，好氧反應的處理量大，在曝氣池中大量通入空氣以促進好氧細菌生長；細菌以水中有機污染物為食，大量生長後形成污泥狀懸浮物，再將污水引入第二級沉澱池，將細菌和其他微生物為主的污泥沉降，營運良好的二級生化污水處理廠，處理後的污水在視覺、嗅覺上可以達到與清水相近。

14.2.2 人工濕地處理程序

參考第十三章所述人工濕地大致分為兩大類：表面流人工濕地及地下流人工濕地。表面流人工濕地由水池、土壤、水生植物組成，透過污水與自然環境中的氧氣、土壤、微生物、植物交互作用，達到水質淨化的目的。表面流人工濕地是現地處理工法中與自然濕地最相似的一種，也是較早被且較普遍使用的方法。

表面流人工濕地栽種許多耐污染的挺水性水生植物，植物的莖和葉貫穿水面、暴露於空氣中，根部則深入濕地底層的土壤中，茂密的根系可以讓許多微生物附著生長，空氣中的氧氣也可以經由植株傳送至濕地底層，提供氧氣給微生物利用，讓微生物發揮分解污染物質的功用。

表面流人工濕地處理污水的流程，一般是先流經沉澱池，使污水中大部分的懸浮顆粒在此凝聚沉澱，之後透過大面積的開放水域，藉著開闊的水域，和耐污染的挺水性水生植物，使空氣中的氧氣藉由空氣對流和植物通透作用進入濕地底層，由附著於土壤內的微生物分解污染物，最後再以水生植物營造適合生物的棲地，吸引動物造訪。

而地下流人工濕地則由溝渠、濾床、水生植物組成，在溝渠中填入礫石或其他濾材當作濾床，並種上水生植物，讓水流在地面下快速通過時，可以與濾材表面和植物根系附著的微生物接觸，讓微生物發揮污水淨化的功效。因爲濾材覆蓋水面，可以避免臭味散逸與蚊蠅滋生。

地下流人工濕地可依水流流動方向分爲「垂直流動系統」（Vertical flow system）及「水平流動系統」（Horizontal flow system）。

地下流人工濕地中，濾床和水生植物是露於空氣中的部分，空氣中的氧氣依然可以藉由擴散進入水中，而且濾床上的水生植物根系生長盤根錯節，濕地中會出現溶氧量不同的區塊，使好氧性與厭氧性的微生物可以同時生存、各自發揮分解污染的功用，大幅提高污水淨化的潛力。

14.2.3 礫間處理程序

礫間處理導引目標處理水體流經填充礫石或人工濾材的處理槽，使污水與礫石或人工濾材表面的生物膜接觸反應，達到水質淨化目的。依據日本應用經驗，理論上礫間接觸氧化法可分爲兩類，一類爲傳統礫間接觸氧化法，亦稱礫間接觸法，另一類爲改良之礫間接觸曝氣氧化法，或稱礫間接觸曝氣法，兩者系統上的差別主要在於處理流程中是否納入曝氣系統，而在應用上之差別則在於處理對象水質濃度的高低。

單純礫間接觸法對於目標處理水體有溶氧及生化需氧量之限制，根據國外應用經驗，對於溶氧量極低或生化需氧量大於 20 mg/L 之水體，不建議採用礫間接觸法。因此爲了使礫間接觸法能適用於處理水質濃度更高之水體，經國外模型場及實場運轉經驗，於礫石槽體底部埋設曝氣管，利用定期定量之曝氣提供微生物氧化分解所需之氧氣，進而提升微生物分解有機性物質（如生化需氧量、氨氮等）之處理機能，可以有效提升礫間接觸處理之淨化效率，此法稱之爲礫間接觸曝氣法。

因此簡單地說，礫間接觸曝氣法就是在礫間接觸槽的底部舖設曝氣管進行曝氣之方法。

14.3 微生物相在不同污水處理程序中之實際案例

14.3.1 污水處理廠生物處理程序案例——D 污水處理廠

D 污水處理廠於民國 95 年完工啓用，設計污水處理量爲每日 50 萬噸，專門處理臺北市生活污水，採用二級處理，處理後排放至淡水河。另設有砂濾設備進行回收水再利用。處理流程如圖 14.3-1 所示。

D 廠經整理代操作廠商提供之 102 年 1 月至 11 月底每日微生物相觀察資料，得廠內活性污泥常見的原生動物如表 14.3-1 所示。

表 14.3-1　D 廠曝氣池活性污泥微生物相

微生物種類	微生物名稱	備註
自由游動纖毛蟲	尖毛蟲	負荷偏高
	豆形蟲	
	斜管蟲	
	楯纖蟲	
	漫遊蟲	
	蕈頂蟲	
	鱗殼蟲	
有柄纖毛蟲	累枝蟲	處理良好
	喇叭蟲	
	群鐘蟲	
	聚縮蟲	
	蓋蟲	
	錘吸管蟲	
	鐘形蟲	
輪蟲	狹甲輪蟲	處理良好
	轉輪蟲	
鞭毛蟲	線鞭蟲	低負荷（SRT 長）
鼬蟲	鼬蟲	低負荷（SRT 長）
變形蟲	變形蟲	低負荷（SRT 長）

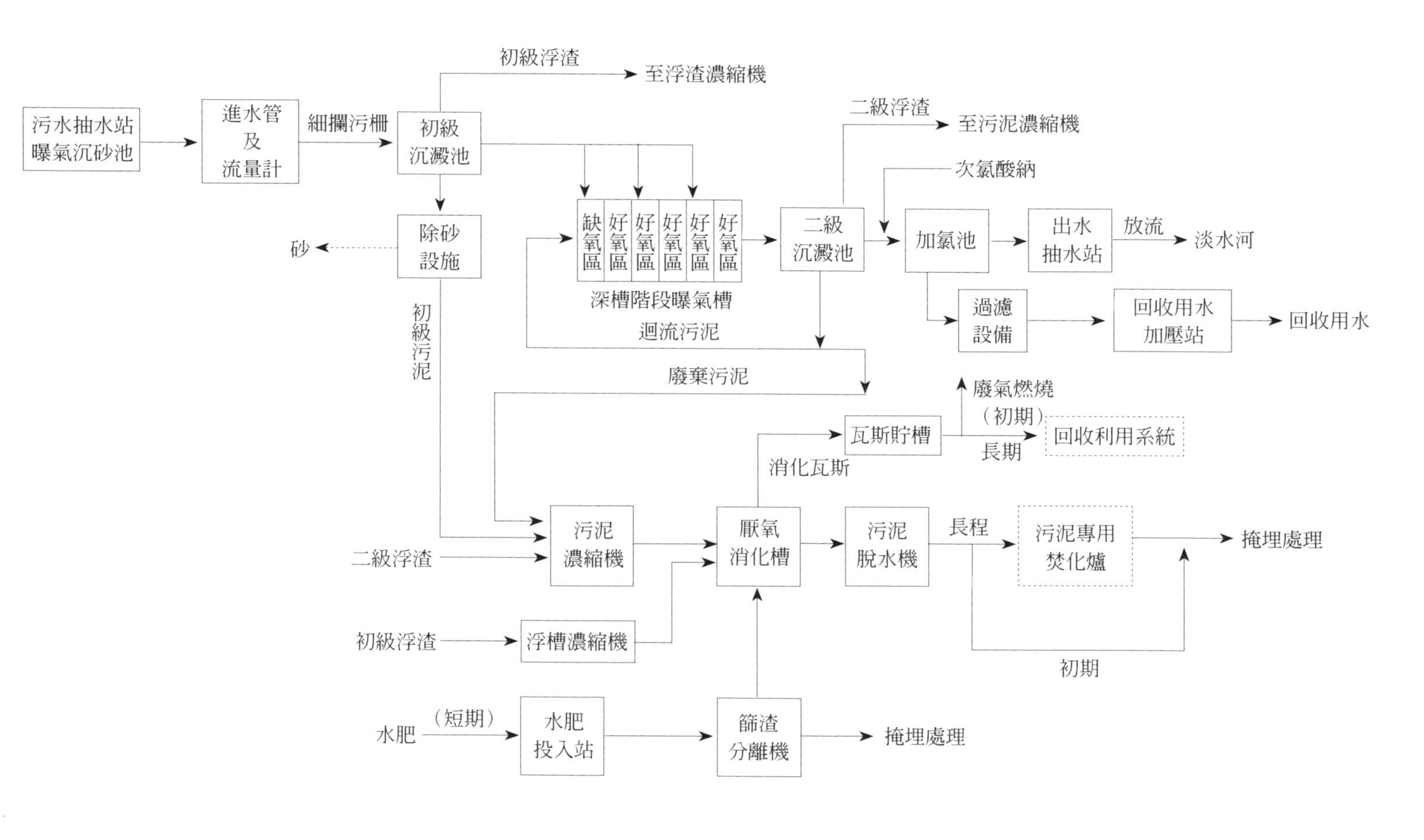

圖 14.3-1　D 廠污水處理流程圖

微生物相與BOD負荷有極大關聯，以D廠102年1月至11月底之資料為例，BOD負荷數值介於0.22~0.38 kg BOD/CMD，平均約0.31 kg BOD/CMD，遠低於原設計0.81 kg BOD/CMD及一般經驗值0.7~1.0 kg BOD/CMD；而食微比介於0.07~0.12平均約0.1，遠低於原設計之0.29及一般經驗值採0.2~0.4，顯見進流基質過低，導致微生物相偏向低負荷微生物物種。D廠深曝池BOD負荷及食微比歷史趨勢，詳如圖14.3-2所示。

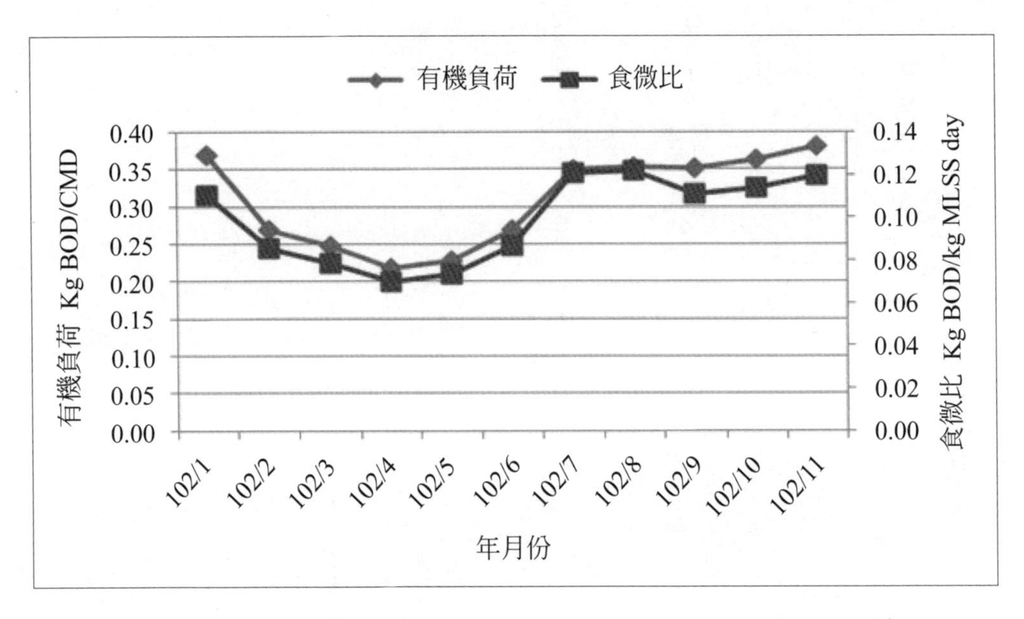

圖 14.3-2 D廠深曝池BOD負荷及食微比（102年1月至11月）

由圖4.3-2可看出，2月至6月為超低BOD負荷（≦ 0.25 kg BOD/CMD），1月及7月至9月為低BOD負荷（＞ 0.25 kg BOD/CMD）。該年因進流基質過低，導致深曝池原生動物相偏向低負荷微生物相，主要有輪蟲、鞭毛蟲、鼠蟲及變形蟲等。

14.3.2 人工濕地處理程序案例——D-B人工濕地

D-B人工濕地是以堤外灘地構築人工濕地以淨化圳路排水。該工程於民國95年完工，場址面積為13公頃，水域面積為9.3公頃，每日可處理圳路導水閘門排水11,000噸，水力停留時間為3.71日。其BOD污染削減率>60%，放流水濃度<30 mg/L；NH_3-N污染削減率>60%，放流水濃度<20 mg/L。表14.3-2為D-B人工濕地基本資料。

表 14.3-2　D-B 人工濕地場址基本資料表

編號	項目	基本資料
1	處理水源	圳路專管排水
2	處理水量	11,000 CMD
3	場址面積	13 公頃
4	水域面積	9.3 公頃
5	停留時間	3.71 日
6	設計放流水質	BOD < 30 mg/L、SS < 30 mg/L、NH_3-N < 20 mg/L
7	設計污染去除效率	BOD > 60%、SS > 60%、NH_3-N > 60%

水源進入本場址沉砂池及開放水域，再以取水泵浦抽送至後續各處理單元，依序流經第一密植區、第二密植區、生態池，其流程如下：

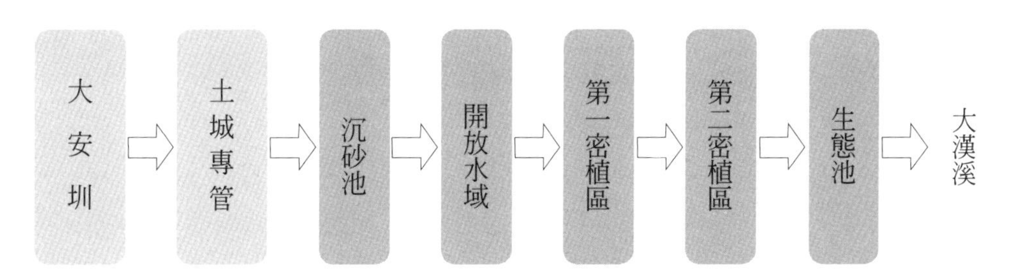

圖 14.3-3　D-B 人工濕地處理流程圖

以 D-B 人工濕地 101 年第一季微生物調查結果爲例，微生物與生物代謝需求 BOD：N：P 比例、BOD 與 SS 濃度比值（有機負荷）等分析資料如表 14.3-3 所示。其中濕地中間、後端單元氮源 -N、磷源 -P 比例持續減少，顯示生物代謝需求的比例明顯下降。

由微生物指標及微生物密度顯示，該濕地種歧異度由 1.92 至 3.74 呈現上升情形，種豐富度由 1.8 至 5.66 呈現上升情形，腐水度值由爲 3.03 α - 中腐水級降至 2.21 之 β - 中腐水級。微生物密度出口端每毫升 889 個細胞到放流口升至每毫升 9,199 個細胞。

由微生物物種組成對照發現，細菌類 70.2% 爲濕地前段進流口水域優勢的微生物物種，及占 9.2% 的無色鞭毛蟲藻類，中間開放水域，藻類爲優勢包括綠藻 45.5%、矽藻 44.6% 爲濕地水域優勢微生物物種，細菌類明顯下降，後端出流口仍以綠藻類 46.6%、矽藻 39.8% 爲濕地水域優勢微生物物種。

表 14.3-3　D-B 人工濕地第一季微生物調查成果

採樣時間	第一季（101/3/6）		
D-B 人工濕地	沉澱池入流口	第一密植區	生態池出流口
水流區段位置	上	中	下
棲地環境：生活污水	黑、淺	清、淺、浮萍	清、淺
分解者 %	**79.0**	**4.9**	**0.0**
細菌與眞菌	79.0	4.9	
初級生產者 %	**14.5**	**95.1**	**98.3**
藍綠菌		0.8	0.9
隱藻			3.4
矽藻	12.1	41.8	37.1
裸藻	2.4	3.3	0.9
綠藻		47.5	56.0
甲藻		1.6	
金黃藻			
掠食者 %	**6.5**	**0.0**	**1.7**
無色鞭毛蟲	2.4		
根足蟲	1.6		1.7
纖毛蟲	2.4		
輪蟲			
枝角類			
線蟲			
細胞數			
濾膜法總菌落數（CFU/mL）	3.17E+04	3.00E+02	9.00E+02
流式細胞儀總菌落數（Counts/mL）	3.38E+05	2.17E+05	2.50E+05
每毫升藻細胞數（cells/mL）	889	627	9199
水質環境參數			
BOD：N：P	100 / 108 / 11	100 / 173 / 14	100 / 34 / 2
BOD/SS	0.60	0.70	0.49
≈總氮下的氨氮存量比（%）	0.86	0.81	0.02
≈總氮下的硝酸鹽類存量比（%）	0.14	0.19	0.98

採樣時間	第一季（101/3/6）		
D-B 人工濕地	沉澱池入流口	第一密植區	生態池出流口
水流區段位置	上	中	下
棲地環境：生活污水	黑、淺	清、淺、浮萍	清、淺
歧異度	1.51	2.82	2.22
豐富度	2.27	3.33	2.32
嗜污染矽藻指標值	1.55	0.41	0.36
矽藻腐水度指數	2.57	2.49	2.68
腐水評估等級	α - 中腐水級	β - 中腐水級	α - 中腐水級

水質生物指標法——將水質依在水中進行之生物分解（腐化）程度，而定出貧、中及強腐水級，其中中腐水級分為 α 和 β 兩級。在藻類中，綠色眼蟲和腐生顫藻之出現，即代表強腐水級水質；福爾摩沙顫藻、谷皮菱形藻、銳新月藻等之出現，代表 α- 中腐水級水質；盤星藻、柵藻、直鏈藻等之出現，表示為 β- 中腐水級水質；而微星鼓藻、長圓凹頂鼓藻和螺旋雙菱藻等之出現，則顯示為貧腐水級水質。

14.3.3 礫間處理程序案例——G 礫間

G 礫間處理設施主要為全量處理聯結至 G 抽水站內雨、污水渠道內之污水，集水區之約 69.11 公頃，集水區內之排水管線大致呈魚骨紋或網格狀分布，匯流後聯結至 G 抽水站由 G 排水排出。G 礫間排水流量約 10,000 CMD，設計處理流量為 10,000 CMD、溶氧約 2.22 mg/L、生化需氧量約 24.33 mg/L、懸浮固體約 37.28 mg/L、氨氮約 8.46 mg/L。

根據 G 礫間 101 年 6 月至 102 年 12 月微生物相觀察檢驗表，可得知其進流水質穩定，皆在標準負荷範圍內，因此較常出現的微生物種如下。

其中斜管蟲、自由游動纖毛蟲、鱗殼蟲、漫遊蟲及豆形蟲屬負荷偏高時會出現之微生物，占出現比例約 54.4%，可知 G 礫間處理進流水質雖在標準負荷範圍內，但負荷仍然偏高。

表 14.3-4 G 礫間微生物相

種類	月報表 出現次數	百分比	備註
斜管蟲	8	11.8%	標準生物相
狹甲輪蟲	5	7.4%	標準生物相
自由游動纖毛蟲	19	27.9%	標準生物相
輪蟲	9	13.2%	標準生物相
有柄纖毛蟲	4	5.9%	標準生物相
鐘形蟲	3	4.4%	標準生物相
鱗殼蟲	4	5.9%	標準生物相
漫遊蟲	4	5.9%	標準生物相
豆形蟲	2	2.9%	標準生物相
線鞭蟲	4	5.9%	標準生物相
喇叭蟲	1	1.5%	標準生物相
轉輪蟲	4	5.9%	標準生物相
蕈頂蟲	1	1.5%	標準生物相

參考文獻

1. 歐陽嶠暉，下水道工程學，2012。
2. 歐陽嶠暉，污水處理廠操作與維護，2004。
3. 鄭育麟，環工指標微生物，1988。
4. 三越企業股份有限公司，迪化污水處理廠 102 年 1 月至 12 月操作維護管理月報告。
5. 三越企業股份有限公司，貴陽礫間 101 年 6 月至 102 年 12 月微生物相觀察檢驗表。
6. 歐陽嶠暉，下水道學，2016 年版。

附錄一　歷屆考題

98 年環工高考 / 環化與環微

一、某水溶液含總鎘濃度為 10^{-6}M 及總硫濃度 10^{-4}M，請問：

（一）於 pH 7 時，何種固體物會出現？（10 分）（提示：$Cd(OH)_{2(s)}$ 或 $CdS_{(s)}$ 或皆無）

（二）於 pH 7 時，總溶解鎘濃度為何？（5 分）

（三）是否存在一 pH 值時，可同時存在 $Cd(OH)_{2(s)}$ 及 $CdS_{(s)}$？（5 分）

$Cd(OH)_{2(S)} + 2H^+ = Cd^{2+} + 2H_2O$　　$K = 10^{13.73}$

$CdS_{(s)} = Cd^{2+} + S^{2-}$　　$K = 10^{-28.85}$

$Cd^{2+} + H_2O = CdOH^+ + H^+$　　$K = 10^{-10.08}$

$Cd^{2+} + 2H_2O = Cd(OH)_{2(aq)} + 2H^+$　　$K = 10^{-20.35}$

$Cd^{2+} + 3H_2O = Cd(OH)_3^- + 3H^+$　　$K = 10^{-33.30}$

$Cd^{2+} + 4H_2O = Cd(OH)_4^{2-} + 4H^+$　　$K = 10^{-47.35}$

二、已知 A 與 B 物質反應為 A + B → C，下表為反應結果。（10 分）

A 之初始濃度 (M)	B 之初始濃度 (M)	時間 (hr)	A 之殘餘濃度 (M)
0.10	1.0	0.5	0.095
0.10	2.0	0.5	0.080
0.10	0.10	1000	0.050
0.20	0.20	500	0.100

請導出 Rate Law 及計算速率常數。

三、請說明碳原子為何會與氧、氮、氫原子形成多種化合物？並繪出下列有機物之結構式。（20 分）（一）phenol，（二）toluene，（三）para-dimethylbenzene，（四）furan

四、廢水生物處理（如生物滴濾池、活性污泥法）主要依靠選用適當的微生物菌種。生活污水中微生物種類多，提供了菌種篩選良好的基礎；所謂菌種篩選，就是在某種環境條件下，選擇出適應該生長環境的微生物，排除不能適應該生長環境的微生物。請說明活性污泥法菌種篩選的步驟。（15 分）

五、國內之生物性有機廢棄物產生量極爲龐大，包括廚餘、水肥、養豬廢水污泥及下水道污泥等，所蘊藏之生物性有機資源極爲豐富。配合節能減碳之政策目標，自主性再生能源開發之重要性不容輕忽；而有機廢棄物厭氧消化，爲其中極重要之課題。請依據微生物生理類群的代謝差異，說明生物性有機物厭氧分解的過程，及操作營運中易發生的問題及其對策。（20 分）

六、行政院環境保護署規劃管制有關工業區污水下水道系統放流水氨氮（NH_3－N）濃度限値，即新設廠（98 年新設）標準爲 5 mg/L，既有廠爲 20 mg/L 之目標。說明硝化菌分解氨氮的反應方程式，及其生長、繁殖、代謝活動的特點。（15 分）

99 年環工高考／環化與環微

一、假設大氣的總氣壓爲 1.000 atm。在 25℃時，水蒸氣壓（water vapor pressure）爲 23.8 mmHg。二氧化碳在乾燥空氣中（dry air basis）的組成爲 0.0370%（by volume）。大氣中的二氧化碳溶解到水中的亨利常數（Henry's constant）爲 0.0338 mol/(L)(atm)。1.000 atm = 760 mmHg。請計算下列問題：

（一）若只考慮亨利定律（Henry's law），請計算在 25℃時，大氣中 $CO_{2(g)}$ 溶解到水中的溶解度，以 mol/L 表示。（10 分）

（二）在（一）中，請計算二氧化碳 $CO_{2(aq)}$ 溶解在水中的 pH 值。（5 分）

$CO_{2(aq)} + H_2O \rightleftharpoons H^+ + HCO_3^-$，$Ka_1 = 4.45 \times 10^{-7}$

（三）在（一）中，若大氣中 $CO_{2(g)}$ 溶解於 200 mL 水中，內含有 0.10 millimole NaOH 時，請計算大氣中 $CO_{2(g)}$ 的溶解度爲何？以 mol/L 表示。（5 分）

二、CFC-12（Chlorofluoro carbon-12）將會破壞平流層（stratosphere）中的臭氧（O_3）。請回答下列問題：

（一）請說明 CFC-12 如何破壞臭氧層。（5 分）

（二）若臭氧層被破壞後，請敘述如何對人體造成傷害。（5 分）

（三）目前已有一些 CFC-12 之替代品，如 HCFC-134a。請寫出 HCFC-134a 之化學結構式。（5 分）

三、（一）請簡述在那種情況較容易生成光化霧（photochemical smog）？（9 分）

（二）光化霧的產物中，常含有一些氧化劑，除臭氧（O_3）外，還有 (a) peroxyacetyl nitrate，(b) peroxybenzoyl nitrate 和 (c) formaldehyde 等，請寫出 (a)、(b) 和 (c) 的化學結構式。（6 分）

四、（一）請定義消毒（disinfection）與滅菌（sterilization）。（10 分）

（二）請以圖形說明加氯消毒抑制微生物之活性。（提示：以時間對數量作圖）（10 分）

五、說明兩種檢測飲用水水樣中指標細菌（indicator bacteria）的方法。（15 分）

六、計算微生物密度時常常以稀釋法（dilution）與塗抹法（plating），請指出此二種技術的主要誤差（error）在那裡？（15 分）

99 年環工技師／環化與環微

一、現有一酒廠廢水含兩種主要化學成分，一爲原料葡萄糖濃度 180 mg/L，一爲成品乙醇濃度 46 mg/L，皆可被好氧活性污泥分解爲 $CO_2 + H_2O$，試計算兩成分之 ① TOC（as C:12）、② COD（as O_2:32）及 ③ BOD（as O_2:32），並推算④ COD/TOC 比值。試比較結果，何者爲氧化態，何者爲還原態（Oxidation-reduction state），爲什麼？（20 分）

二、試列舉至少四種溫室效應的空氣污染物，各別與空氣中的氧氣發生什麼化學反應？何者吸收紅外光導致產生熱能之溫室效應？各別列出反應式，並說明之。（16 分）

三、煉油廠進口石化原油，可分餾提煉出三大類碳數不同的總石油碳氫化物（Total Petroleum Hydrocarbon, TPH），試寫出其俗名與碳數範圍。可能污染的土壤，依其物化特性也可分爲三類土壤，請說明之。（12 分）

四、水環境微生物小至病毒，大至原生動物，試就其①形態大小（μm）、水環境因子〔包括②溫度、③溶氧（DO）〕以及④生理特性〔例如可動性（mobility）〕等四種因素，分別列舉至少各有 3 範圍分類名稱，並說明之。（12 分）

五、活性污泥膨化現象（sludge bulking）至少有 3 大類，就①微生物類別、②溶氧及③有機負荷範圍等三因素基準，列舉相關指標及範圍，如何防止污泥膨化？（18 分）

六、登革熱疾病來自兩類蚊子，其致病之生理特性及生長環境爲何？（10 分）

七、試列出六種含氯有機污染物及其化學結構式。（12 分）

100 年環工高考／環化與環微

一、排放水之 pH 值爲 6.0 且水中氨氮（ammonia nitrogen, NH_4^+）之量測值爲 90 mg/L，請計算：

（一）排放水中總氨氮濃度爲何？（10 分）

（二）將水之 pH 值提升爲 9.0 時，利用氣提（stripping）方式進行處理後，水中總氨氮之去除率爲何（此時大氣中 $NH_{3(g)}$ 之濃度爲 5×10^{-10} atm 且亨利常數 K_H 爲 57 mol/L/atm）？（10 分）

本題計算不考慮活性校正。

$NH_4^+ \longleftrightarrow NH_3 + H^+$　　　　$K_A = 5.56 \times 10^{-10}$

$H_2O \longleftrightarrow H^+ + OH^-$　　　　$K_W = 10^{-14}$

二、檢測鄰苯二甲酸二（2- 乙基己基）酯（di (2-ethylhexyl) phthalate, DEHP）之前處理，乃利用甲醇作爲有機溶劑進行萃取濃縮以提高檢液之濃度，已知等體積的甲醇與水中能溶解 DEHP 的量，計前者爲後者的 10,000 倍。若以萃取液（甲醇與水之體積比爲 0.1：10）將 DEHP 含量爲 1 mg/L 之廢水降低至 0.1 μg/L 以下，需用萃取次數至少爲何？（10 分）

三、活性炭對酚之等溫吸附實驗數據如下表所示（C_e 與 q_e 分別代表吸附平衡之濃度與吸附量），試求出以 Langmuir isotherm 方程式描述該活性炭對酚等溫吸附行爲之參數 Q_L 與 K_L，（10 分）並說明影響酚吸附量之因素。（10 分）

註 1：Langmuir isotherm 爲 $q_e = \dfrac{Q_L K_L C_e}{1 + K_L C_e}$

註 2：酚酸解離常數 pK_A 爲 10。

註 3：活性炭之等電位點 pH_{PZC} 爲 9。

C_e , mg/L	0.3	1.2	3.2	4.7	7
q_e , mg/g	12.5	39	69	77	80

四、請回答利用「多管發酵法」測定樣品中大腸菌群的方法概要，以及此方法中使用「最大可能數」（MPN）代表微生物數量的理論依據。（15 分）

五、請以有機物成分中碳元素的流動來解釋異營微生物的分解代謝（catabolism）及合成代謝（anabolism）。（15 分）

六、以微生物方法進行環境工程廢污處理時，系統中存在的微生物多爲混合族群（mixed cultures），而且這些微生物族群組成經常受到污染物成分濃度變動而有所異動，請問有那些非培養（culture-independent）方法可以用來快速判定出系統中微生物組成的變動，請詳細回答其理論依據。（20 分）

101 年環工高考／環化與環微

一、試舉出一種室內空氣污染物，寫出化學式，說明其來源、危害性及防治方法。（10 分）

二、許多化石燃料，例如煤及石油等，都含有硫。因此燃燒化石燃料時，若其產生的廢氣未經完善之處理，硫的氧化物，主要為二氧化硫，會釋放至大氣中，請問：

（一）如果大氣中二氧化硫的濃度是 0.1 ppm（v/v，體積比），空氣中與大氣平衡的水滴（僅含水蒸汽凝結之純水及溶解之亞硫酸（H_2SO_3））之 pH 值為何？（5 分）

（二）如果水滴中所有的亞硫酸物種（H_2SO_3，HSO_3^- 及 SO_3^{2-}）瞬間完全均被空氣中的臭氧氧化成硫酸氫根（HSO_4^-），水滴當時的 pH 值為何？（5 分）

（三）如果空氣中的亞硫酸繼續溶入水滴中，而空氣中的臭氧亦源源不絕地將亞硫酸（及其鹽類）氧化成為硫酸氫根或硫酸根，請問 pH 值會繼續上升還是下降？（5 分）

（四）承題（三），用反應式及質量平衡說明理由。（5 分）

$SO_{2(g)} + H_2O_{(aq)} \rightleftarrows H_2SO_{3(aq)}$　　$K_H = 1.0\ M/atm$

$H_2SO_{3(aq)} \rightleftarrows HSO_3^-{}_{(aq)} + H^+{}_{(aq)}$　　$K_{a1} = 1.7 \times 10^{-2} M$

$HSO_3^-{}_{(aq)} \rightleftarrows SO_3^{2-}{}_{(aq)} + H^+{}_{(aq)}$　　$K_{a2} = 1.07 \times 10^{-7} M$

亞硫酸氫根被臭氧氧化之反應（相當完全之氧化反應，可忽略其逆反應）

$HSO_3^-{}_{(aq)} + O_3 \rightarrow O_2 + HSO_4^-{}_{(aq)}$

$HSO_4^-{}_{(aq)} \rightleftarrows SO_4^{2-}{}_{(aq)} + H^+{}_{(aq)}$　　$K_a = 1.0 \times 10^{-2} M$

三、在 1 公升的純水中加入下列成分，其總鹼度為多少？請以碳酸鈣濃度（mg/L）表示。（20 分）

碳酸氫鈉（$NaHCO_3$）	0.8 g
硫酸鐵（$Fe_2(SO_4)_3$）	0.9 g
磷酸一氫鉀（K_2HPO_4）	1.0 g

相關之方程式：

$H_2O \rightleftarrows H^+ + OH^-$　　$K_w = 10^{-14}\ (M^2)$

$H_2CO_3 \rightleftarrows HCO_3^- + H^+$　　$K_{a1} = 5.01 \times 10^{-7}(M)$（$= 10^{-6.3}(M)$）

$HCO_3^- \rightleftarrows CO_3^{2-} + H^+$　　$K_{a2} = 5.01 \times 10^{-11}(M)$（$= 10^{-10.3}(M)$）

$Fe^{3+} \rightleftarrows FeOH^{2+} + H^+$　　$K = 6.3 \times 10^{-3}(M)$（$=10^{-2.2}(M)$）

$FeOH^{2+} \rightleftarrows Fe(OH)_2^+ + H^+$　　$K = 1.58 \times 10^{-4}(M)$（$=10^{-3.8}(M)$）

$Fe(OH)_2^+ \rightleftarrows Fe(OH)_4^- + 2H^+$　　$K = 1.26 \times 10^{-16}(M)$（$=10^{-15.9}(M)$）

$H_3PO_4 \rightleftarrows H_2PO_4^- + H^+$　　$K = 7.08 \times 10^{-3}(M)$（$=10^{-2.15}(M)$）

$H_2PO_4^- \rightleftarrows HPO_4^{2-} + H^+$　　$K = 6.3 \times 10^{-8}(M)$（$=10^{-7.20}(M)$）

$HPO_4^{2-} \rightleftarrows PO_4^{3-} + H^+$　　$K = 4.47 \times 10^{-13}(M)$（$=10^{-12.35}(M)$）

（原子量：H=1, K=39, C=12, O=16, Na=23, Fe=55.8, S=32, P=31, Ca=40）

四、微生物可以附著於適當之介質上生長而形成生物膜（biofilm），請說明生物膜之特色，並針對各項特色分別解釋應用於廢污處理上所造成之正面與負面影響。（20 分）

五、致病性微生物可能由廢棄物帶入堆肥中，請說明在堆肥操作程序上如何管制才能避免致病性微生物藉由堆肥產品而散播？（15 分）

六、請說明檢測指標微生物在環境污染防治上的重要性。（5 分）並請以監測水中糞便污染爲例，說明理想的指標微生物應具備的條件。（10 分）

101 年專技／環工技師／環化與環微

一、某地下水層受到意外廢液洩漏的污染，其中最主要的污染物爲 2,4,5- 三氯酚（2,4,5-trichlorophenol）。污染團（plume）沿著狹長的飽和含水層水平移動，其濃度之最高峰已經到達距離洩漏點 12 公尺處。同時廢液中亦含有高濃度之氯鹽（Cl^-），其濃度最高峰已在距離洩漏點 315 公尺處。若假設氯鹽是不會被土壤吸附的離子，則顯然 2,4,5- 三氯酚因被土壤吸附，而使傳輸速度受到遲滯。經檢測飽和含水層之孔隙體積比（θ）爲 0.3 (cm^3/cm^3)，土壤顆粒之眞比重（ρ）爲 2.6 (g/cm^3)。2,4,5- 三氯酚之正辛醇一水分配比（octanol-water partition coefficient,

K_{ow}）爲 7.9×10^3 (cm^3/cm^3)，其在土壤有機碳與水之間的分配係數（soil organic carbon-water partition coefficient, K_{oc}）(cm^3/g) 可由下列之經驗式估計：

$$\log K_{oc} = 0.89 \log K_{ow} - 0.15$$

而分配係數（distribution coefficient, K_d）爲 K_{oc}(cm^3/g) 與土壤中有機碳含量 f_{oc}(g/g) 之乘積。

（一）請問 2,4,5- 三氯酚之遲滯係數〔地下水流速與因吸附而減慢之傳輸速度的比值（可表示爲（$1+(1-\theta)\cdot\rho\cdot K_d/\theta)$)〕應爲多少？（4 分）

（二）有機碳一水分配係數（K_{oc}）爲多少？（4 分）

（三）分配係數（K_d）爲多少？（4 分）

（四）土壤中的有機碳含量（f_{oc}）爲多少？（4 分）

二、在不同溫度下將過硫酸鉀（$K_2S_2O_8$）加入受污染且其苯濃度爲 100 μg/L 的水中反應，使過硫酸鉀之濃度維持於 100 mg/L，不同時間下測得溫度於 10℃、40℃及 70℃下殘留苯的濃度如下表所示。請問：

（一）此氧化反應是放熱反應，但是提高溫度時，反應速度加快，其原因爲何？（4 分）

（二）如果水之溫度是 25℃，加入 100 mg/L 之過硫酸鉀 3 小時後，殘餘之苯濃度爲多少？（16 分）

水中加入 100mg/L 之過硫酸鉀反應殘留之苯濃度表

	溫度（℃）		
	10	40	70
Time (min)	水中苯的殘留濃度（μg/L）		
0	100	100	100
30	57.8	52.5	47.8
60	33.4	27.5	22.9
90	19.3	14.4	10.9
120	11.2	7.6	5.2
150	6.5	4.0	2.5
180	3.7	2.1	1.2

三、生物脫硝的水處理程序是利用微生物以硝酸鹽（NO_3^-）爲電子接受者，將有機物（以（CH_2O）代表其化學式）氧化成爲 CO_2，而硝酸鹽則被還原成爲氮氣（N_2）離開生物反應槽。倘若現在生物槽之 pH 爲 8，脫硝產生之無機碳爲 HCO_3^- 的形態，請你：

（一）寫出脫硝的化學反應式，並平衡之。（4 分）

（二）根據反應式，說明在 pH 8 進行脫硝會使 pH 上升還是下降，說明其理由。（4 分）

（三）如果原來有 1 M 的硝酸鹽在水中，經完全反應之後，鹼度增減多少？（4 分）

四、某土壤因受到工業廢水之污染，含有 500 mg/kg 的鎘，均以碳酸鎘的形態存在。今以水：土爲 1 M^3：100 kg 之比例，加酸使懸浮液保持於 pH 6，並且充分攪拌平衡（與空氣中濃度爲 $10^{-3.5}$ atm 之 CO_2 平衡）。經固液分離後，理論上土壤中鎘的去除率爲多少？（酸性下可忽略土壤之離子交換能力及吸附能力）（12 分）

相關之反應及平衡常數如下：

$H_2O \rightleftharpoons H^+ + OH^-$　　$K_w = 10^{-14}(M)$

$CO_{2(g)} + H_2O \rightleftharpoons H_2CO_3$　　$K_H = 10^{-1.5}\ (M/atm) = 3.16\times10^{-2}\ (M/atm)$

$H_2CO_3 \rightleftharpoons HCO_3^- + H^+$　　$K_{a1} = 10^{-6.3}(M) = 5.01\times10^{-7}(M)$

$HCO_3^- \rightleftharpoons CO_3^{2-} + H^+$　　$K_{a2} = 10^{-10.3}(M) = 5.01\times10^{-11}(M)$

$CdCO_{3(s)} \rightleftharpoons Cd^{2+} + CO_3^{2-}$　　$K_{sp} = 10^{-13.7}(M^2) = 2.0\times10^{-14}(M)$

（原子量：H = 1, O = 16, C = 12, Cd = 112.4）

五、原生動物在污水生物處理系統（例如活性污泥槽）中有何功能？如何營造原生動物生長的環境？（10 分）

六、試以簡圖繪出天然水體生物系統中磷的循環，以箭頭表示磷物種間轉換的關係，並列出參與轉換程序的生物種類。（10 分）

七、微生物共代謝作用（cometabolism）的定義爲何？此作用在去除土壤及地下水中污染物上有何意義？如何以工程手段，促進共代謝去除土壤及地下水中有機物之作用？（10 分）

八、試舉出一種除二氧化碳以外，而由微生物作用產生之溫室效應氣體，列出其反應方程式、微生物種類、適合之生物反應環境。（10 分）

附表：對數及指數表

ln 1 = 0.000	log 1 = 0.000	$e^{0.1} = 1.105$	$10^{0.1} = 1.259$
ln 2 = 0.693	log 2 = 0.301	$e^{0.2} = 1.221$	$10^{0.2} = 1.585$
ln 3 = 1.099	log 3 = 0.477	$e^{0.3} = 1.350$	$10^{0.3} = 2.000$
ln 4 = 1.386	log 4 = 0.602	$e^{0.4} = 1.492$	$10^{0.4} = 2.512$
ln 5 = 1.609	log 5 = 0.699	$e^{0.5} = 1.649$	$10^{0.5} = 3.162$
ln 6 = 1.792	log 6 = 0.778	$e^{0.6} = 1.822$	$10^{0.6} = 3.981$
ln 7 = 1.946	log 7 = 0.845	$e^{0.7} = 2.014$	$10^{0.7} = 5.012$
ln 8 = 2.079	log 8 = 0.903	$e^{0.8} = 2.226$	$10^{0.8} = 6.310$
ln 9 = 2.197	log 9 = 0.954	$e^{0.9} = 2.460$	$10^{0.9} = 7.943$
ln 10 = 2.303	log 10 = 1.000	$e^{1.0} = 2.718$	$10^{1.0} = 10.000$

102 年環工高考／環化與環微

一、Dibenzo-p-dioxin（戴奧辛）的化學結構式如下圖，有兩個氯（Cl）原子取代的 dichloro-dibenzo-p-dioxin 異構物有 10 種，請寫出兩個 Cl 原子在戴奧辛分子苯環上的數字。又 Cl 原子在苯環上那個位置的毒性較強？（10 分）

9 10 1
8 2
7 3
6 5 4

二、以零價鐵（Fe）在污染地下水層中作成鐵牆（iron wall），整治遭三氯乙烯（TCE）及四氯乙烯（PCE）污染之地下水。反應式如下：

$$Fe + C_2HCl_3 + H_2O \rightarrow Fe^{2+} + C_2H_4 + Cl^- + OH^-$$

$$Fe + C_2Cl_4 + H_2O \quad \rightarrow \quad Fe^{2+} + C_2H_4 + Cl^- + OH^-$$

（一）平衡上述化學式。（5 分）

（二）若某地下水中 TCE 濃度為 270 ppm，PCE 濃度為 53 ppm，如果 1000g 此地下水要完全分解其中的 TCE 及 PCE，需要多少克之 Fe？（10 分）

（TCE 及 PCE 分子量分別為 131.4，165.8；Fe 原子量 55.9）

三、以下列條件計算一湖泊底部厭氧水體中 P_{CO_2}/P_{CH_4} 之比值。已知該水體 pH = 4，溶氧 P_{O_2}= 0.10 atm，相關反應式如下：（15 分）

$$\frac{1}{4}O_2 + H^+ + e^- \rightarrow \frac{1}{2}H_2O \qquad pE^0 = 20.75$$

$$\frac{1}{8}CO_2 + H^+ + e^- \rightarrow \frac{1}{8}CH_4 + \frac{1}{4}H_2O \qquad pE^0 = 2.87$$

四、大氣平流層（stratosphere）中之臭氧（O_3）可被 Cl 原子及．OH 自由基破壞。又 Cl 及．OH 可在破壞反應中會重複產生，稱為 chain reaction，請分別寫出它們與 O_3 反應之 chain reaction 及 net reaction 之反應式。（10 分）

五、如何得到某一細菌的生長曲線？請說明細菌生長曲線各階段代表的意義。（15 分）

六、有機物的厭氧性生物分解可分為三個階段，請說明這三階段進行的反應及參與的菌種。（15 分）

七、去除廢水中氮化合物的方法，傳統上使用硝化作用（nitrification）結合脫氮作用（denitrification），近來則有 Anammox 方法。請寫出硝化作用、脫氮作用、Anammox 這三種反應的反應式及參與的菌種，並寫出一項 Anammox 方法的優點。（20 分）

102 年環工技師／環化與環微

一、某水體的 pH 值爲 7.00，鹼度爲 2.00×10^{-3} mol/L，請計算 [H_2CO_3*]、[HCO_3^-]、[CO_3^{2-}] 和 [OH^-] 的濃度各是多少？（在 pH 值爲 7.00 時，[CO_3^{2-}] 的濃度與 [HCO_3^-] 相比可以忽略）（$K_1 = 4.45\times10^{-7}$，$K_2 = 4.69\times10^{-11}$）。（10 分）

二、請說明大氣光化學氧化物（photochemical oxidant）產生的機制。（15 分）

三、請列出在自然水體中，常見氮的形態；並說明在好氧狀態下，這些氮的形態隨著時間如何變化。（15 分）

四、請說明緩慢生長的細菌（more slowly growing bacteria）生長動力式（growth kinetics），並說明動力式中各項參數的意義。（20 分）

五、請繪圖說明污泥厭氧消化槽中，pH、重碳酸鹽（bicarbonate）及二氧化碳（CO_2）濃度之間的關係。（15 分）

六、請說明影響重金屬在土壤中遷移轉化規律的主要因素。（15 分）

七、革蘭氏陽性菌和革蘭氏陰性菌的細胞壁的化學組成和結構有什麼異同？（10 分）

102 年地方特考／環化與環微

一、厭氧微生物代謝使得氮氣與氫氣作用形成氨氣，當 35℃平衡時，氨的莫耳分率爲 10.9%，且總壓力爲一大氣壓，試求在 35℃時該反應之平衡常數？（10 分）

二、在行政院環境保護署研究報告中，統一將雨水酸鹼值達 5.0 以下時定義爲「酸雨」，試問不受污染之純淨雨水之酸鹼值應爲多少？請說明此數值是如何估算的。（已知大氣 $P_{CO_2} = 10^{-3.5}$ atm，亨利常數爲 $10^{-1.5}$，碳酸之 $K_{a1} = 10^{-6.3}$、$K_{a2} = 10^{-10.3}$）（10 分）

三、土壤中礦物及有機成分爲何能進行陽離子交換，請說明之。若此有機成分分解，會如何改變土壤的氮／碳比？（15 分）

四、何謂自由基？在未受污染的對流層中，去除氫氧自由基的兩個主要化學物種爲何？（15 分）

五、暴露於室內微生物可能引發人們出現病態大樓症候群（sick building syndrome）以及龐提亞克熱（Pontiac fever）。請說明病態大樓症候群的症狀特徵，以及龐提亞克熱的致病因子與疾病特性。（20 分）

六、生物刺激（biostimulation）與生物強化（bioaugmentation）是兩種以微生物進行環境復育時可應用之技術，請分別說明兩種技術的內容。（20 分）

七、試說明下列名詞之意涵：（每小題 5 分，共 10 分）
（一）濾膜法（membrane filtration method）
（二）大腸桿菌群（Coliform group）

103 年環工高考／環化與環微

一、（一）請定義 absorption、adsorption 與 sorption。（6 分）
（二）針對 CO_2 捕獲，各提出一種 absorption 與 adsorption 的方法，並說明原理。（6 分）
（三）請定義 physisorption 與 chemisorption，並說明兩者的三項特性差異。（8 分）
（四）請列舉 3 種形成 chemisorption 的表面反應。（9 分）

二、（一）請定義高級氧化程序（advanced oxidation process, AOP）。（3 分）

（二）請以化學式寫出 3 種生成氫氧自由基（hydroxyl radical, ·OH）的方法。（9 分）

（三）請畫出 ·OH、H_2O_2 及 O_3 的路易士電子結構，並比較三者的氧化能力。（9 分）

三、請由微生物觀點就「能源」、「最終產物」與「進流水有機濃度」三項，比較並說明廢水二級處理中好氧程序與厭氧程序之差異。（20 分）

四、污染水體常出現大腸菌群過量之現象，尋找污染源便成爲重要工作。請問如何由微生物的種類判斷污染來源是來自人類糞便或溫血動物糞便？（15 分）

五、污水地下管線常有冠頂腐蝕（crown corrosion）現象發生，請說明參與菌種和形成之機制。（15 分）

103 年環工技師／環化與環微

一、污水處理廠處理電鍍廢水中之重金屬離子常以添加石灰或氫氧化鈉調整溶液 pH 值進行混凝沉澱以達到符合放流水標準之標的。

（一）若以溶液 pH 值爲控制指標以了解排放處理水是否符合放流水標準（放流水中排放標準爲 5 mg/L，分子量爲 65.4 g/mol），請建議污水處理廠操作人員最經濟之控制 pH 指標值。（10 分）

（二）若製程中氨洩漏造成廢水中含有大量的氨水，使得廢水中含有總溶解氨 300 mg/L（as N，以氮計算，N 原子量爲 14，氫分子量爲 1），針對 pH 控制值，請建議污水處理廠操作人員針對此事件之緊急應變措施。（10 分）

（以上計算請忽略離子強度之影響，此外參考計算之方程式如下）

$Zn(OH)_2(s) \leftrightarrows Zn^{2+} + 2OH^-$　　$K_{sp} = 8 \times 10^{-18}$

$Zn^{2+} + OH \leftrightarrows Zn(OH)^+$　　$K_1 = 1.4 \times 10^4$

$Zn(OH)^+ + OH^- \leftrightarrows Zn(OH)_2(aq)$　　$K_2 = 1.0 \times 10^6$

$Zn(OH)_2(aq) + OH^- \leftrightarrows Zn(OH)_3^-$	$K_3 = 1.3 \times 10^4$
$Zn(OH)_3^- + OH^- \leftrightarrows Zn(OH)_4^{2-}$	$K_4 = 1.8 \times 10^1$
$H_2O \leftrightarrows H^+ + OH^-$	$K_W = 1.0 \times 10^{-14}$
$Zn^{2+} + NH_3 \leftrightarrows Zn(NH_3)^{2+}$	$K_{N1} = 151$
$Zn(NH_3)^{2+} + NH_3 \leftrightarrows Zn(NH_3)_2^{2+}$	$K_{N2} = 177.8$
$Zn(NH_3)_2^{2+} + NH_3 \leftrightarrows Zn(NH_3)_3^{2+}$	$K_{N3} = 204.2$
$Zn(NH_3)_3^{2+} + NH_3 \leftrightarrows Zn(NH_3)_4^{2+}$	$K_{N4} = 91.2$
$NH_4^+ \leftrightarrows NH_3 + H^+$	$K_a = 5.6 \times 10^{-10}$

二、以碘定量法定量水中溶氧時，乃先利用水中的溶氧將亞錳離子氧化爲高價的二氧化錳，再利用其他氧化還原反應來標定水中的溶氧值。

（一）請分別寫出此氧化還原反應中 MnO_2 與氧（O_2）之 pE-pH 方程式。（6 分）

（二）若在 pH = 6.0 及大氣壓力之下（氧的分壓爲 0.21 atm），熱力學上錳之優勢物種是二價錳（Mn(II)）或是四價錳（Mn(IV)）？（4 分）

（三）若土壤地下水（pH = 7.0）中含有總溶解錳之濃度爲 10^{-3} M，若維持錳物種是溶解態的 Mn(II)，則土壤地下水中氧之最小分壓應爲多少 atm ？（5 分）

（計算參考之半反應）

半反應	ΔG^0, kJ/mol	E^0, volts	pE^0
$\frac{1}{4}O_2(g) + H^+ + e^- = \frac{1}{2}H_2O$	–118.59	1.229	20.77
$\frac{1}{2}MnO_2(s) + 2H^+ + e^- = \frac{1}{2}Mn^{2+} + H_2O$	–118.63	1.230	20.78
$\frac{1}{5}MnO_4^-(s) + \frac{8}{5}H^+ + e^- = \frac{1}{5}Mn^{2+} + \frac{4}{5}H_2O$	–143.90	1.491	25.21
$\frac{1}{3}MnO_4^-(s) + \frac{4}{3}H^+ + e^- = \frac{1}{3}MnO_2 + \frac{2}{3}H_2O$	–162.00	1.679	28.38

三、燃燒程序中常導致大量的氮氧化物排放，然而所排放之一氧化氮（NO）與二氧化氮（NO_2）在空氣污染之光化學反應中扮演著非常重要的角色，請說明：

（一）在陽光的照射下，NO、NO_2 與臭氧（O_3）之基本光化學循環。（6 分）

（二）系統中存在甲醛（HCHO）時，NO、NO_2、O_3 與 HCHO 之基本光化學反應。（9 分）

（三）請利用（一）（二）所獲得的結果說明 NO、NO_2 與 O_3 在交通尖峰期與陽光強烈時之動態濃度變化以助於擬定光化學氧化物之控制策略。（10 分）

四、污染物在土壤中的傳輸主要是受到污染物、土壤及其孔隙介質作用力與微生物作用的交互影響，試說明污染物、土壤及其孔隙介質作用力的種類及其對污染物累積、移動及降解的影響。（10 分）

五、說明藍綠藻（Blue-green algae）、光合細菌（photosynthetic bacteria）、藻類（algae）等微生物特點及比較其光合作用機制。（15 分）

六、說明並舉例同一生態環境中微生物之間所存在的交互作用。（15 分）

103 年地方特考 / 環化與環微

一、磷酸爲多質子酸，容易與金屬物質錯合產生沉澱。則：

（一）請定義錯合反應。（4 分）

（二）說明 PO_4^{3-} 爲幾芽基物質，並標出芽基位置。（6 分）

（三）當 $AlPO_4$ 在水溶液中溶解達平衡時，溶液中有多少濃度（mg/L）的 PO_4^{3-} 離子？ $pK_{sp} = 20.0$，P（atomic weight）：30.97，Al（atomic weight）：26.98。（10 分）

二、（一）說明對流層與平流層中 O_3 的生成與消失。（10 分）

（二）光解反應 $O_2 + h\nu \rightarrow O + O$ 需要 495 J/mole 的能量，請問入射光的最長波長爲何？普郎克常數（h）= 6.626×10^{-34} J-s，光速（c）= 3.0×10^{8} m/s。（8分）

三、（一）請定義 equivalent 與 equivalent weight。（6 分）

（二）一水樣中含有 200 mg/L Ca^{2+} 離子與 50 mg/L Mg^{2+} 離子，請以 meq/L $CaCO_3$ 表達水體中的硬度。Ca（atomic weight）：40.08，Mg（atomic weight）：24.31。（6 分）

四、請由採樣方法、培養基種類、培養方法及品質管制，說明室內空氣中細菌濃度檢測方法。（20 分）

五、測定微生物可利用傳統及分子生物技術分析，說明兩種方法之優缺點，並各舉一種分析方法說明。（20 分）

六、請試述下列名詞之意涵：（每小題 5 分，共 10 分）
（一）生物復育（Bioremediation）
（二）消毒劑（Disinfectant）

104 年環工高考／環化與環微

一、多苯環芳香烴化合物（PAHs）是一種空氣污染物，請回答下列有關 PAHs 的問題：
（一）PAHs 在大氣中是如何產生？（5 分）
（二）PAHs 的致癌性（carcinogenic）可由其化學結構式具有 bay region 來判別，請說明何謂具有 bay region 的化學式結構。（3 分）
（三）$C_{18}H_{12}$ 是一種有四個苯環的芳香烴化合物，共有五種異構物（isomer），請畫出這五種異構物的化學結構式，並指出那一個較不具致癌性。（12 分）

二、在 1 atm 及 303K 時，大氣中氫氧自由基（•OH）濃度為 8.7×10^{6} molecules/cm^3，一氧化碳（CO）濃度為 20 ppm，又 •OH 和 CO 的反應如下：•OH + CO → HOCO•，其反應速率式：Rate = k[•OH][CO]，又反應速率常數 $k = 5.0\times10^{-13}\exp(-300/T)$ molecules^{-1} cm^3 sec^{-1}，T 是絕對溫度 K，請回答下列問題：
（一）計算在 303K 時，上述反應之反應速率常數 k 值。（3 分）
（二）請將 20 ppm 之一氧化碳（CO）濃度單位以 molecules /cm^3 air 表示。（R = 0.082 L atm K^{-1} mole^{-1}，Avogardo number：6.02×10^{23}）（6 分）
（三）計算該反應之反應速率值：Rate = k[•OH][CO]（6 分）

三、在自然水（natural water）中，$Fe(OH)_{3(s)}$ 還原為 Fe^{2+} 的反應，與 H_2O 氧化為 $O_{2(g)}$ 達平衡，其反應式如下，若大氣中氧的分壓為（P_{O_2} = 0.21 atm）又水的 pH = 5，請計算此自然水中 Fe^{2+} 之濃度。已知反應式如下：（15 分）

$Fe(OH)_{3(s)} + 3H^+ + e^- \rightarrow Fe^{2+} + 3H_2O$　　$E° = 0.947V$　　$pE° = +16.00$

$\frac{1}{4}O_2(g) + H^+ + e^- \rightarrow \frac{1}{2}H_2O$　　$E° = 1.229V$　　$pE° = +20.77$

四、細胞膜阻隔胞內物質及外界環境，請說明細胞膜的雙層磷脂（phospholipid bi-layer）之構造特徵，以及磷脂上的 PLFA（phospholipid fatty acid）有何特殊研究應用？（15 分）

五、請說明溫度如何影響微生物的生長，在極端環境（高溫及低溫）之下可以生長的微生物有何特殊生理特徵？（15 分）

六、當利用傳統分離培養技術取得未知其分類之純種眞細菌（Eubacteria）時，要如何依據微生物的演化親緣關係來進行其分類鑑定，請一併說明實驗步驟。（20 分）

105 年環工高考／環化與環微

一、污水處理廠中厭氧生物處理效率與鹼度及 pH 值有關，今有一污水處理廠中廢水的鹼度為 3,000 $CaCO_3$（mg/L），pH 值 7.3，請回答下列問題：

（一）請說明鹼度的定義（需表明單位）。（5 分）

（二）請問在 pH 值 7.3 的廢水中，$[HCO_3^-]$ 及 $[CO_3^{2-}]$ 的濃度各為何？（5 分）

$H_2CO_3 \rightarrow H^+ + HCO_3^-$　　$pK_{a1} = 6.3$

$HCO_3^- \rightarrow H^+ + CO_3^{2-}$　　$pK_{a2} = 10.3$

（三）如欲將廢水的 pH 值提高至 8.0 以增加厭氧氨氧化的生物處理效率時，請問每公升的廢水中需加入多少克的 NaOH？（10 分）

二、大氣中的氮氣（N_2）與氧氣（O_2）在高溫環境中會結合產生 NO，其反應速率決定步驟為 N_2 與原子態氧（O）的反應。在 800℃時，此反應的反應速率常數值為 9.7×10^{10}L/mol-sec，活化能為 75.3kcal/mol，當溫度增加至 1100℃時，請問此時的反應速率常數值為何？（15 分）

三、水庫優養化現象會造成水質的層化，使水庫的水質同時存在好氧及厭氧狀態。一般優養化現象可添加銅離子（Cu）來控制藻類的生長，經原子吸收光譜儀（AAS）分析後，某水庫的水體含有 0.1mg/L 的銅離子。二價銅（Cu^{2+}）還原成一價銅（Cu^{+}）在 25℃的標準還原電位（E^0）為 0.16V，氧氣（O_2）還原成水（H_2O）的標準還原電位為 1.23V，反應式如下，請回答下列問題：

$Cu^{2+} + e^- \rightarrow Cu^+$　　　　$E^0 = +0.16V$

$1/4\ O_2 + H^+ + e^- \rightarrow 1/2H_2O$　　　　$E^0 = +1.23V$

（一）水庫底層水質的 pE 值為 –4 時，請計算此時水體中 Cu^{2+} 與 Cu^+ 的濃度。（5 分）

（二）請說明 pH 值對水庫表面水氧化還原電位的影響。（5 分）

（三）當優養化使水庫水質的 pH 值上升至 10.0 時，請計算此時水庫表面水體 Cu^{2+} 與 Cu^+ 的濃度。（5 分）

四、整治三氯乙烯污染地下水時常將糖蜜或乳化油等有機物質注入地層中，請說明此現地生物刺激（Biostimulation）復育技術的微生物學理論依據，並列舉兩種分解三氯乙烯的厭氧菌屬名。（25 分）

五、甲烷菌在分類學上是屬於古細菌（*Archaea*），全球約有 80% 甲烷是由甲烷菌產生。請舉出五種甲烷菌喜歡生存的環境，以及甲烷菌可利用的基質種類，並就該基質種類列舉一種甲烷菌屬名。（25 分）

105 年環工技師／環化與環微

一、土壤受到有機溶劑三氯乙烯（trichloroethylene, TCE）、四氯乙烯 tetrachloroethylene, PCE）與四氯化碳（carbon tetrachloride, CT）混合物（重量比 1：4：5）的污染，在入滲水及孔隙氣體均與污染物平衡之後，請問：

（一）在土壤接觸大氣的界面，在 20℃時氣體中濃度（$g\ m^{-3}$）為何？（8 分）

（二）在污染土壤的邊界，在 20℃時地下水中三氯乙烯之濃度（$mg\ L^{-1}$）為何？（7 分）

此三種污染物性質相近，可以假設混合物是一個理想溶液，可適用勞氏定律（Raoult's law）。

污染物相關的性質

污染物	分子量	飽和蒸氣壓	水中溶解度
	$g\ mol^{-1}$	mmHg（at 20℃）	$mg\ L^{-1}$
三氯乙烯	131.4	58	1280
四氯乙烯	165.82	14	150
四氯化碳	153.81	90	810

二、有些細菌可在好氧環境下用酚（phenol）爲唯一碳源生長，其生長速率可用下式描述：

$$\frac{dX}{dt} = \mu X$$

其中 X 爲微生物之數量或濃度，t 爲時間（d），μ 爲比生長速率常數（d^{-1}）。又是與 phenol 及氧氣爲雙基質 Monod 生長模式，其比生長速率可描述如下：

$$\mu = \mu_{max}\left(\frac{S}{K_S + S}\right)\left(\frac{O}{K_O + O}\right)$$

其中 μ_{max} 爲最大比生長速率（$0.2d^{-1}$），S 爲基質 phenol 之濃度（$mg\ L^{-1}$），K_s 爲 phenol 之半飽和濃度（$1mg\ L^{-1}$），O 爲溶氧濃度（$mg\ L^{-1}$），K_a 爲溶氧之半飽和濃度（$1mg\ L^{-1}$）。

（一）請問在何假設之下，phenol 被微生物代謝可視爲其一階生物降解？（8 分）

（二）如果環境中溶氧濃度爲定值 5 $mg\ L^{-1}$，微生物以 phenol 爲單一基質之轉換效率 Y 爲 0.2，微生物濃度爲 1 $mg\ L^{-1}$。

$Y = (-dX/dt)/(dS/dt)$

請估計 phenol 之一階衰減速率常數及半衰期。（7 分）

三、某工廠用 pH 8.2 含有總無機碳 $10^{-2.82}$ M 之海水來吸收燃燒煤所產生廢氣中的 $SO_{2(g)}$。廢氣中含有 CO_2 20000ppm、SO_2 1000ppm，在逆向流的洗滌塔廢水出口，海水與廢氣達到平衡。若不考慮碳酸鹽類以外無機離子之影響，廢水之 pH 爲何？相關之方程式如下（所有平衡常數均就海水之離子強度修正過，計算時不需再考慮離子強度的影響）：（15 分）

$H_2O \rightleftharpoons H^+ + OH^-$　　　$K_w = 10^{-13.81}M^2$（水之活性視爲 1）

$CO_{2(g)} + H_2O \rightleftharpoons H_2CO_3$	$K_H = 10^{-1.5}$（$= 3.16 \times 10^{-2}$）M atm^{-1}（水之活性視為 1）
$H_2CO_3 \rightleftharpoons HCO_3^- + H^+$	$K_{a1} = 10^{-6.13}$（$= 7.41 \times 10^{-7}$）M
$HCO_3^- \rightleftharpoons CO_3^{2-} + H^+$	$K_{a2} = 10^{-9.80}$（$= 1.58 \times 10^{-10}$）M
$SO_{2(g)} \rightleftharpoons SO_{2(aq)}$	$K_H = 10^{0.1}$（$= 1.26$）
$SO_{2(aq)} + H_2O \rightleftharpoons HSO_3^- + H^+$	$K_{a1} = 10^{-1.9}$（$= 1.26 \times 10^{-2}$）（水之活性視為 1）
$HSO_3^- \rightleftharpoons SO_3^{2-} + H^+$	$K_{a2} = 10^{-7.2}$（$= 6.31 \times 10^{-8}$）M

四、今 1 大氣壓之空氣中含 400 ppm 二氧化碳（CO_2）。雨水與空氣完全平衡後，在集水區地面入滲進入含碳酸鈣（$CaCO_3$）之地下水層。

（一）請問雨水的 pH？（5 分）

（二）請問雨水中的總無機碳濃度（包括碳酸（H_2CO_3）、碳酸氫根（HCO_3^-）及碳酸根（CO_3^{2-}））？（5 分）

（三）雨水在地下水層中與碳酸鈣完全平衡後，pH 為何？（5 分）

相關方程式及平衡常數：

$H_2O \rightleftharpoons H^+ + OH^-$	$K_w = 10^{-14} M^2$（水之活性視為 1）
$CO_{2(g)} + H_2O \rightleftharpoons H_2CO_3$	$K_H = 10^{-1.5}$（$= 3.16 \times 10^{-2}$）M atm^{-1}（水之活性視為 1）
$H_2CO_3 \rightleftharpoons HCO_3^- + H^+$	$K_{a1} = 10^{-6.3}$（$= 5.0 \times 10^{-7}$）M
$HCO_3^- \rightleftharpoons CO_3^{2-} + H^+$	$K_{a2} = 10^{-10.3}$（$= 5.0 \times 10^{-11}$）M
$CaCO_{3(s)} \rightleftharpoons CO_3^{2-} + Ca^{2+}$	$K_{sp} = 10^{-8.3}$（$= 5.0 \times 10^{-9}$）M^2（$CaCO_{3(s)}$ 之活性視為 1）

（原子量：H = 1, C = 12, O = 16, Ca = 40）

參考資料：指數及對數運算表

運算	數值	運算	數值	運算	數值
$10^{0.1}$	1.26	log 1	0	ln 2	0.69
$10^{0.2}$	1.58	log 2	0.30	ln 3	1.10
$10^{0.3}$	2.00	log 3	0.48	ln 4	1.39
$10^{0.4}$	2.51	log 4	0.60	ln 5	1.61
$10^{0.5}$	3.16	log 5	0.70	ln 6	1.79
$10^{0.6}$	3.98	log 6	0.78	ln 7	1.95
$10^{0.7}$	5.01	log 7	0.85	ln 8	2.08
$10^{0.8}$	6.31	log 8	0.90	ln 9	2.20
$10^{0.9}$	7.94	log 9	0.95	ln 10	2.30

ln(a) = log(a)/log(e),
e = 2.718,
log(e)=0.4343
ln x = 2.3026×log x
log x = 0.4343×ln x

五、請說明微生物生長之測定方式。（10 分）

六、何謂堆肥法？（5 分）請說明可做堆肥的材料（5 分）及堆肥處理時需考慮的問題。（5 分）

七、某地區的土壤中含有機污染物，請說明如何利用微生物方法去除。（15 分）

105 年地方特考 / 環化與環微

一、一工廠煙囪排放 SO_2 濃度是 500ppm，排氣速度是 15m/s，煙囪直徑 1m，排氣溫度是 200℃，壓力是一大氣壓。若排放標準是在 0℃，一大氣壓時，濃度不得超過 500mg/m^3。請問該工廠煙囪 SO_2 的排氣濃度有無超過標準？該煙囪每日 SO_2 的排放量是多少公斤？（假設該工廠每日操作 24 小時）（15 分）

二、核廢料中含有 ^{137}Cs，其半衰期是 30.17 年。請問 1 公斤的 ^{137}Cs 在 20 年後還剩下多少公斤？（10 分）

三、請回答下列各題：（10 分）

（一）壬基苯酚、塑化劑對環境可能造成什麼影響？

（二）雨水的 pH 值低於多少才被稱作酸雨？爲什麼？

（三）煙道粒狀物採樣時需做到等速採樣，何謂等速採樣？

（四）BOD 放流水標準爲 30 ppm，SO_2 濃度爲 250 ppm。這兩種 ppm 有無差別？

四、若某地測得 CO_2 濃度爲 400ppm，SO_2 濃度爲 10ppb，$PM_{2.5}$ 爲 40μg/m^3，PM_{10} 爲 85μg/m^3。該地氣溫 25℃，壓力一大氣壓。請計算該地雨水的 pH 值。假設 SO_2 溶於水後僅生成 H_2SO_3。（計算所需資料請參考下列附表）（15 分）

物種	亨利常數（M/atm）
CO_2	0.1
SO_2	1.23

物種	解離常數（M）
CO_2 第一解離	4.3×10^{-7}
CO_2 第二解離	4.7×10^{-11}
H_2SO_3 第一解離	1.3×10^{-2}
H_2SO_3 第二解離	6.6×10^{-8}

五、請寫出 Monod 方程式並繪圖描述基質濃度與微生物生長的關係。另請分別說明在高基質濃度與低基質濃度下，此微生物生長動力的模式會是如何改變？（20 分）

六、廢水生物處理常遇到不同微生物群的競爭而導致處理效能的降低。請說明當厭氧生物處理之廢水含高濃度硫酸鹽時，厭氧微生物間的競爭情形以及其原因。（10 分）

七、請依據微生物對於能源與碳源的營養型式（需求）加以分類。依此請判斷在活性污泥系統內分別去除BOD與執行硝化（nitrification）的微生物應分屬於那一類？（20 分）

106 年環工高考／環化與環微

一、去除含重金屬廢水中的六價鉻時，通常將其先還原成三價鉻 Cr^{3+}，再添加鹼產生氫氧化鉻（$Cr(OH)_3$）沈澱物，最後再以固液分離後達到去除目的。請說明將水溶液之 pH 值調整至 8.5 以上時，是否能使水中殘留的 Cr^{3+} 低於 0.5mg/L（20 分）？（以上計算請忽略離子強度之影響，參考計算方程式如下。）鉻原子量為 52、氫原子量為 1、氧原子量為 16

$Cr(OH)_{3(s)} \rightleftharpoons Cr^{3+} + 3OH^-$	$pK_{sp} = 6.0 \times 10^{-31}$
$Cr^{3+} + OH^- \rightleftharpoons Cr(OH)^{2+}$	$K_1 = 1.0 \times 10^{10}$
$Cr(OH)^{2+} + OH^- \rightleftharpoons Cr(OH)_2{}^+{}_{(aq)}$	$K_2 = 2.0 \times 10^{8}$
$Cr(OH)^{2+} + OH^- \rightleftharpoons Cr(OH)_{3(aq)}$	$K_3 = 5.0 \times 10^{5}$
$Cr(OH)_3 + OH^- \rightleftharpoons Cr(OH)_4^-$	$K_4 = 4.0 \times 10^{4}$

二、利用生物處理程序去除廢水中的磷，主要是利用磷蓄積菌（PAO）在好氧與厭氧之環境中不同的作用而達成，請說明生物除磷之主要生化反應與去化機制及處理程序設計之依據。（15 分）

三、對流層中之臭氧濃度主要是來自空氣中氮氧化物家族（一氧化氮與二氧化氮）光化學反應之產物，請就對流層中 NO、NO_2、O_3 三種物種之光化學反應，說明氮氧化物之基礎光化學反應，並比較在白天與夜晚之反應與去除機制。（15 分）

大氣化學反應方程式：

$NO_2 + h\nu \rightarrow NO + O$　　$NO_3 + h\nu(\lambda < 700\ nm) \rightarrow NO + O_2$

$O + O_2 + M \rightarrow O_3$　　$NO_3 + h\nu(\lambda < 580\ nm) \rightarrow NO_2 + O$

$O_3 + NO \rightarrow NO_2 + O_2$　　$NO_3 + NO \rightarrow 2NO_2$

$OH + NO_2 \rightarrow HNO_3 + M$　　$NO_2 + NO_3 + M \rightarrow N_2O_5 + M$

$NO_2 + O_3 \rightarrow NO_3 + O_2$　　$N_2O_5 + M \rightarrow NO_2 + NO_3 + M$

（M：material）

四、如何區別光合自營生物（photoautotroph）、化學自營生物（chemoautotroph）、化學異營生物（chemoheterotroph）、光合異營生物（photoheterotroph）？下列微生物各分屬上述那一類？眞菌、綠藻、亞硝酸菌（*Nitrosomonas*）。（15 分）

五、一般微生物呼吸時以氧分子爲電子最終接受者，但環境中仍有許多微生物以其他物質做爲電子最終接受者，請說明有那些物質可做爲電子最終接受者，並說明其參與的反應。（20 分）

六、環境品質指標中常出現大腸桿菌群（coliforms）、糞大腸桿菌（fecal coliforms）、大腸桿菌（*Escherichia coli*），試說明三者之差別及其當做指標微生物之意義。（15 分）

106 年環工技師／環化與環微

一、利用生物處理分解含糖類分子（CH_2O）之廢水，糖分子發酵產物為甲烷（CH_4），在廢水中加入適量的氨（NH_4^+）當作氮源（Nitrogen source）用以產生微生物（$C_5H_7O_2N$）分子，其電化學還原半反應式分別如下：

R_c：$4CO_2(g) + HCO_3^- + NH_4^+ + 20H^+ + 20e^- = C_5H_7O_2N + 9H_2O$

R_a：$CO_2(g) + 8H^+ + 8e^- = CH_4(g) + 2H_2O$

R_d：$CO_2(g) + 4H^+ + 4e^- = CH_2O + H_2O$

反應式 R_c，R_a 及 R_d 分別代表微生物生成（cell synthesis），電子接受（e acceptor），電子失去（e donor）半反應式，在此反應系統中一個 R_d 電子失去，R_c 及 R_a 電子接受的比率分別為 0.28e 及 0.72e。（原子量：H=1，C=12，N=14，O=16）

（一）請寫出在此廢水系統中，生物分解糖分子產生甲烷及產生微生物（cell）等的總化學反應式，並平衡之。（20 分）

（二）若有 2000g 糖分子廢水完全發酵分解，可產生多少克微生物（cell），及在 25℃，1atm 條件產生多少升甲烷。（5 分）（R = 0.082 L atm/K mole）

二、目前大氣中甲烷（CH_4）平均濃度為 1.78ppm，大氣甲烷會和氫氧自由基（•OH）反應，$CH_4 + \bullet OH \rightarrow \bullet CH_3 + H_2O$，反應速率式：rate = $k[CH_4][\bullet OH]$，又反應速率常數 $k = 3.6 \times 10^{-15} cm^3\ molecule^{-1} s^{-1}$，大氣中氫氧自由基•OH 濃度為 8.7×10^5 molecules cm^{-3}，又 1.0ppm CH_4 = 1.0 mole $CH_4/10^6$ mole air。

請計算：

（一）CH_4 與•OH 的反應速率值。（單位：g CH_4/sec mole air）（5 分）

（二）若目前地表大氣總質量為 5.1×10^{21} g，大氣平均分子量為 29.0g/mole，請計算 1 年的大氣中反應掉多少克的 CH_4。（10 分）

三、依據世界衛生組織（WHO）及健康影響評估研究結果，訂定我國 PM2.5 空氣品質標準為 24 小時值 35 微克（μg）／立方公尺（m^3），若以目前的標準 $35\mu g/m^3$，請計算在 1 立方公尺（m^3）空氣中有多少顆 PM2.5 的顆粒。假設 PM2.5 顆粒是圓球形，直徑是 $2.5\mu m$，密度是 $1g/m^3$。（8 分）

四、在合成除草劑 2,4-D 及 2,4,5-T 時，分別使用 2,4-dichlorophenol 及 2,4,5-Trichlorophenol 當作起始反應物，這兩種除草劑會有少量副反應（side reaction）產生戴奧辛（dioxin）。下列三個反應，請分別寫出生成戴奧辛的化學結構式：

（一）兩個 2,4-dichlorophenol 分子反應生成一種戴奧辛的化學結構式。（3 分）

（二）兩個2,4,5-Trichlorophenol分子反應生成一種戴奧辛的化學結構式。（3 分）

（三）2,3,6-Trichlorophenol 與 2-chlorophenol 反應生成二種戴奧辛的化學結構式。（6 分）

五、請說明何謂微生物的懸浮生長（suspended growth）？（5 分）請舉二例懸浮生長之廢水處理法？（4 分）另請說明懸浮生長式對進流廢水之緩衝能力高低？（5 分）

六、何謂有機物之厭氧性（Anaerobic）生物處理並說明上述有機物厭氧性生物處理之反應過程（3 分）、參與厭氧性生物處理的代表性微生物？（4 分）另請說明影響厭氧性生物反應的化學性因子及各因子之相關性。（5 分）

七、土壤與地下水生物復育（bioremediation）中常考慮生物通氣法（bioventing）與厭氧生物復育（anaerobic bioremediation），請分別說明生物通氣法與厭氧生物復育之特性？（14 分）

106 年地方特考 / 環化與環微

一、鐵離子為土壤與地下水體中相當常見的地球元素，請回答下列問題：

（一）三價鐵離子（Fe^{3+}）在 25℃時還原成亞鐵離子（Fe^{2+}）的 pe^0 值為 13.2，請計算 $Fe^{3+} + e^+ \rightarrow Fe^{2+}$ 的平衡常數值（K 值）、標準還原電位值（E^0）及標準自由能（ΔG^0）。（10 分）

（二）在 pH 為 6.0 的地下水中，測得水體的氧化還原電位（E）為 0.485V，鐵離子的總濃度為 0.2mM，請問此時 [Fe^{3+}] 與 [Fe^{2+}] 的濃度各為何？（5 分）

（三）在第（二）小題的氧化還原環境中，存在 0.1mM 的氯化有機物（R-Cl），此氯化有機物在 25℃時的標準還原電位（E^0）為 0.68V。當進行還原脫氯反應時，氯化有機物會與氫原子（H）及電子反應，產生有機物及氯離子。當地下水的氯離子濃度為 1mM，氫原子的濃度與 pH 值相同時，請問氯化有機物在此環境中是否會進行還原反應？此時氯化有機物與其還原產物（R-H）的濃度各為何？（5 分）

$$R\text{-}Cl + H + e^- \rightarrow R\text{-}H + Cl^- \qquad E^0 = 0.68V$$

註：log 2 = 0.301; log 3 = 0.477; log 7 = 0.845

二、火力電廠使用的煤炭經元素分析，發現含有 0.5% 的硫（S）含量，6% 的氫（H）含量，15% 的氧（O）含量及 78% 的碳（C）含量，其餘為雜質。今火力電廠每天燃燒 10 噸的煤炭，請問：

（一）火力電廠每天產生多少重量的 $CO_{2(g)}$ 及 $SO_{2(g)}$？（10 分）

（二）$SO_{2(g)}$ 經大氣擴散後移動至下風處的城市，造成該城市雨水的 pH 值降低。經分析檢測後，發現該城市雨水的 pH 為 4.0，請由下列反應式計算雨水中 $SO_{2(g)}$ 的濃度。（10 分）

$$SO_2 + H_2O \rightarrow H_2SO_3 \qquad K_H = 1.0$$

$$H_2SO_3 \rightarrow H^+ + HSO_3 \qquad K_a = 1.7 \times 10^{-2}$$

註：原子量（g/mole）：H = 1; C = 12; O = 16; S = 32

三、環境固體介質如土壤與底泥中的有機物種類及含量，雖會由於環境條件的不同而有所差異，但其含量均可利用重鉻酸鉀氧化法來決定。環保局為能了解受污土壤的有機物含量，經採樣後，取 0.5g 土壤進行 COD 實驗，利用 20mL 的 0.2M 重鉻酸鉀進行氧化，反應後再以 0.5M 硫酸亞鐵銨進行滴定，土壤樣品的滴定量為 17.5mL，空白樣品的滴定量則為 40mL，請回答下列問題：

（一）請說明底泥與土壤樣品中有機物極性及官能基上的差異性。（5 分）

（二）請計算土壤樣品的有機物含量。（5 分）

四、微生物增殖與能量代謝有關，就異營菌而言，一般微生物可利用基質磷酸酯化反應以及氧化磷酸酯化反應獲得能量；請說明上述反應中的 EMP 路徑、TCA 循環以及電子傳遞鏈為何？並說明好氧菌較厭氧菌污泥產生量高的原因。（20 分）

五、微生物依其碳源與能源的取得可分為「化學自營」、「化學異營」、「光合自營」、「光合異營」四類，請說明「硝化菌」、「藍綠細菌」各屬於何種？（10分）

六、一般都市污水廠均以生物處理法除氮，請分別說明「硝化行爲」與「硝化菌」的種類以及「脫硝行爲」與「脫硝菌」的種類。（20 分）

107 年環工高考／環化與環微

一、取 200mL 的湖水，利用 0.02N 硫酸（H_2SO_4）進行滴定，所得滴定曲線如圖所示，請回答下列問題：

（一）請說明湖水最初的 pH 值爲 10.5 的原因爲何？（5 分）

（二）請由滴定曲線計算水中的酚酞鹼度與總鹼度。（10 分）

（三）請問水中氫氧根（OH^-）、碳酸根（CO_3^{2-}）及碳酸氫根（HCO_3^-）的濃度分別爲何？（10 分）

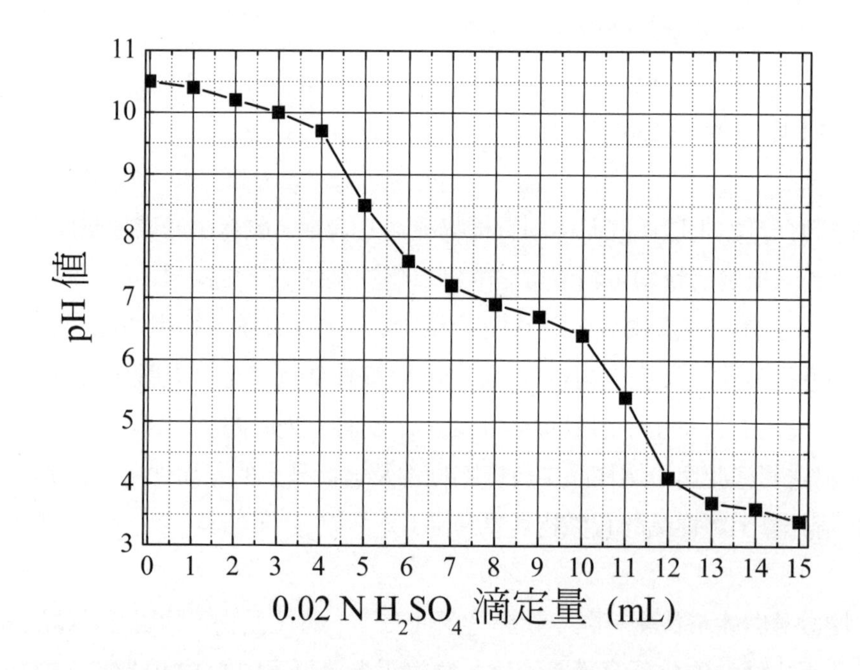

二、大氣中一氧化氮（NO）會與臭氧（O_3）反應生成二氧化氮（NO_2）及氧氣（O_2），假如此反應的反應速率常數（k）爲 $1.8\times10^{-12}e^{-1370/T}$，各化合物的標準焓值（enthalpy）如下表，請問：

化合物	焓（ΔH_f^0, kJ/mol）
NO	90.25
NO_2	33.18
O_3	142.7

（一）此反應的活化能（activation energy）爲何？（5 分）

（二）此反應的焓值爲何？屬於放熱反應還是吸熱反應？（5 分）

三、利用比色法來測定溶液中污染物的濃度，在環境上爲相當常用的分析定量技術。通常比色法可依循比爾一朗伯定律（Beer-Lambert Law）的線性關係，即透光率 (T) = $e^{-\varepsilon bc}$，其中 ε 爲消光係數，b 爲光路徑，c 爲濃度。而消光係數又與吸光值（A）有關（A= εbc）。此方法也可用來定量大氣中臭氧對 UV-B（280 – 320 nm）的吸收能力，下表所示爲臭氧在不同 UV-B 波長範圍中的消光係數值。請回答下列問題：

波長（λ）（nm）	消光係數（ε）（cm^{-1}）
280	100
290	32
300	10
310	3
320	0.8

（一）如果大氣中臭氧的 bc 值爲 0.35，請計算波長爲 320nm 抵達地面時的透光百分率。（5 分）

（二）當大氣中臭氧的濃度降低 1% 時，請問此時 280nm 及 320nm 波長到達地面的透光率變化爲何？（5 分）

（三）請說明此變化主要的原因。（5 分）

四、請比較 aerobic、anoxic、anaerobic 三種反應槽在定義上有何差異，並依此差異解釋出傳統設計之 A_2O 三槽組合生物氮磷去除程序（依序第一槽 anaerobic，第二槽 anoxic，第三槽 aerobic，濃縮污泥迴流至第一槽）有何不利反應進行之處？

可以如何修正？（15 分）

五、請解釋微生物進行 DNA 複製時，爲何會出現 leading strand 以及 lagging strand 的差異？（15 分）

六、學術單位由國外某污染場址分離出一株純菌，在實驗室規模反應槽中成功證明此菌具有四氯乙烯分解能力，該學術單位授權你在臺灣某四氯乙烯污染場址添加此菌並測試其處理效果，試問你如何以微生物相關之 culture-independent 分析技術來證明此純菌在現場眞的有發揮預期的處理效果。（20 分）

107 年環工技師／環化與環微

一、湖泊中河床中的碳酸鈣（$CaCO_3$）與大氣中二氧化碳（CO_2）間的平衡會影響天然水體的 pH 值，請回答下列問題：

（一）目前大氣中 CO_2 的濃度爲 380ppmv，請問此時溶於水中的 CO_2 平衡濃度爲何？（4 分）

（二）在湖泊不與大氣中 CO_2 進行氣體交換的密閉情況下，請問此時湖泊的 pH 值爲何？（8 分）

（三）當湖泊與大氣中 CO_2 進行氣體交換後（開放系統），請問此時湖泊的 pH 值爲何？（8 分）

$CaCO_{3(s)} \rightarrow Ca^{2+}{}_{(aq)} + CO_3{}^{2-}{}_{(aq)}$ $K_{sp} = 10^{-8.34}$

$CO_{2(g)} \rightarrow CO_{2(aq)}$ $K_H = 10^{-1.5}$（M atm^{-1}）

$H_2CO_3 \rightarrow H^+ + HCO_3^-$ $K_{a1} = 10^{-6.35}$

$HCO_3^- \rightarrow H^+ + CO_3^{2-}$ $K_{a2} = 10^{-10.33}$

$H_2O_{(aq)} \rightarrow H^+{}_{(aq)} + OH^-{}_{(aq)}$ $K_w = 10^{-14}$

註：$\log 2 = 0.301$; $\log 3 = 0.477$; $\log 7 = 0.845$

$\sqrt[3]{2} = 1.26$; $\sqrt[3]{3} = 1.44$; $\sqrt[3]{5} = 1.71$; $\sqrt[3]{7} = 1.91$

二、氧化鋅（ZnO）及二氧化鈦（TiO_2）均爲環境中常見的氧化物，同時也常作爲異相光催化劑來去除環境污染物。請由下圖能隙（bandgap）與氧化還原電位間的關係，回答下列問題：

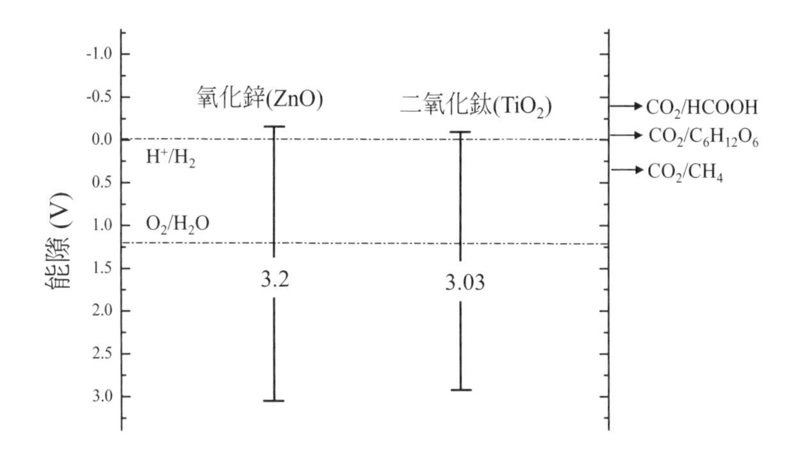

（一）在空氣污染防制技術開發上，氧化鋅（ZnO）與二氧化鈦（TiO_2）均常被用來進行二氧化碳（CO_2）的還原反應，請說明此二種光催化劑還原二氧化碳形成有機物（如甲烷或甲酸）的基本原理。從上圖之關係，請說明何者對 CO_2 的轉化效能較佳？（10 分）

（二）在水污染防治技術開發上，使用氧化鋅作為光催化劑，常會造成處理水鋅離子濃度的增加，請問主要的原因為何？並請寫出可能的反應式。（5分）

（三）在含有溶解性有機物或是腐植質的水體中，為何使用氧化鋅光催化劑所釋出的鋅離子濃度，會較在一般水體環境中為高？（5 分）

三、土壤為由固體、液體及氣體所共同組成的多孔介質，土壤的固體部分主要為由粒徑小於 2mm 的礦物顆粒加上有機物所組成。依顆粒粒徑又可分為砂土（sand）、坋土（silt）與黏土（clay）三大類，有機物則以腐植質（humic substance）為主，依其在酸鹼溶液中的溶解度，又可分為腐植素（humic）、腐植酸（humic acid）及黃酸（fulvic acid）三大類。此些複雜的成分，構成不同的土壤質地（soil texture）特性，同時對重金屬與有機物具備不同程度的吸附能力。依據如上的說明，請回答下列問題：

（一）何謂土壤質地？影響土壤質地的主要因素為何？（6 分）

（二）下表為腐植酸與黃酸的化學元素組成，請比較二者間的對重金屬與有機物的吸附能力。（8 分）

化學元素組成	腐植酸（wt%）	黃酸（wt%）
C	50-60	40-50
H	4-6	4-6
O	30-35	44-50
N	2-4	1-3

（三）陽離子交換能力（cation exchange capacity, CEC）為土壤重要的指標，其可利用滴定方式進行測定。測定方法為先將土壤以 NH_4^+ 進行交換後，再加入 KCl 溶液，同時滴定流出液中 NH_4^+ 的當量數。今取 100 克的土壤經 0.4L 的 KCl 處理後，流出液中的 NH_4^+ 當量數為 0.23N，請說明陽離子交換能力的定義，同時計算此土壤的陽離子交換能力。（6 分）

四、請以 Chemoorganotrophy、Chemolithotrophy、Phototrophy 等微生物代謝多樣性來解釋微生物如何參與環境中的碳循環。（15 分）

五、污染場址中存在混合微生物族群，如果想用基因分析技術來確認場址中是由那些微生物正在進行污染物分解反應，該如何進行？（15 分）

六、部分微生物會在細胞內儲存特定物質，以活性污泥除磷系統為例，所生長出的除磷菌之細胞內便可能存在數種胞內累積物質，請回答出這些胞內物質的形成機制以及存在意義。（10 分）

107 年地方特考／環化與環微

一、持久性有機污染物一直是國際上受到重視的有機污染物，近年來，多溴二苯醚（polybrominated diphenyl ethers）已多數被列入持久性有機污染物中。

（一）請畫出多溴二苯醚結構通式與說明其特性，並以此特性詳述其可能在環境中之移動性。（8 分）

（二）另外，五氯酚（pentachlorophenol）也是持久性有機污染物，請畫出五氯

酚結構與說明其特性，並以此特性詳述其可能在環境中之變化與移動性。（10分）

（三）比較五氯酚與最高含溴數之多溴二苯醚在環境中轉化與移動性。（2分）

（四）假設一系統中含多溴二苯醚濃度爲 200μg/kg，需移除多溴二苯醚的 90%，且在 20℃下，移除多溴二苯醚的一階降解速率爲 $0.5hr^{-1}$。

⑴請問所需移除的時間爲多久？（4分）

⑵假設移除多溴二苯醚的活化能爲 10Kcal/mol，若溫度升到 30℃，此一系統中要移除多溴二苯醚到 10μg/kg 所需的時間？（6分）

二、環境中存在許多膠體，尤其近年來，奈米顆粒在環境應用與其行爲也被廣泛重視：

（一）請問膠體與奈米顆粒的定義。（5分）

（二）請繪圖說明一般負電膠體粒子的不同電位勢能，並以此說明膠體顆粒穩定的機制。（5分）

（三）請問改變那些環境化學因子，會造成膠體顆粒不穩定而聚集？（5分）

（四）請以所繪製之圖，說明爲何加入環境化學因子，會造成膠體顆粒聚集的原因？（5分）

三、登革熱如何傳染給人類？根據衛生福利部疾病管制署資料顯示臺灣本土登革熱病例數，2015年與2018年（11月20日）分別爲43419人及177人，請由病毒擴散分析其差異。（15分）

四、試述下列兩種微生物之特性及在環境上之意義。

（一）微囊藻（*Microcystis aeruginosa*）。（10分）

（二）硫酸還原菌（Sulfate-reducing bacteria）。（10分）

五、試繪圖說明利用生物處理法去除廢水中磷之方法及機制，並說明影響磷去除之因子。（15分）

附錄二　考題參考解答

98 年環工高考／環化與環微

一、參考解答

（一）當 pH = 7 時，$\frac{S^{2-}}{[OH^-]^2}=\frac{10^{-11.35}}{10^{-7}}=10^{2.65}$ ，$[Cd^{2+}]$ 由 $CdS_{(s)}$ 決定

根據方程式 $CdS_{(s)} = Cd^{2+} + S^{2-}$

$[Cd^{2+}][S^{2-}] = 10^{-28.85}$

$[Cd^{2+}]=\frac{10^{-28.85}}{[S^{2-}]}=10^{-17.5}M$

判斷是否存在 $Cd(OH)_2$ 沉澱

$[Cd^{2+}][OH^-]^2 = 10^{-17.5}\cdot(10^{-7})^2 = 10^{-31.5} < 10^{-14.27}$ →不會產生沉澱

判斷是否存在 CdS 沉澱

$[Cd^{2+}][S^{2-}] = 10^{-28.85}$ →不會產生沉澱

（二）pH 7 時，總溶解鎘濃度計算公式如下：

$C_{T,Cd} = [Cd^{2+}] + [CdOH^+] + [Cd(OH)_{2(aq)}] + [Cd(OH)_3^-] + [Cd(OH)_4^{2-}]$

（三）不會同時形成 CdS 與 $Cd(OH)_2$ 沉澱

二、參考解答

(1) 根據反應速率（*R*）之定義單位時間內反應物減少量如下表：

項次	A 之初始濃度（M）	B 之初始濃度（M）	反應速率（M/hr）
1	0.1	1.0	$-\frac{0.095-0.1}{0.5}=0.01$
2	0.1	2.0	$-\frac{0.080-0.1}{0.5}=0.04$
3	0.1	0.1	$-\frac{0.05-0.1}{1000}=5\times10^{-5}$
4	0.2	0.2	$-\frac{0.1-0.2}{500}=2\times10^{-4}$

假設 $R = k[A]^m\cdot[B]^n$

代入第一組實驗與第二組實驗可知 $\frac{0.01}{0.04}=\frac{k}{k}\left(\frac{0.1}{0.1}\right)^m \cdot \left(\frac{1}{2}\right) \rightarrow n=2$

代入第一組實驗與第四組實驗可知 $\frac{0.01}{2\times 10^{-4}}=\frac{k}{k}\left(\frac{0.1}{0.2}\right)^m \cdot \left(\frac{1}{0.2}\right)^2 \rightarrow m=1$

故 $R=k[A]^{-1} \cdot [B]^2$

(2) 代入數據→ k=0.001s^{-1}

三、參考解答

基態時碳原子之電子組態為 $1s^2 2s^2 2p^2$，一般狀態下，碳原子可藉由混成作用形成 4 個相同之半填滿 sp^3 混成軌域。因此，氫、氧、氮等分子可直接與碳原子半填滿之 sp^3 軌域形成穩定度高且鍵結力強之共價鍵此其原因。

四、參考解答

各時期菌種之篩選方式詳述如下：

（一）遲滯期：初期階段水中有機質含量較多，且微生物均尚未適應生長環境，故有多種微生物均存在活性污泥中。

（二）對數生長期：此階段有機物分解與氧氣消耗速率大，然固有機物與氧分含量充足，故有多種微生物均大量繁殖。

（三）衰減增值期：此階段有機物含量漸漸不足，故易取得營養鹽之絲狀菌為主要生長菌種，並與膠羽生成菌相互凝聚，形成膠羽，另原生動物中之纖毛蟲亦會分解多醣物質與黏液蛋白幫助形成膠羽。

（四）內呼吸期：有機物匱乏造成微生物開始分解貯存於體內之養分，終至細胞死亡，微生物膠羽也因分解而減少。（參考本書第四章）

五、參考解答

（一）厭氧分解之過程

厭氧分解的過程分為 1. 水解反應期，2. 酸生成期與 3. 甲烷發酵期。1.「水解反應期」係水解菌將水中碳水化合物、蛋白質、脂肪等大分子有機質分解為單醣類、胺基酸與甘油等小分子有機質過程。2.「酸生成期」開始水解後之產物經酸生成菌轉化為結構較簡單之有機質再利用將結構較簡單之有機質轉換為甲酸、乙酸與氧氣。3.「甲烷發酵期」為甲烷生成菌將小分子有機質轉化為甲烷的過程，其產物包括甲烷、二氧化碳與水。

（二）操作營運中易發生的問題及其對策

操作營運發生之問題	對策
1. 反應過程中產生過度酸化現象，影響消化效率	(1) 調整進入之污泥濃度與水力停留時間等，降低負荷 (2) 添加緩衝劑，減緩酸化速率，常見之緩衝劑包括石灰或蘇打粉
2. 中間產物大量生長造成產氫乙酸生成菌繁殖迅速，增加氫氣含量，抑制甲烷生成菌生長。	(1) 降低反應負荷，減少中間產物大量生長 (2) 抑制氫氣的分壓小於 10^{-4}atm，避免產生抑制現象
3. 溫度分布差異大，造成低反應速率	增加反應槽攪拌速率，使槽內溫度分布均勻
4. 含大量 Cu^{2+} 與 Zn^{2+} 等陽離子，對厭氧微生物產生毒害	添加陰離子使產生毒相物質之陽離子發生沉澱

六、參考解答

（一）硝化菌分解氨氮的反應方程式

其反應屬於兩階段反應，第一階段爲亞硝酸菌將氨氮分解爲亞硝酸鹽，第二階段爲硝酸菌將亞硝酸鹽分解爲硝酸鹽，其反應步驟如下：

(1) 第一階段 $NH_4^+ + \frac{3}{2}O_2 \xrightarrow{\text{亞硝酸菌}} NO_2^- + 2H^+ + H_2O$

(2) 第二階段 $NO_2^- + \frac{1}{2}O_2 \xrightarrow{\text{硝酸菌}} NO_3^-$

（二）生長、繁殖、代謝活動的特點如下

(1) 硝化菌爲自營菌（即以無機物爲碳源），當碳／氮（C/N）比越低，越有利於自營性硝化菌之生長，反之，若反應槽內 C/N 過高則會抑制硝化菌之生長。

(2) 硝化菌爲好氧性微生物，故完整之硝化反應需在溶氧量 0.3 mg/L 以上時才會發生。

(3) 硝化菌適合生長之溫度爲 28~35 度，然而在 4 度以下時硝化菌無法生長。

(4) 硝化反應過程中會產生氫離子，造成水中 pH 值下降，而硝化菌生長最適之 pH 值爲 7~8 之間。

99 年環工高考／環化與環微

一、參考解答

（一）亨利定律 $C_e = aP_1$

所以 $[CO_2](g) = 0.0338 \times 0.00037 \times \left(\frac{760 - 23.8}{760}\right) = 1.211436 \times 10^{-5}(M)$ 即 mol/L

（二）由於 $Ka_1 = \frac{[H^+][HCO_3^-]}{[CO_2]} = 4.45 \times 10^{-7}$

$[H^+][HCO_3^-] = 5.38 \times 10^{-12}$

又 $HCO_3^- \rightarrow H^+ + CO_3^{2-}$

電荷平衡式：$[H^+] = [OH^-] + [HCO_3^-] + 2[CO_3^{2-}]$

水中溶入 CO_2 多解離為 HCO_3，可假設 $[HCO_3^-] >> [OH^-]$ 及 $[CO_3^{2-}]$ $[H^+] = [HCO_3^-]$

得 $[H^+] = [HCO_3^-] = 2.32 \times 10^{-6}(M)$ 取 log，$pH = -\log[H^+] = 5.63$

（三）H_2O 之表面蒸氣壓 =

$$23.8 \times \left(\frac{\frac{1,000}{18}}{5 \times 10^{-4} + \frac{1,000}{18}}\right) = 23.79(\text{mm-Hg})$$

故 CO_2 溶解液 $= 0.0338 \times 0.00037 \times \left(\frac{760 - 23.8}{760}\right) = 1.211436 \times 10^{-5}(M)$

二、參考解答

（一）CFC-12經光分解後形成Cl與臭氧反應，而造成臭氧減少，各階段反應式如下：

$CCl_2F_2 \rightarrow$（光分解）$\rightarrow Cl$

$Cl + O_3 \rightarrow ClO + O_2$

$O_2 \rightarrow$（光分解）$\rightarrow 2O$

$O + ClO \rightarrow Cl + O_2 \rightarrow$ 故 O_3 減少

（二）臭氧層的損耗致使太陽光中過量有害的紫外線直射到地面，有可能導致人體免疫機能減退，皮膚角質化甚至皮膚癌變，並可誘發白內障等其他眼疾。

（三）HCFC-134a 四氟乙烷化學式如下：

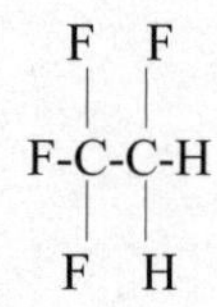

三、參考解答

（一）當空氣污染物中含有氫氧化物與碳氫化合物時，該等污染物經過光化學反應，即容易產生光化學污染物，包過氮氧化物的氧化產物、碳氫化合物本身的光氧化產物以及臭氧等高氧化物質，這些光化學污染物的混合，稱爲「光化學煙霧」，因此在工廠及汽車排出的上述污染混合物質，且受陽光加熱時，便容易產生光化霧。

（二）(a) peroxyacetyl nitrate: $C_2H_3NO_5$

(b) peroxybenzoyl nitrate: $C_2H_3NO_5$

(c) formaldehyde: CH_2O

四、參考解答

（一）消毒：以物理或化學方法消滅致病的微生物，但無法殺死所有的細菌。

滅菌：百分之百消滅所有細菌。

（二）加氯消毒接觸時間與消毒後微生物的數目關係，可以用 Chick's Law 表示：

$\frac{dN}{dt} = -kN$ ，$\ln N - \ln N_0 = \text{kt}$，$\frac{N}{N_0} = e^{-kt}$

N_0：最初的微生物數目

N：經過接觸時間 t 之後仍存活的微生物數目

t：接觸時間

k：速率常數（1/ 時間）

五、參考解答

（一）多管發酵法（MPN）：將培養基裝於試管內，再取不同體積的水樣加入試管中，水中的微生物於管中繁殖，由接種的管數與呈陽性反應的管數，經統計方法計算得知水樣中微生物生存的最大可能數目。理論上，此技術的靈敏度可滿足分析微生物含量較低的水樣，一般情況下 10 mL 爲最大使用體積。

（二）膜濾法：是將適當體積的水樣，經一薄膜過濾，而將微生物留在薄膜表面，再將此膜放於適當的選擇性培養基上培養，多管發酵法所得數值爲一概率統計值，膜濾法則是實際計數菌落而得，每菌落爲單一細菌經培養長成。

六、參考解答

（一）**稀釋法**

對未知菌樣做連續十倍系列稀釋，根據估計數，從最適宜的三個連續的 10 倍稀釋液中各取 5 毫升試樣，接種 1 毫升到 3 組共 15 支裝培養液的試管中，經培養後記錄每個稀釋度出現生長的試管數，然後查最大或然數表 MPN 得出菌樣的含菌數。

（二）**塗抹法**

將待測菌液進行梯度稀釋，取一定體積的稀釋菌液與合適的固體培養基在凝固前均勻混合，或將菌液塗佈於以凝固的固體培養基平板上，保溫培養後，用平板上出現的菌落數乘以菌液稀釋度，即可算出原菌液的含菌數。

99 年環工技師／環化與環微

一、參考解答

	葡萄糖 $C_6H_{12}O_6 + 6O_2 \rightarrow 6CO_2 + 6H_2O$	乙醇 $C_2H_5OH + 3O_2 \rightarrow 2CO_2 + 3H_2O$
① TOC	180/180×6×12 = 72(mg/L)	46/46×2×12=24(mg/L)
② COD	180/180×6×32 = 192(mg/L)	46/46×3×32 = 96(mg/L)
③ BOD	180/180×6×32 = 192(mg/L)	46/46×3×32 = 96(mg/L)
④ COD/TOC	192/72 = 2.67	96/24 = 4
	失去電子為氧化態	得到電子為還原態

二、參考解答

1. CH_4：與氧反應變成二氧化碳及水。

   $CH_4 + 2O_2 \rightarrow CO_2 + 2H_2O$

2. N_2O：在大氣平流層中被光線分解及與 O_3 起化學作用吸收紅外線輻射，影響大氣平流層中 O_3 的濃度 $O + N_2O \rightarrow NP + NP^-$

3. CFCs：在平流層中會光解和跟 O_3 產生化學作用吸收紅外線輻射，影響平流層中 O_3 的濃度。

   CFC_3（光解）→ Cl

   $Cl + O_3 \rightarrow ClO + O_2$

4. O_3 + 紫外光→ $O_2 + O$，$O + O_2 \rightarrow O_3$

三、參考解答

TPH 依碳數可分為下列三大類：

1. 汽油類：為 C5~C12 之化合物，如汽油、石化用油

2. 煤、柴油類：為 C13~C25 之化合物，如柴油、煤油、航空燃油

3. 瀝青柏油類：碳數大於 25 之化合物，如燃料油、潤滑油、石蠟、柏油

受 TPH 污染之土壤可分為下列三類：

1. 油品存在飽和或未飽和層土壤孔隙、土壤顆粒間。

2. 油品溶解在飽和或未飽和層土壤孔隙、土壤顆粒間。

3. 油品吸附或吸收在飽和或未飽和層土壤孔隙、土壤顆粒間。

四、參考解答

項目	範圍名稱
形態大小（μm）	1. 濾過性病毒，0.01 μm 2. 細菌，1 μm 3. 眞菌，100 μm
溫度	1. 嗜低溫菌：最適生長溫度 < 20℃，大部分最適溫在（12~18℃），例如海水中菌類 2. 嗜中溫菌：例如人體中之細菌、土壤、部分污水菌類、動植物上寄生菌 3. 嗜高溫菌：最適生長溫度 >45℃，大部分最適溫在（55~65℃），例如堆肥之分解菌
溶氧	1. 好氧菌：一定需要有氧才能生存，例：硝化菌 2. 厭氧菌：無法在有氧環境下生存，例：硫還原菌、甲烷菌、紫硫菌 3. 兼性菌：在少量氧時亦可生存。例：脫硝菌
生理特性	1. 鞭毛運動：利用本身的纖毛運動 2. 變形蟲運動：利用僞足行動 3. 自由泳動

五、參考解答

一種為污泥中有明顯的絲狀菌存在，另一種為形成污泥塊之細胞的細胞之結合水附著有多餘的水分。一般所述者多為前者，係因絲狀菌在活性污泥中不正常繁殖所致，與其有關的有 Sphaerotilus、Beggiatoa、Bacillus 等。而引起膨化現象的原因有：

(1) 流入水中低分子溶解性有機物質居多

(2) BOD 負荷過大或過小

(3) 送風量不足（DO 不足）

(4) 混入多量硝化脫離液

(5) 終沉池污泥堆積過久

(6) 混入抑制（有毒）物質

防止方法包括：

1. 添加化學氧化劑：如氯（Cl_2）或過氧化氫（H_2O_2）等氧化劑。
2. 添加混凝（助凝）劑於曝氣池與沉澱池間。
3. 增大污泥迴流（及廢棄）量。
4. 供給必須之營養劑，另需其他 K、Ca、Mg 等微量營養鹽加入適當（量）之營養劑，可改善微生物之生長。
5. 調節供給氧氣量。
6. 調整系統之食微比。若系統負荷量增加，相對的也必須增加曝氣供氧量。若系統處理容量不足，則必須增建處理設備以平均系統之有機負荷。
7. 曝氣池採用栓塞流型。
8. 在系統中加入缺氧段。

六、參考解答

症狀有：

• 發燒：發燒惡寒。

• 疼痛：頭痛、肌肉痠痛、關節痠痛。

• 發疹：皮膚出現紅疹，於高燒後出現。

埃及斑蚊只分布在嘉義縣以南，恆春鎮以北氣溫要 18℃以上才會活動、吸血，白線斑蚊則在臺灣全島平原、低海拔山區，出沒吸血，氣溫要 18℃以上才會活動、吸血。

七、參考解答

四氯乙烯	Cl　　Cl C = C Cl　　Cl PCE	三氯乙烯	Cl　　Cl C = C H　　Cl TCE
三氯三氟乙烷	Cl　　F F—C - C—F Cl　　Cl Freon 113	氫氯氟烴類	Cl　　F F—C - C—F Cl　　H HCFC
四氯化碳	Cl　　F F—C - C—F Cl　　H HCFC	氯仿	Cl　　H C Cl　　Cl CF

100 年環工高考／環化與環微

一、參考解答

（一）$5.56\times10^{-10}=\dfrac{[NH_3]\times10^{-6}}{\dfrac{90\times10^{-3}}{10}}$，$[NH_3\text{–}N]=27.8\times10^{-7}(M)$

總氨氮濃度 $=\dfrac{90\times10^{-3}}{18}+27.8\times10^{-7}=5\times10^{-3}(M)$

（二）$5\times10^{-10}=57\times[NH_3\text{–}N]$，$[NH_3\text{–}N]=8.8\times10^{-12}(M)$

$5\times10^{-10}=\dfrac{8.8\times10^{-12}\times10^{-6}}{[NH_4^+]}$，$[NH_4^+]=1.58\times10^{-8}(M)$

去除率 $=\dfrac{5\times10^{-3}-(8.8\times10^{-12}+1.58\times10^{-8})}{5\times10^{-3}}\times100=99.8(\%)$

二、參考解答

已知萃取能力 $CH_3OH:H_2O=10{,}000:1$，萃取體積 $CH_3OH:H_2O=0.1:10$，0.1(μg/L) = 0.0001(mg/L)

設第 1 次萃取 S_1 (mg/L)

$(1-S_1):S_1=1:10{,}000\times(0.1/10)$，$(1-S_1)/S_1=1/100,\ S_1=0.99$(mg/L)

設第 2 次萃取 S_2(mg/L)

$(0.01-S_2):S_2=1:10{,}000\times(0.1/10)$，$(0.01-S_2)/S_2=1/100,\ S_2=0.0099$(mg/L)

設第 3 次萃取 S_3(mg/L)

$(0.001-S_3):S_3=1:10{,}000\times(0.1/10)$, $(0.001-S_3)/S_3=1/100,\ S_3=0.00099$(mg/L)

剩餘 = 0.001 – 0.00099 = 0.00001(mg/L)，所以需萃取 3 次。

三、參考解答

（一）

q_e(mg/mg)	C_e(mg/L)	$1/C_e$	$1/q_e$
0.013	0.3	3.33	76.92
0.039	1.2	0.83	25.64
0.069	3.2	0.31	14.49
0.077	4.7	0.21	12.99
0.080	7	0.14	12.50

數據經回歸後，得 Q_L=0.11，K_L=0.43

（二）**影響酚酸吸附的因素包括**

A. 吸附劑性質

1. 比表面積（Specific surface area）

此表面積越大，吸附劑與吸附質接觸之介面越大，則會有較顯著吸附效果。

2. 孔隙大小分布（Pore size distribution）

通常大孔洞之存在有助於吸附速度之提升，且每個吸附質分子依化學結構與分子量大小不同均有一最小貫入孔徑，故孔徑分布為吸附之一項重要影響因子。

3. 粒徑大小（Adsorbent size）

粒徑較小之吸附劑，在單位體積內能提供與吸附質作用的較大接觸界面，以提升吸附效果。

4. 表面官能基（Surface functional groups）

吸附劑表面所存在之官能基會與吸附質起反應，常見之官能基的種類與數量將對吸附量與吸附效率造成很重要的影響。

5. 極性（Polarity）

吸附劑本身具有極性特性將限制其所能吸附化合物種類，只能於相同極性特性下進行吸附。

B. 吸附質特性

1. 分子大小（Size of compound）
2. 溶解度（Solubility）
3. 極性與官能基（Polarity and surface functional groups）

C. 溶劑特性

1. 溶劑之 pH 值

溶劑之 pH 值高低會改變吸附劑之表面帶電性。

2. 溫度（Temperature）

由熱力學之推導，吸附屬放熱反應，因此溶劑溫度之改變將影響吸附效率。

3. 離子強度（Ionic streng）

溶液之離子強度越高，則吸附質之帶電量與極性將隨之升高，而影響吸附效果。

四、參考解答

多管發酵法係用以檢測水中革蘭氏染色陰性，不產生內生孢子之桿狀好氧或兼性厭氧菌，且能在 35±1℃、48±3 小時發酵乳糖並產生酸及氣體之大腸桿菌群，在不同稀釋度之水樣所產生之結果，以 100 mL 水中最大可能數（MPN/100 mL），表示 100 mL 水中存在之大腸桿菌群數目。

（一）**推定試驗**

1. 慎選發酵管中沒有氣泡且未污染之 10 mL、2 倍濃度 LST 試管。
2. 水樣在進行檢測或稀釋之前必須劇烈搖晃25次以上，以使樣品充分混搖均勻。
3. 在 35±1℃培養箱中培養 48±3 小時，觀察並記錄發酵情形，若有氣體產生則推定試驗爲陽性反應，若無氣體產生則推定試驗爲陰性反應，但若培養液呈混濁狀態，雖無產氣，亦應進行確定試驗。

（二）**確定試驗**

若確定試驗之發酵管中有氣體或混濁產生時，則使用 BGLB 進行確定試驗：

1. 慎選發酵管中沒有氣泡且未污染之 BGLB 試管。
2. 利用無菌接種環自產生氣體以及混濁之 LST 培養基試管中，接種一圈培養液至 BGLB 培養基試管中。
3. 在 48±3 小時內，BGLB 培養基試管如有氣體產生，則確定試驗爲陽性反應。

理論依據：

（一）經確定試驗確認 BGLB 試管爲陽性反應，應以「100 mL 水中最大可能數（MPN/100 mL）」計算及記錄，而發酵管連續三種稀釋度之 MPN 可查表。

（二）100 mL 水中大腸桿菌群最大可能數（MPN/100 mL）計算公式如下：

$$\text{大腸桿菌群最大可能數（MPN/100 mL）} = \frac{\text{查表所得之 MPN} \times 10}{\text{最具意義三種稀釋度之最大水樣體積}}$$

結果小於 100 時，以整數表示（小數位數四捨五入），菌落數大於 100 以上時，只取兩位有效數字：例如 110 以 1.1×10^2 表示，16,000 以 1.6×10^4 表示

五、參考解答

（一）**分解代謝**

1. 貯存式醣類分解（澱粉、肝醣）

(1) 水解作用

由多醣類、寡醣類、雙醣類分解爲溶解性的單醣（如葡萄醣），以便進入細胞內，通常由胞外酶作用。

(2) 醣解作用（Glycolysis）

將六碳醣界能量及酵素作用分解成 2 個丙酮酸的過程，此程在有氧或無氧環境下均可進行，先耗能再產能，可淨產生 2ATP。屬於基質磷酸化作用方式產能。

(3) 發酵作用

僅發生於無氧環境，僅電子供給者及接受者均爲有機物，產生能量少，一莫耳葡萄糖進行發酵作用僅產生 2ATP（醣解作用時所產生），故亦屬於基質磷酸化作用方式產能。

a. 酒精發酵（有 CO_2）產生

單醣→醣解→丙酮酸→乙醛→（還原）→乙醇

b. 乳酸發酵

單醣→醣解→丙酮酸→（還原）→乳酸

2. 結構式醣類分解（纖維素之分解）

纖維素，其聚合單元爲葡萄糖，而每聚合單元之間以 -1,4 連結，故造成微生物之難分解性，自然界僅有少數細菌及眞菌可進行分解利用，分解過程爲水解作用產生葡萄糖後，利用醣解作用產生丙酮酸，最後以厭氧分解得到乙酸。

（二）合成代謝

利用分解代謝產生之磷酸己醣、磷酸戊醣、磷酸丙醣、丙酮酸、草硫乙酸、a- 酮戊二酸以及乙醯輔酶 A 等作用小分子前驅物，再合成多醣、核苷酸和脂質等物質，以組成有機分子。

六、參考解答

非培養方法包含 T-RFLP、DGGE、SSCP 等方式來研究環境微生物的族群。

T-RFLP：其原理是利用限制酵素將 DNA 予以切割後再將片段的 DNA 轉印至膠膜上，再利用放射線標誌的探針顯示目的基因的位置。

DGGE：具有相似長度的 DNA，用普通的凝膠電泳無法進行分離，但利用 DGGE 可以分離長度只有 200~700 bp 的 DNA 片段，若長度超過 700 bp 會造成檢定效率的下降，但也有報導持相反意見，認爲片段長度的影響不大，DGGE 凝膠中的變性劑濃度在上樣處最低，向後逐漸增高，電泳過程中，起初雙鏈 DNA 以直線形狀向正極移動，隨著變性劑（如甲硫胺或尿素）濃度的增加如此便能將具有相似長度而序列有差異的 DNA 分子分離開。

SSCP：在非變性條件下，單鏈核酸分子由於分子間序列互補，可形成二級和三級結構，即不同構象。

101 年環工高考／環化與環微

一、參考解答

1. 室內空氣污染物：甲醛。
2. 化學式：HCHO。
3. 來源：因甲醛大量使用於木質家具、地板、隔板、毛毯及黏著劑等建築材料中，且臺灣地區屬濕熱氣候環境，故當室內溫度與濕度過高時，形成一室內空氣污染物質。
4. 危害性：甲醛對皮膚及黏膜有刺激性作用，嚴重還會傷害呼吸道及中樞神經系統等。
5. 防治方法：加強室內通風、種植盆栽。

二、參考解答

（一）依據道爾吞分壓定律，氣體分壓爲總壓力與該氣體莫耳分率乘積。

假設大氣壓力爲 1 atm，且氣體體積比與莫耳數比成正比

大氣中二氧化硫分壓比 $= 1\times0.1\times10^{-6} = 10^{-7}$atm

由亨利定律 $[SO_{2(aq)}] = [H_2SO_3] = 1\times10^{-7} = 10^{-7}$M

根據 $H_2SO_3 \rightleftharpoons H^+ + HSO_3^-$　$HSO_3^- \rightleftharpoons H^+ + SO_3^{2-}$

質量平衡式：$C_{T,SO} = [H_2SO_3] + [HSO_3^-] + [SO_3^{2-}] = 10^{-7}$M

電荷平衡式：$[H^+] = [OH^-] + [HSO_3^-] + 2[SO_3^{2-}]$

由 pC-pH 圖可判定 $[H^+] = 2[SO_3^{2-}]$ 且 $[H_2SO_3] << [HSO_3^-]$，$[H_2SO_3] << [SO_3^{2-}]$

$[H^+] = 1.02\times10^{-7}$M　pH = 6.99

（二）水滴中所有的亞硫酸物種完全被氧氣化成硫酸氫根（HSO_4^-）

$S_{T,SO} = 10^{-7}M = [H_2SO_4] + [HSO_4^-] + [SO_4^{2-}]$

根據 $HSO_4^- \rightleftharpoons H^+ + SO_4^{2-}$ →質子平衡式 $= [H^+] + [H_2SO_4] = [OH^-] + [SO_4^{2-}]$

$[H^+] = 1 + \frac{10^{-14}}{[H^+]}$，$[H^+] = 1.62\times10^{-7}$M，pH = 6.79。

（三）pH 值會持續下降。

（四）根據亞硝酸鹽及硫酸鹽的解離常數（K）判斷，即 pH 值較低，因此，當越來越多的亞硫酸根被氧化成硫酸根時，質量平衡與解離常數判斷，pH 值會持續下降。

三、參考解答

（一）$[K_2HPO_4] = \frac{\frac{1.0}{174}}{1} = 10^{-2.24}M$

$\rightarrow C_{T,PO} = [H_3PO_4] + [H_2PO_4^-] + [HPO_4^{2-}] + [PO_4^{3-}] = 10^{-2.24}$

(1) 質子條件式 $[H_3PO_4] + [H_2PO_4^-] + [H^+] = [PH_4^{3-}] + [OH^-]$

(2) 由 pC-pH 圖可判定 $[H_2PO_4^-] = [OH^-]$，且 $C_{T,PO} = [HPO_4^{2-}] = 10^{-2.24}$

代入平衡方程式

$\rightarrow \frac{[H^+][HPO_4^{2-}]}{[H_2PO_4^-]} = \frac{[H^+]\times 10^{-2.24}}{[OH^-]} = 10^{-7.2}$

$\rightarrow [H^+]=10^{-9.48}$

$\rightarrow [H_2PO_4^-]=[OH^-]=10^{-4.52}M$，$[H_3PO_4^-]=10^{-11.58}M$，$[PO_4^{3-}]=10^{-5.11}$ M

總鹼度 $= [H_2PO_4^-] + 2[HPO_4^{2-}] + 3[PO_4^{3-}] + [OH^-] - [H^+] = 10^{-1.94}M$

$= 579.6$ mg/L as $CaCO_3$

四、參考解答

生物膜爲微生物附著於介質上生長所形成，其特色如下：

項次	生物膜特色	正面影響	負面影響
1	附著於介質上生長	易於培養及生長	• 僅未附著介質上之微生物可參與反應 • 易受到介質影響而改變生長情形
2	生物膜上可生長多種不同之微生物，具生物多樣性	可提升廢污水的處理效能	無法大量培養單一種類之優勢菌種
3	可結合介質之吸附作用（物理反應）與微生物之降解作用（生物反應）	提升廢污水的處理效能	易受介質之影響而改變其處理效能

五、參考解答

在堆肥過程中，需提供適當的環境（包括水、空氣、熱能與養分），供微生物生長，當環境條件均合宜時，經由適當之翻堆及通風，溫度可達 50~70 度，屬嗜高溫性微生物活動的最佳溫度，並可有效抑制病性微生物之生長。

六、參考解答

（一）指標性微生物主要用來判斷環境的優劣狀況，快速並可補足化學或物理方法無法檢測之項目或效應。

（二）理想性指標微生物應具備之條件：

1. 在水中容易分離、檢測及計算數量。
2. 個體差異小。
3. 在水中存活率應高於病原菌或其他有害物質。
4. 對消毒劑（如氯、臭氧等）的抵抗力應高於其他病原菌或其他有害物質。
5. 生長數量應與污染程度成正相關。

101 年專技／環工技師／環化與環微

一、參考解答

（一）假設地下水流速為 x m/s

因吸附而減緩之傳輸速度 y m/s

2,4,5- 三氯酚開始洩漏至飽和含水層之濃度達高峰時間 T_1

氯鹽開始洩漏至飽和含水層至濃度達高峰時間 T_2

$$\Rightarrow T_1 = \frac{12}{x} = T_2 = \frac{315}{y}$$

$$\Rightarrow \text{遲緩係數}\ \frac{x}{y} = \frac{12}{315} = 0.038$$

（二）$\text{Log}\ K_{oc} = 0.89 \log K_{ow} - 0.15$

$$= 0.89 \times 7.9 \times 10^3 - 0.15 = 7{,}030.85$$

（三）$\text{遲緩係數} = \dfrac{1+(1-\theta \cdot P \cdot K_d)}{0.3} = 0.038$

$$\Rightarrow \frac{1+(1-0.3) \cdot 2.6 \cdot K_d}{0.3} = 0.038$$

$$\Rightarrow K_d = -0.54$$

（四）$K_d = K_{oc} = f_{oc}$

$$\Rightarrow f_{oc} = \frac{K_d}{K_o} = 7.7 \times 10^{-5}$$

二、參考解答

（一）本題之為氧化反應，且強氧化劑過硫酸鉀（$K_2S_2O_8$）之濃度高於苯，其升溫時反應會趨向逆反應，故溫度升高，氧化速率增加，造成反應速度加快。

（二）假設本題過硫酸鉀反應為一階反應

$$\Rightarrow 3.7 = 100 \times e^{-k10 \cdot 180}$$

$\Rightarrow 2.1 = 100 \times e^{-k40 \cdot 180}$ $k_{40} = 0.021$

根據溫度與反應常數關係式 $\ln\left(\frac{K_2}{K_1}\right) = -\frac{\Delta H^0}{R}\left(\frac{1}{T_2} - \frac{1}{T_1}\right)$

$\Rightarrow \ln\left(\frac{0.018}{0.021}\right) = -\frac{\Delta H^0}{R}\left(\frac{1}{283} - \frac{1}{313}\right)$

$\Rightarrow \frac{\Delta H^0}{R} = 452.9$

根據上述資料 $k_{20} = 0.020$

$\Rightarrow$ 殘餘甲苯濃度 $= 100 \times e^{-0.017 \times 180} = 2.9$ μg/L

三、參考解答

（一）先寫出其氧化半反應式及還原半反應式

$2NO_3^- \rightarrow N_2$ 還原半反應式

$CH_2O \rightarrow HCO_3^- + 4e^-$ 氧化半反應式

$4NO_3^- + 5CH_2O + OH^- \rightarrow 2N_2 + 5HCO_3^- + 3H_2O$

（二）脫硝反應會消耗 OH^-，造成 pH 下降。

（三）假設溶液體積爲 1 L

$\Rightarrow$原溶液中含有 1 mole NO_3^-，完全反應後，即消耗 1 mole OH^-，並生成 1 mole HCO_3^-

（四）依鹼度計算公式，$[Alk] = [OH^-] + [HCO_3^-] + 2[CO_3^{2-}] - [H^+]$，本題鹼度未改變。

四、參考解答

水：土壤爲 1 M^3：100 kg

$\Rightarrow$當假設本題有 1 M^3 的水時，其土壤重量爲 100 kg

$\Rightarrow$土壤中鎘的重量 = 500 mg/kg × 100 kg = 50,000 mg = 50 g

$\Rightarrow$土壤中鎘的濃度 $[Cd^{2+}] = \left[\frac{\frac{50}{112.3}}{10^3}\right] = 4.4 \times 10^{-4} M$

$\Rightarrow$當 pH = 6 時，$[CO_{2(aq)}] = [H_2CO_3] = 10^{-1.5} \times 10^{-3.5} = 10^{-5} M = C_{T, CO_3^{2-}}$

$\Rightarrow [CO_3^{2-}] = CT_{1\,CO_3^{2-}} \times \alpha_2 = 10^{-5} \frac{K_{a1} K_{a2}}{[H^+]^2 + K_{a1}[H^+] + K_{a1}K_{a2}}$

$CdCO_3$ 之 Ksp $\Rightarrow [Cd^{2+}] = \frac{2.0 \times 10^{-14}}{10^{-4.7}} = 10^{-8.99} M$

$\Rightarrow$ 故，土壤中鎘的去除率 $= \frac{10^{-8.99}}{4.4 \times 10^{-4}} = 10^{-5.6} = 10^{-3.6}\ \%$

五、參考解答

原生動物（Protozoa）普遍存在於污水生物處理系統，一般活性污泥反應槽及接觸曝氣反應槽皆有大量多種的原生動物存在，視反應槽種類及操作參數（水力停留時間、污泥停留時間等），反應槽中之原生動物種類以纖毛蟲類被認爲主要扮演正面的角色。

反應槽中之原生動物對於污水處理之正面功能包括：增加1. 污泥停留時間、2. 增進沉降效果、3. 促進養分元素之循環利用等。

1. 污泥停留時間：細菌等微生物爲原生動物之食物，經由捕食作用可大量的降低懸浮微生物的數量，整體上並不影響污泥總量，提高沉降／固著性污泥的比例，可提高反應槽內的污泥停留時間。
2. 增進沉降效果：原生動物經由分泌黏性物質使得反應槽內的懸浮微粒絮聚成較大的膠羽或細顆粒，可降低顆粒間表面斥力，並提高有效碰撞的反應，從而促進吸附及沉降的效率。
3. 循環利用：原生動物的存在可延長反應槽內食物鏈的長度、複雜度，使得更多水相中的養分元素乃至於微量元素得以保留於生物相內，可以提高反應槽內生物相的穩定性。

由於原生動物之生長週期較細菌爲長，欲營造適合原生動物之生長環境則活性污泥反應槽之水力停留時間不宜過短。若以營造一般認爲有益於污水處理之纖毛蟲類原生動物之生長環境，應注意活性污泥槽操作需提供適當的水力停留時間，反應槽之操作溫度、pH、供氧及有機負荷等條件宜維持穩定適中。

六、參考解答

磷元素與自然界中其他養分元素不同，其餘自然界中絕大多數以無機礦物的形式存在於土壤岩石圈，並且由於溶解度不高，僅具有相當有限的生物有效性，磷元素由岩石圈進入生物圈的速度爲地質時間尺度，非常緩慢，一般自然環境之自由磷元素含量亦相當貧乏，因此，土壤及水體底泥既有微生物體中所含的磷分在生物圈內循環使用，成爲自然界中磷元素之主要 source 及 sink。

生物除磷主要可分爲兩程序，第一在厭氧環境下，磷蓄積菌（Phosphorus Accumulating Organisms, PAOs）利用水中揮發性脂肪酸（VFA）等較易被生物分解之有機質，使磷酸鹽物種皆轉化爲正磷酸鹽形態而存於水中，此過程稱爲釋磷反應，其能量用於合成聚羥基丁酸上（Poly-hydroxy-butyrate, PHB）；第二則在需氧環境下利用 PAOs 分解 PHB 且吸收正磷酸鹽，溶液中的 PO_3^- 濃度便下降，達到除磷之目的，此過程一般稱爲好氧攝磷。

七、參考解答

Cometabolism 之定義爲微生物在反應物 A 存在下，在代謝反應物 A 的同時能夠代謝反應物 B 的現象，而此一現象需仰賴反應物 A 之存在。例如在代謝甲烷、丙烷的同時代謝含氯溶劑如四氯乙烯或三氯乙烯，而當前者不存在時，該反應則無法進行。此一反應爲甲烷、丙烷之存在觸發微生物產生甲烷單氧酶，而此一酵素同時對於部分含氧溶劑有良好分解效果，然而當環境中僅存在含氯溶劑時，此一酵素之產生機制並不會被觸發。

共代謝作用在土壤及地下水污染之復育上之意義主要爲僅以「現地」、「原生物種」之參與，在低成本、低風險、不造成二次污染之前提下進行受污染土壤及地下水整治作業。以工程方法來促進微生物共代謝去除土壤及地下水有機物污染所必須考量的因素很多，基本面的需求爲透過提供適當的條件來營造特定微生物之生長環境，其次才是以工程方式增進該微生物反應之技能。

102 年環工高考／環化與環微

一、參考解答

1. 2.7-dichloro-dibenzo-p-dioxin

   2.8-dichloro-dibenzo-p-dioxin

2. 戴奧辛中以 2,3,7,8-TCDD 毒性最強。

二、參考解答

1. 化學式平衡如下：

   $3Fe + C_2HCl_3 + 3H_2O \rightarrow 3Fe_2^{+} + C_2H_4 + 3Cl^{-} + 3OH^{-}$

   $8Fe + C_2HCl_4 + 3H_2O \rightarrow 8Fe_2^{+} + C_2H_4 + 4Cl^{-} + 4OH^{-}$

2. 如有地下水 1,000 g

   則 TCE = 1,000×270 ppm = 0.27 g = 0.002 mole

   則 PCE = 1,000×53 ppm = 0.053 g = 0.0003 mole

3. 完全反應 0.002 mole 的 TCE，則需要 0.002×3 mole 的 F

   完全反應 0.0003 mole 的 TCE，則需要 0.003×8 mole 的 Fe

   則本題共需要 0.0084 mole 的鐵 = 0.47 g 的 Fe

三、參考解答

1. $pE = pE^0 + 1/4 \log P_{O_2} - pH$

   $= 20.75 + 1/4 \log 0.1 - 4 = 16.5$

2. 經方程式 $1/8\ CO_2 + H^+ + e^-$

   故 $pE = pE^0 - 1/8\log P_{CO_2}/P_{CH_4} - pH$

3. 假設水體中二半反應式達平衡，則二反應式之 pE 値相同

   $\rightarrow pE = pE^0 + 1/8\log P_{CO_2}/P_{CH_4} - pH = 16.5$

   $\rightarrow 16.5 = 2.87 + 1/8\log P_{CO_2}/P_{CH_4} - 4$

   $\rightarrow P_{CO_2}/P_{CH_4} = 10141.04$

四、參考解答

1. 臭氧與氯離子的反應

$$Cl\cdot + O_3 \rightarrow C10\cdot + O_2$$

$$O + C10\cdot \rightarrow Cl\cdot O_2$$

Next reaction $\mathbf{O_3 + O \rightarrow 2O_2}$

2. 臭氧與氫氧自由基的反應

$$CH\cdot + O_3 \rightarrow H_20\cdot + O_2$$

$$O + HO_2\cdot \rightarrow OH\cdot O_2$$

Next reaction $\mathbf{O_3 + O \rightarrow 2O_2}$

五、參考解答

微生物如之細菌生長曲線一般爲以實驗室反應槽中，該微生物數量對培養時間作圖而得，一般常以取樣過濾後秤取 biomass 質量來表示；在微生物濃度較低、基質干擾受控制的情況下，亦即吸光度偏移比爾定律（Beer's Law）較少的時候，亦可以吸光度來簡便快速地推估生長量。上述微生物生長曲線可簡單分爲幾個階段：

(1) Lag phase（遲滯期）

(2) Exponential growth phase/ log phase（對數成長期）

(3) Stationary phase（穩定期）

(4) Death phase（死滅期／內呼吸期）

六、參考解答

一般狀況下有機物之厭氧生物分解可依時序分爲三個階段，其反應及參與之菌種簡述如下：

1. 水解階段（Hydrolysis）

在水解階段中，複雜的有機分子被分解爲簡單的糖分子、胺基酸和脂肪酸分子，包含土壤中各種各樣的異營性細菌及眞菌。

2. 酸化階段（Acidogenesis）

酸化階段中，有機物質會被進一步分解成更簡單的分子如二氧化碳、氫氣和有機酸（主要爲乙醇等揮發性有機酸），並產生副產物如氨和硫化氫。此階段參與之菌種亦相當複雜，例如 Thermoanaerobium brockii 即爲常見於高溫環境如堆肥發酵反應之微生物種。

3. 甲烷化階段（Methanogenesis）

這個階段中會產生甲烷、二氧化碳和水。最常見的兩類反應如下：

$$C_2+4H_2 \rightarrow CH_4+2H_2O$$

$$CH_3COOH \rightarrow CH_4+CO_2$$

參與此階段反應之微生物種類相對來說較爲單純，主要爲一群屬於古細菌的微生物，亦稱爲甲烷產生菌（Methanogens）。

七、參考解答

1. 硝化作用（Nitrification）

硝化反應爲自然界中以氨氣作爲電子供給者，經生物反應氧化爲亞硝酸鹽乃至於硝酸鹽的過程，常見硝化作用反應主要分爲氨氣化及亞硝酸鹽氧化兩類。以下列舉數種常見的硝化反應以及最常見的參與菌種。

1. $2NH_3 + 3O_2 \rightarrow 2NO_2^- + 2H_2O + 2H^+$ (Nitrosomonas)

2. $2NO_{2^-} + 2O_2 \rightarrow 2NO_3^-$ (Nitrobacter, Nitrospina)

3. $NH_3 + O_2 \rightarrow NO_2^- + 3H^+ + 2e^-$

4. $NO_2^- + H_2O \rightarrow NO_2^- + 2H^+ + 2e^-$

2. 脫硝作用（Denitrification）

自然界中之脫硝作用爲一系列由各種微生物進行，在適當的電子供給者存在下，將硝酸鹽作爲電子接受者還原爲氨氣的序列式反應，以下爲脫硝反應之階段式反應以中間產物示意：

$NO_3^- \rightarrow NO_2^- \rightarrow NO + N_2O \rightarrow N_{2(g)}$

完整之反應可簡化爲

$2NO_3^- + 10e^- + 12H^+ \rightarrow N_2 + 6H_2O$

常見的脫硝微生物爲 Psudomonas denitrificans 等

3. Anammox 反應

某些微生物從無氧狀態下將氨氮及亞硝酸鹽直接反應爲氨氣，此類同時硝化脫硝反應稱爲 Anammox 反應，其反應簡單表示如下：

$NH_4^+ + NO_2^- \rightarrow N_2 + 2H_2O$

4. Anammox 反應用於廢水除氨之優點

Anammox 反應用於廢水除氨需要外加特定基質及加溫，操作技術及成本需求非常之高，然而其具有一些相對於傳統硝化—脫硝二段式反應所沒有之優點，最主要的爲其不累積脫硝中間產物——溫室效應氣體 N_2O。如果將溫室效應之環境成本納入考量，Anammox 反應頗具應用價值。

102 年環工技師／環化與環微

一、參考解答

鹼度 $= [OH^-] + [HCO_3^-] + 2[CO_3^{2-}] - [H^+] = 2\times10^{-3}M$

由 $\Rightarrow [H^+] = [OH^-] = 10^{-7}M$

$\Rightarrow [HCO_3^-] + 2[CO_3^{2-}] = 2\times10^{-3}M$

又在 pH 値爲 7.00 時，$[CO_3^{2-}] << [HCO_3^-] \Rightarrow [HCO_3^-] = 2\times10^{-3}M$

$$\Rightarrow K_{a1} = \frac{[H^+][HCO_3^-]}{[H_2CO_3^-]} = 4.45\times10^{-7}$$

$$\Rightarrow [H_2CO_3^-] = \frac{[H^+][HCO_3^-]}{4.45\times10^{-7}}$$

$$\Rightarrow [H_2CO_3^-] = \frac{[H^+][HCO_3^-]}{4.45\times10^{-7}} = \frac{10^{-7}\times2\times10^{-3}}{4.45\times10^{-7}} = 4.5\times10^{-4}M$$

$$K_{a2} = \frac{[H^+][HCO_3^-]}{[H_2CO_3^-]} = 4.69\times10^{-11}$$

$$\Rightarrow [CO_3^{2-}] = \frac{4.69\times10^{-11}\times2\times10^{-3}}{10^{-7}} = 9.38\times10^{-7}M$$

$\Rightarrow [OH^-] = 10^{-7}M$

$\Rightarrow [HCO_3^-] = 4.5\times10^{-4}M$，$[H_2CO_3^-] = 2\times10^{-3}M$，$[CO_3^{2-}] = 9.87\times10^{-7}M$

二、參考解答

光化學氧化物指大氣中的物質在吸收太陽光能量後，導引出一系列之化學反應（即光化學反應）後，所生成之強氧化性物質，如臭氧或過氧硝酸乙烯酯（PAN）等。臭氧及 PAN 的產生機制如下：

臭氧：$O_2 + hv \rightarrow O + O$

$O + O_2 + M \rightarrow O_3 + M^+$

PAN：$HNO_2 + hv \rightarrow HO\cdot + NO\cdot$

$CH_3CHO + HO\cdot + O_2 \rightarrow CH_3C(O)O_2\cdot + H_2O$

$CH_3C(O)O_2\cdot + NO_2 \rightarrow CH_3CO_3NO_2$

三、參考解答

水體中常見氮物種主要有：

1. 溶解性：包括氨氮（依 pH 等外在條件以 $NH_{3(aq)}$、NH_4^+ 或其他錯離子狀態存在）、亞硝酸鹽（NO_2^-）、硝酸鹽（NO_3^-）以及微量以 NOM 形式存在之小分子含氮有機物。這些物種可以爲自由游離狀態或吸附於有機物、黏土礦物表面，或較大量的存在於底泥中。
2. 非溶解性：主要爲含氮有機物，大部分微生物體及其殘骸，在無氧或厭氧底泥中可能存在較多量的小分子含氮有機物。

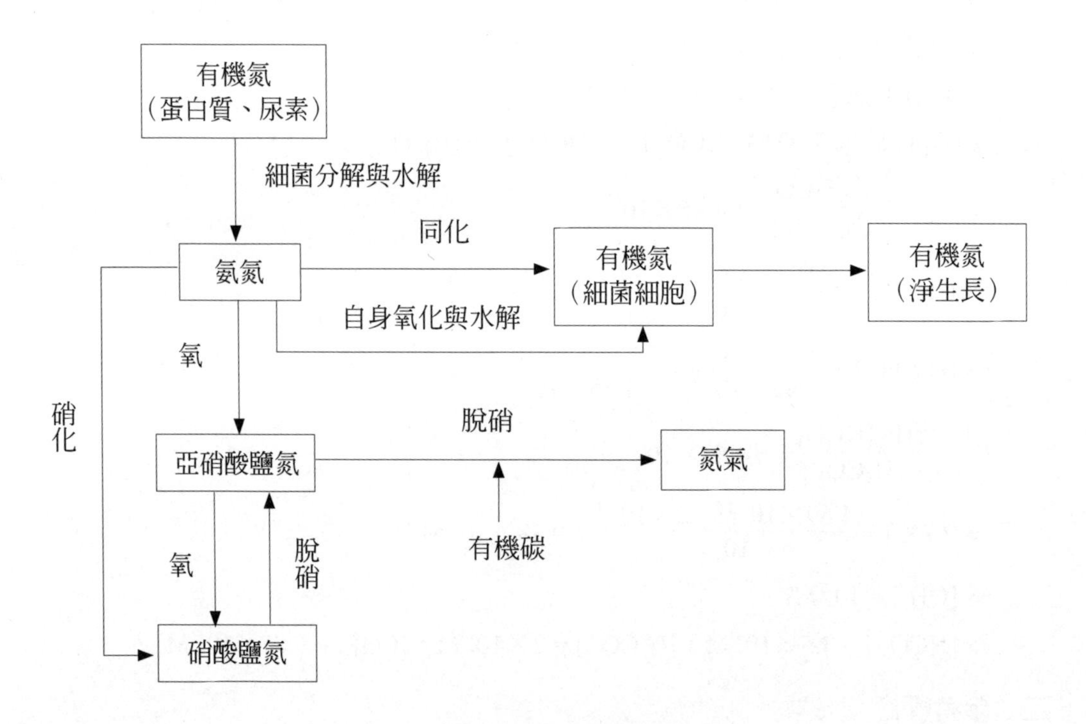

四、參考解答

所謂微生物生長動力式乃爲以化學反應動力模擬微生物生長曲線的一種數值方法，大部分僅有數學意義而無學理現象的直接關聯。Monod 模式一類還算家喻戶曉的基礎經典模式，許多討論特殊條件下的數學模式研究就僅有少許參考價值。微生物的生長速率可以下式表示：

$$dX/dt = mX - DX = X(\mu - D)$$

由上式可知，微生物的生長速率決定於比生長速率 μ 與稀釋率 D 的差值。當 $\mu > D$，dX/dt 爲正，反應器內的細胞總數漸漸增加；當 $\mu < D$，dX/dt 爲負，反應器內的細胞被洗出，而使反應器內的細胞總數漸漸減少；dX/dt 爲零，當細胞數量維持恆定。

微生物生長動力學探討的是微生物數量隨時間的變化，影響這變化有三個因素，稱爲生長動力參數：比生長速率 μ、比基質利用率 q 及生長產率 Y。

細胞增加率（或生長速率）以數學表示爲 dX/dt；比生長速率 μ 的定義是每一個細胞在單位時間內繁增的細胞量（可以重量單位毫克表示），以數學表示成

$$\mu = \frac{dX / dt}{X}$$

基質攝取率以數學表示爲 dS/dt；μ 比基質攝取率的定義是每一細胞在單位時間內攝取的基質量（可以重量單位毫克表示），以數學表示成

$$q = \frac{dS / dt}{X}$$

比生長速率 μ 及比基質利用率 q 除了和微生物特性有關，還和基質濃度有關，兩個參數與基質濃度的關係皆可用莫納德氏方程式（Monod equation）來表示之

$$\mu = \mu_{\max} \frac{[S]}{K_S + [S]}$$

$$q = q_{\max} \frac{[S]}{K_S + [S]}$$

這樣的數學形式表示，當基質濃度 $[S] = K_s$（半飽和常數）時，μ 爲 $\mu_{\max}$ 的一半，q 亦爲 $q_{\max}$ 的一半。當基質濃度 $[S] >> K_s$ 時，$\mu = \mu_{\max}$，$q = q_{\max}$。

在上節所提到指數生長期之比生長速率 μ 和生長特性以及基質濃度有關，當基質濃度遠超出所需求的，細胞以最大比生長速率 $\mu_{\max}$ 生長，在其他環境因子固定的情況下，最大比生長速率僅和生長特性有關，與基質濃度無關。

既然 μ 和 q 有著類似的數學形式，若是把 μ 和 q 相除，代表什麼意思呢？

$$\frac{\mu}{q}=\frac{dX/dt}{dS/dt}=\frac{dX}{dS}$$

dX/dS 代表消耗每單位的基質所產生的細胞量（分子分母均以重量單位表示），也就是生長產率 Y，亦為生長速率 dX/dt 與基質利用率 dX/dt 的比值，Y 為無因次參數（無單位）。

$$\mu=Yq$$

$$\frac{dX}{dt}=Y\frac{dS}{dt}$$

生長產率 Y 代表營養轉變成細胞物質的效率，可由下式來計算：

$$Y=\frac{X-X_0}{S-S_0}$$

X_0 和 S_0 代表初始的微生物濃度與基質濃度。

五、參考解答

水溶液中多質子酸物種的平行狀態為依溶液 pH 而變化，以碳酸鹽系統而言，無論在自然水體、厭氧消化槽或是血液中，其物種活性（Activity）與溶液 pH 值具有一定的數學關係。而特定 pH 值下觀察到的物種濃度則與其活性及溶液性質有關。

如簡化地以活性表示濃度，那麼 CO_2 溶解於水的反應式及平衡常數 K 依 equation 可表示如下：

$$CO_{2(aq)}+H_2O \rightleftharpoons H_2CO_{3(aq)} \qquad (1)$$

$$\frac{[H_2CO^-_{3(aq)}]}{[CO_{2(aq)}]}=1.3\times10^{-3}$$

重碳酸鹽作為多質子酸於水中解離的反應及平衡常數可表示如下：

$$H_2CO_{3(aq)} \rightleftharpoons H^+_{(aq)}+HCO_3^-{}_{(aq)} \qquad (2)$$

$$HCO_3^-{}_{(aq)} \rightleftharpoons H^+_{(aq)}+CO_3^{2-}{}_{(aq)} \qquad (3)$$

$$K_{a1}=\frac{[H^+][HCO_3^-]}{[H_2CO_3]}=2.00\times10^{-4}$$

$$K_{a2}=\frac{[H^+][CO_3^-]}{[H_2CO_3^-]}=4.69\times10^{-11}$$

合併 (1) 及 (2) 的平衡可得到合併後的 K_{a1}

$$K_{a1}=\frac{[H^+][HCO_3^-]}{[CO_{2(aq)}]}=4.45\times10^{-7}$$

則水溶液中 CO_2 及各重碳酸鹽物種分布比例 α 可表示為：

$$\alpha H_2CO_2=\frac{[H^+]^2}{[H^+]^2+[H^+]K_1+K_{a1}K_{a2}}=\frac{[H_2CO_3]}{\text{total } CO_{2(aq)}}$$

$$\alpha HCO_3^-=\frac{[H^+]K_{a1}}{[H^+]^2+[H^+]K_1+K_{a1}K_{a2}}=\frac{[HCO_3]}{\text{total } CO_{2(aq)}}$$

$$\alpha CO_3^{2-}=\frac{[H^+]K_{a1}}{[H^+]^2+[H^+]K_1+K_{a1}K_{a2}}=\frac{[CO_3^{-2}]}{\text{total } CO_{2(aq)}}$$

六、參考解答

一般而言重金屬在土壤一植物體系中遷移（Migration）轉化（Conversion）之速率非常緩慢。在某些因素條件下，會加速其生物性遷移轉化之速率說明如下：

1. 影響其溶解度及影響其生物有效性：

(1) 氧化還原狀態：一般而言，較低氧化數的重金屬氧化物形態具有較高的溶解度，此一特性與受重金屬污染之河川湖泊底泥於厭氧分解（缺氧、還原狀態）時，往往釋出較大量之重金屬濃度有關。

(2) pH 值：在同樣的氧化還原價數下，重金屬的氧化物形態分布到 pH 值的影響甚大，這些物種形態的分布影響到該金屬氧化物於不同 pH 值下的溶解度。

(3) 微生物作用：土壤中部分微生物種會牽涉到土壤中金屬礦物的氧化還原反應，此類機制非常多，常見的有化學自營菌的氧化作用、無氧呼吸的還原作用等。微生物本身亦會吸附或積聚（Accumulate）重金屬。

(4) 土壤有機質含量：土壤中的有機酸能吸附或與重金屬形成穩定的錯合物，降低這些重金屬對植物的有效性。

2. 重金屬於植物體內處於穩定的有機錯合物形態，影響重金屬由植物體回到土壤環境速率：

(1) 大規模的農業活動：尤其「火耕」形式的作業，經由提高重金礦化釋出的速率，將使得原先重金屬在土壤及植物體之分布比例偏向存在於土壤。

(2) 氣溫：氣溫影響植物殘體由微生物分解礦物釋出重金屬。

(3) 微生物活動：影響植物殘體由微生物分解礦物釋出重金屬。

七、參考解答

革蘭氏陽性菌的細胞壁為較厚的多胜肽，主要為 N-Acetyl-Glucosamine（NAG）及 N-A-Muramic Acid（NAM）以胜肽鍵連接包覆在細胞膜外，其細胞壁成分含有 Teichoic acids，其與 Lipoids 形成之壁脂酸（Lipoteichoic acid, LTA），為革蘭氏陽性菌之細胞壁特有成分，其主要扮演強化胞壁及作為錯合劑。

至於革蘭氏陰性菌的細胞壁為較薄且不含 Teichoic acids 及 Lipoteichoic acid 的 Peptidoglycan 構成，其外並包覆一層以脂多醣及蛋白質為主要成分的外膜。

102 年地方特考／環化與環微

一、參考解答

（一）氨氣的分壓 $P_{NH_3} = 1 \times 10.9\% = 0.109$

$\rightarrow P_{N_2} + P_{H_2} = 1 - P_{NH_3} = 0.891$

（二）依氮氣與氫氣作用形成氨氣之反應方程式 $N_2 + 3H_2 \rightarrow 2NH_3$

$\rightarrow P_{N_2} : P_{H_2} = 1 : 3$

$\rightarrow P_{N_2} = 0.891 \times \frac{1}{4} = 0.223$

$P_{H_2} = 0.891 \times \frac{3}{4} = 0.668$

（三）反應平衡常數 $K = \frac{{P_{NH_3}}^2}{P_{N_2} \cdot {P_{H_2}}^3} = \frac{0.109^2}{0.223 \times 0.668^3} = 0.179$

二、參考解答

當大氣中 CO_2 分壓 $P_{CO_2} = 10^{-3.5}$ atm，且亨利定律為 $10^{-1.5}$ 時

$\rightarrow [CO_{2(aq)}] = [H_2CO_3^*] = 10^{-1.5} \times 3.5 \times 10^{-4} = 1.1 \times 10^{-5}M$

又依電子平衡式 $[H^+] = [OH^-] + [HCO_3^-] + 2[CO_3^{2-}]$

因本題 CO_2 溶於水，溶液應為酸性，故假設溶液中主要物種為 $[HCO_3^-]$

$\rightarrow [H^+] = [HCO_3^-]$

依平衡關係式 $K_{a1} = \frac{[H^+][HCO_3^-]}{[H_2CO_3]} = 10^{-6.3}$ 代入

$\rightarrow \frac{[H^+]^2}{[H_2CO_3]} = 10^{-6.3}$ $\Rightarrow [H^+]^2 = 10^{-6.3} \times 1.1 \times 10^{-5}$

$\rightarrow [H^+] = 2.35 \times 10^{-6}$ $\Rightarrow pH = 5.63$

$\rightarrow$ 不受污染之純淨雨水之酸鹼值約為 5.6

三、參考解答

（一）土壤中礦物的晶體結構，常因結構中的金屬離子被與其大小特性相近的離子取代，而使土壤晶體帶負電，如土壤結構中矽氧四面體的 4 價矽（Si）被 3 價鋁（Al）取代。當發生同晶取代時，土壤晶體帶負電，即可進行陽離子交換。

（二）土壤中的有機質具有官能基，以土壤中的腐植質為例，其含有酚基、酮基、醇

基、醚基、酯基與含氧甲基等多種官能基，當土壤中 pH 降低時，官能基則帶負電，即可進行陽離子交換。

（三）土壤中的有機成分分解時，會生成含碳的物質，會降低土壤中的氮／碳比。

四、參考解答

（一）當化學物質在接收外界能量（如光能或熱能）後，造成其化學鍵結裂解，而產生具有不成對電子的原子、分子或離子，即稱之爲自由基。

（二）氫氧自由基最常與甲烷（CH_4）及一氧化碳（CO）發生反應而削減，反應式如下：

$CH_4 + HO\bullet \rightarrow H_3C\bullet + H_2O$ ———— ①

$CO + HO\bullet \rightarrow H\bullet + CO_2$ ———— ②

五、參考解答

病態大樓症候群（SBS）原本就是描述因爲長時間處在建築物中所引發的各種健康問題及不舒適症狀，而早期對此一現象並無明確的解釋，超過 20% 此類症狀的導因主要爲室內空氣品質不良所造成的。

病態大樓症候群的症狀特徵包括眼、鼻、喉部或皮膚的非專一性過敏、發火反應，通常在離開該環境後症狀即或得改善。

龐提亞克熱（Pontiac fever）爲由多種 Legionella 屬之格蘭樂陰性菌的引起的一種非致命性但症狀較爲劇烈之呼吸道疾病。

六、參考解答

Biostimulation 簡言之是爲一種以改變自然環境條件來刺激該環境中原本即存在之具有代謝特定污染物之微生物族群生長，而達到生物復育效果的一種方法。常見的手段包括有添加原環境中的缺少的養分元素或特定電子接受者（如磷、氮、氧以及各種碳源），添加的方式以最常見的土壤及地下水現地復育而言主要就是以打井注入的方式進行。

Bioaugmentation 主要爲於環境中添加可以改變微生物代謝途徑、降低原本生化反應上的瓶頸的物質，以此加速微生物分解速率之技術，例如特定的營養成分、特定的電子接受者或是介面活性劑、甚至引入特殊菌種等。

七、參考解答

1. 濾膜法（Membrane filtration method）

濾膜法爲水樣內微生物計數方法的一種，其基本原理爲使固定體積之水樣通過一孔徑爲 0.45 μm 之濾膜，再將此濾膜置於固體培養基上培養，經由平板計數長出之菌落數來反推原 100 mL 水樣中所含之菌數。由於平板計數的部分仍需符合標準平板計數（SPC）線性區間之限制（以標準平板計數培養皿而言爲 30 ～ 300 個 CFU，但由於濾紙通常較小，此區間通常需往下修正。以 47 mm 直徑濾膜而言，環境所標準方法的規定爲 20~200 CFU），需要視情況稀釋或過濾一系列體積之水樣分別進行至少二重複培養後，選取菌落數適當的培養皿進行計數及估算。

2. 大腸桿菌群（Coliform group）

大腸桿菌群普遍被用作食品衛生及環境水質之細菌性指標，其定義爲於 35~37℃培養下，能夠代謝乳糖培養基產生酸及氣體之多種短桿狀革蘭氏陰性不產孢菌總稱。大腸桿菌群一般僅少量存在於水體環境及土壤中，但可於溫血動物之腸道及其糞便中大量被檢測到。此類細菌一般很容易培養，絕大部分並不導致嚴重疾病，惟其存在可作爲環境或水體受到糞便污染之指標，但可能同時具有經由糞便污染而存在其他致病微生物（如其他細菌、病毒、原生動物或寄生蟲）之潛在風險。

103 年高考／環化與環微

一、參考解答

（一）

1. Sorptio（吸著）：包括 Absorption（吸收）及 Adsorption（吸附）。
2. Adsorption（吸附）：係指吸附質（Absorbate）因物理或化學反應而吸附至吸附劑（Absorbent）表面之過程之概念。
3. Absorption（吸收）：指待吸收物質向吸收劑內部擴散之情形，並分爲溶解原理的物理吸收法，或利用與吸收液化學物質產生反應的化學吸收法等二種。

（二）

1. CO_2 捕獲—吸附反應：利用沸石及活性碳的孔洞，藉上分子間的凡得瓦引力將二氧化碳吸附至孔洞爲物理吸附。
2. CO_2 捕獲—吸收反應：利用醇胺溶液與二氧化碳進行化學反應，而將二氧化碳吸收進入溶液之中。

（三）定義 Physisorption 與 Chemisorption

	Physisorption（物理吸附）	Chemisorption（化學吸附）
定義	利用分子間的凡得瓦引力所進行之吸附反應	利用分子間化學鍵結反應所進行之吸附反應
吸附力	弱	強
分子間反應	凡得瓦引力	化學鍵結
反應是否可逆	可逆	不可逆

（四）化學吸附

1. 催化反應：在哈伯法製氨的反應中，將 N_2 及 H_2 加入反應，加入鐵粉為催化劑。鐵粉吸附 N_2 及 H_2 後反應形成 NH_3，NH_3 再經由脫附離開鐵粉。

   如：$N_2 + 3H_2 \xrightarrow[\text{催化}]{Fe} 2NH_3$

2. 腐蝕反應：當鐵管上的鐵吸附氧氣並發生化學反應時，會將鐵氧化成鐵離子，而造成腐蝕。

   如：$Fe + \frac{1}{2}O_2 + 2H^+ \rightarrow Fe^{2+} + H_2O$

3. 金屬表面化學吸附：當氧氣吸附至金屬如鉑表面後，與金屬發生反應。

   如：$O_2 + 2Pd \rightarrow 2PdO$

二、參考解答

（一）高級氧化程序：以自由基（Free radical e^-）作為氧化劑之氧化程序稱之。

（二）產生氫氧自由基之反應式：

如：$Fe^{2+} + H_2O_2 \rightarrow Fe^{3+} + \cdot OH + OH^-$

$H_2O_2 \xrightarrow{hv} 2 \cdot OH$

$O_3 + OH^- \rightarrow O_2^{-\cdot} + HO_2^{\cdot} \Rightarrow O_2^{-\cdot} + O_3 + H^+ \rightarrow 2O_2 + \cdot OH$

（三）路易士電子結構

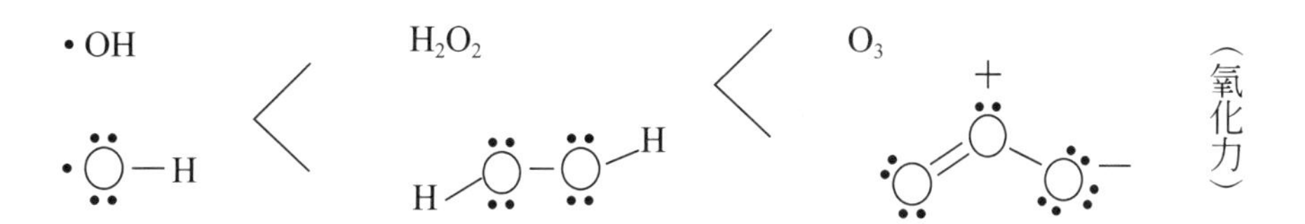

三、參考解答

（一）能源而言，二者皆屬於以有機物作為化學能能量來源之異營性代謝反應。

(1) 好氧程序微生物以呼吸作用爲主，每單位 MLVSS 來說其處理速率較高，處理每單位 BOD 微生物獲得之能量較大。然而由於氧氣質傳效率之限制，因此以單位槽體體積來說，好氧程序之處理速率及反應槽負荷反而遠不及厭氧程序。

(2) 至於厭氧程序微生物以發酵／甲烷化作用爲主，微生物消耗單位 BOD 所獲得能量低，整體反應時間較長，同時需加溫提高生物反應效率。但不需考慮曝氣質傳問題，操作單元之 MLVSS 及可用負載極高，以去除 BOD 而言整體上效率高而且穩定 。實務上其特性上較適合污泥處理。

（二）最終產物而言：

(1) 好氧程序呼吸作用代謝產生大量還原能，微生物傾向大量增殖而使反應槽污泥產率高，僅一部分 BOD 眞正轉爲 CO_2 移除。

(2) 厭氧程序污泥產率非常低，絕大部分 BOD 轉爲 CO_2 及甲烷。

（三）進流水有機物濃度而言：

(1) 好氧程序由於氧氣在水中質傳及溶解度的限制，其進流水 BOD 負荷相當有限。

(2) 厭氧程序只要在單元能夠操作的體積負荷下，理論上沒有進流 BOD 的上限。

四、參考解答

判斷糞便污染水體一般是以糞便大腸菌作爲指標。一般而言人類糞便中主要以糞便大腸桿菌（Fecal coliform）爲主，至於畜牧溫血動物糞便中以糞便鏈球菌（Fecal streptococci）爲主。

糞便鏈球菌種類很多，常見的有 S. faecalis, S. faecium, S. avium, S. bovis, S. equinus, and S. gallinarum 等種類，其中部分種類亦見於人類糞便中，惟數量較少。早期 WHO 及美國農業部對於區分水體污染源之標準方法中，以樣本中培養出的糞便大腸桿菌（FC）及糞便鏈球菌（FS）比例作爲判定的標準，如 $FC/FS > 4$ 時表示污染源可能主要來自人類糞便，另 $FC/FS < 0.7$ 時表示污染源可能主要來自其他畜牧溫血動物。

五、參考解答

冠狀腐蝕現象普遍發生於高濃度有機物含量之混凝土管線。此類管線內的環境特性，造成管內污水有上部空間形成兩種不同的微生物生長環境，造成管線頂部腐蝕的現象（Crown corrosion）。冠蝕現象之說明及示意圖如下所述：

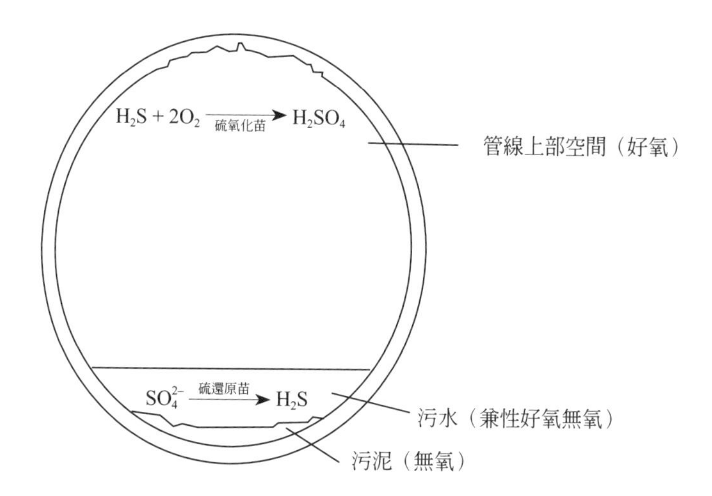

1. 管線污水及底部污泥：富含有機物之環境，溶氧被異營菌消耗殆盡，處於低溶氧至無氧狀態，廢水中所含的硫酸鹽於此環境下被硫還原菌（Sulfate reducing bacteria, SRB）還原成二價硫，以 H_2S 的形式逸散至管線上部空間。
2. 管線上部空間：好氧狀態，屬於化學自營菌之硫氧化菌（Sulfate oxidizing bacteria）以生物膜的形式固著管壁，將 H_2S 氧化成硫酸。
3. 管壁頂部由於濕氣凝結之水滴累積，水滴因硫氧化菌作用呈現強酸性腐蝕混凝土管壁，造成冠狀腐蝕現象。

103 年環工技師／環化與環微

一、參考解答

（一）$Zn(OH)_{2(s)} \rightarrow Zn^{2+} + 2OH^-$　　$K_{sp} = 8\times10^{-18}$

$Zn(OH)_{2(s)} \rightarrow Zn(OH)^+ + OH^-$　　$K = (8\times10^{-18})\times(1.4\times10^4) = 1.12\times10^{-13}$

$Zn(OH)_{2(s)} \rightarrow Zn(OH)_{2(aq)}$　　$K = (1.12\times10^{-13})\times10^6 = 1.12\times10^{-7}$

$Zn(OH)_{2(s)} + OH^- \rightarrow Zn(OH)_3^-$　　$K = (1.12\times10^{-7})\times(1.3\times10^4) = 1.46\times10^{-3}$

$Zn(OH)_{2(s)} + 2OH^- \rightarrow Zn(OH)_4^{2-}$　　$K = (1.46\times10^{-3})\times(1.8\times10) = 2.62\times10^{-2}$

$$\Rightarrow C_{T,Zn^{2+}} = [Zn^{2+}] + [Zn(OH)^+] + [Zn(OH)_{2(aq)}] + [Zn(OH)_3^-] + [Zn(OH)_4^{2-}]$$

$$= \frac{8\times10^{-18}}{[OH^-]^2} + \frac{1.12\times10^{-13}}{[OH^-]} + 1.12\times10^{-7} + 1.46\times10^{-3}[OH^-] + 2.62\times10^{-2}[OH^-]^2$$

$$= 8\times10^{10}[H^+]^2 + 11.2[H^+] + 1.12\times10^{-7} + \frac{1.46\times10^{-17}}{[H^+]} + \frac{2.62\times10^{-30}}{[H^+]^2}$$

放流水標準為 5 mg/L = 7.6×10^{-5} ⇒ $C_{T, Zn^{2+}} < 7.6\times10^{-5}$M，添加石灰或氫氧化鈉，使 $[H^+] < 3.05\times10^{-8}$M 時，可符合放流水標準。

（二）當廢水總溶解氨為 300 mg/L ⇒ $C_{T, NH_3} = [NH_3] + [NH_4^+] = 300$ mg/L = 0.021M

根據反應式 $NH_4^+ \rightarrow NH_3 + H^+$　Ka = 5.6×10^{-10}

⇒ 平衡關係式 $\dfrac{[NH_3][H^+]}{[NH_4^+]} = 5.6\times10^{-10}$

⇒ 電荷平衡式 $[NH_4^+] + [H^+] = [OH^-] \Rightarrow [NH_4^+] = [OH^-]$

將 $C_{T, NH_3} = [NH_3] + [NH_4^+] = 0.021M$，$[NH_4^+] = [OH^-]$ 代入平衡關係式

⇒ $[OH^-] = 5.6\times10^{-10}M = [NH_4^+]$，$[H^+] = 1.6\times10^{-11}M$，$[NH_3] = 0.02M$

當溶液中加入氨，鋅會與氨反應生成錯合物增加溶解度，反應式如下：

$Zn(OH)_{2(s)} \rightarrow Zn^{2+} + 2OH^-$　　$K_{sp} = 8\times10^{-18}$

$Zn^{2+} + [NH_3] \rightarrow Zn(NH_3)^{2+}$　　$K = 151$

$Zn^{2+} + 2NH_3 \rightarrow Zn(NH_3)_2^{2+}$　　$K = 151\times177.8 = 2.6\times10^4$

$Zn^{2+} + 3NH_3 \rightarrow Zn(NH_3)_3^{2+}$　　$K = 2.6\times10^4\times204.2 = 5.4\times10^6$

$Zn^{2+} + 4NH_3 \rightarrow Zn(NH_3)_4^{2+}$　　$K = 5.4\times10^6\times91.2 = 4.9\times10^8$

$$C_{T, Zn^{2+}} = [Zn^{2+}] + [Zn(OH)^+] + [Zn(OH)_{2(aq)}] + [Zn(OH)_3^-] + [Zn(OH)_4^{2+}] + [Zn(NH_3)^{2+}]$$
$$+ [Zn(NH_3)_2^{2+}] + [Zn(NH_3)_3^{2+}] + [Zn(NH_3)_4^{2+}]$$
$$= 1.02\times10^6M$$

故溶液中加入氨水，可降低溶液中的 pH 值，雖 NH_3 會與 Zn^{2+} 生成錯離子，但總溶解氨 300 mg/L 時，總 Zn 濃度為 1.02×10^{-6}M，低於放流水標準，無須進行緊急應變。

二、參考解答

（一）$\frac{1}{2}MnO_2 + 2H^+ + e^- \rightarrow \frac{1}{2}Mn^{2+} + H_2O$

$$\Rightarrow pE = pE^0 - \log\frac{[Mn^{2+}]^{\frac{1}{2}}}{[H^+]^2} = 20.78 - \frac{1}{2}\log[Mn^{2+}] - 2pH$$

$\frac{1}{4}O_2 + H^+ + e^- \rightarrow \frac{1}{2}H_2O$

$$\Rightarrow pE = pE^0 - \log\frac{1}{P_{O_2}^{\frac{1}{4}}\cdot[H^+]} = 20.77 + \frac{1}{4}P_{O_2} - pH$$

（二）將 pH = 6 與 $P_{O_2} = 0.21$ 代入氧之 pE-pH 關係式

$$\Rightarrow pE = 20.77 + \frac{1}{4}\times0.21 - 6 = 14.82$$

溶液中 $pE < pE^0$，錳之優勢物種爲二價錳

（三）MnO_2 與 MnO_4^- 還原爲 Mn^{2+} 之半反應式

$$\frac{1}{2}MnO_{2(S)} + 2H^+ + e^- = \frac{1}{2}Mn^{2+} + H_2O$$

$$\frac{1}{5}MnO_{4(S)}^- + \frac{8}{5}H^+ + e^- = \frac{1}{5}Mn^{2+} + \frac{4}{5}H_2O$$

$$\Rightarrow \frac{1}{2}MnO_{2(S)} + \frac{1}{5}MnO_{4(S)}^- + \frac{18}{5}H^+ + 2e^- = \frac{7}{10}Mn^{2+} + \frac{9}{5}H_2O$$

$$\Rightarrow pE = pE^0 - \frac{1}{2}\log\frac{[Mn^{2+}]^{\frac{7}{10}}}{[H^+]^{\frac{18}{5}}}$$

將 $pH = 7$ 與 $[Mn^{2+}] = 10^{-3}M$ 代入

$$\Rightarrow pE = 45.99 - \frac{7}{20}\log[Mn^{2+}] - \frac{18}{10}pH = 33.74$$

再將 $pE = 33.74$ 代入氧之 pE-pH 關係式

$$\Rightarrow 33.74 = 20.77 + \frac{1}{4} \times P_{O_2} - 7$$

$$\Rightarrow P_{O_2} = 79.88 \Rightarrow 79.88\ atm$$

三、參考解答

（一）基本光化學循環反應如下：

$$NO_2 + hv \xrightarrow{k_1} NO + O$$

$$O + O_2 + M \xrightarrow{k_2} O_3 + M'$$

$$O_3 + NO \xrightarrow{k_3} NO + O_2$$

k_1、k_2 與 k_3 爲反應常數

（二）NO、NO_2、O_3 與 HCHO 之基本光化學反應方程式如下：

$$HCHO + hv \rightarrow H\bullet + HCO\bullet$$

$$O_3 + hv \rightarrow O + O_2$$

$$HCO\bullet + O_2 \rightarrow HC(O)O_2\bullet$$

$$HC(O)O_2\bullet + NO \rightarrow NO_2 + HCO_2$$

$$HCO_2\bullet + NO_2 \rightarrow HCO_2NO_2$$

（三）交通尖峰期間車輛會產出大量碳氫化合物、NO 及 NO_2，而當陽光強烈時，碳氫化合物、NO 與 NO_2 則因光解反應濃度降低，生成臭氧及醛類，臭氧與醛類屬高氧化性物質，會反應生成光化學二次氧化物造成光化學煙霧。

四、參考解答

1. 就污染物種類而言：

(1) 金屬污染物除鐵、鉛、銅、鎘、汞之溶解性相對較佳，可能部分滲漏入地下水外，一般於水相透過土壤及孔隙介質（主要爲黏土礦物及有機質）間的吸附、沉澱、過濾等機制累積於土壤。許多微生物或是植物可經由一般稱爲生物累積（Bioaccumulation）的機制超量的攝取、累積並穩定化大量的金屬污染物。以上影響金屬污染物於土壤之穩定性或移動性的化學反應主要還是取決於其溶解度。
(2) 低極性有機污染如苯環物質及石油醚等因爲溶解度較低，一般除少量滲入地下水、部分分子量較小者揮發至氣相外，主要與土壤中黏土礦物及有機物膠結固定累積，形成常見的土壤污染。
(3) 含鹵有機污染物如氯乙烯、氯酚等極性較大者往往容易滲漏污染地下水，極性較低者於土壤中的動態與一般低極性有機污染物類似，惟其生物難以分解之特性使其於土壤中之污染半生期更長，常屬持久性（Persistent）有機污染物。

五、參考解答

見本書第二、四章。

六、參考解答

環境觀點上較爲常見的區分是以生態行爲及相互得利關係，分爲互利共生（Mutualism）以及寄生（Parasitism）等關係。以下就微生物較常見互利共生以及寄生等關係說明如下：

· 互利共生爲同一生態環境中，兩種或多種生物之交互作用爲共同得利者。地衣（Lichen）是由微觀的綠藻或藍藻與絲狀的眞菌群叢組成的共生生物。共生體中藻類和眞菌各自分工，藻類負責進行光合作用製造營養，而眞菌負責吸收水分和無機鹽。這些藻類的細胞包含葉綠素，可產生有機化合物使地衣得以在純無機環境中生存。眞菌則保護藻類防止變乾，並從下層土壤中獲得礦物質，提供給藻類。
· 寄生（Parasitism）爲同一生態環境中，某種生物自另一種生物得利，同時對其造成負面影響。以微生物爲例，病毒本身由於缺乏核醣體等生命所需的基本架構，必須於其他細胞中，利用宿主的酵素系統及資源合成其繁衍所需的物質。

103 地方特考／環化與環微

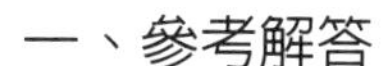

一、參考解答

（一）一個或多個中心原子或離子，與周圍一些陰離子或極性分子等配位基進行鏈結，而形成一個新的化合物，此反應即稱之爲錯合反應。

（二）磷酸根（PO_4^{3-}）有 3 個未共用電子，故爲 3 配位基物質。

（三）$AlPO_4 \rightarrow Al^{3+} + PO_4^{3-}$　　$pK_{SP} = 20$

假設溶液溶解度 $S \Rightarrow S^2 = K_{SP} = 10^{-20} \Rightarrow S = 10^{-10}$

當水溶液中溶解達平衡時 $S = [PO_4^{3-}] = 10^{-10} = 10^{-10} \times 94.97 \times 10^3 = 9.5 \times 10^{-6}$ mg/L

二、參考解答

（一）臭氧 O_3 生成與消失的原因：

1. 對流層

(1) 生成的原因：人類活動產出之二氧化氮（NO_2）照射到大陽光後，光解形成一氧化氮（NO）及氧原子（O），氧原子與氧分子（O_2）結合形成臭氧（O_3），其反應式如下所示：

$NO_2 + hv \xrightarrow{k_1} NO + O$ ———— ①

$O + O_2 + M \xrightarrow{k_2} O_3 + M'$ ———— ②

(2) 消失的原因：臭氧爲高氧化性之氣體，會與空氣中的其他物質反應而消失。相關反應式如下：

$NO + O_3 \rightarrow NO_2 + O_2$ ———— ①

$NO_2 + O_3 \rightarrow NO_3 + O_2$ ———— ②

2. 平流層

(1) 生成的原因：平流層中之氧氣（O_2）受太陽輻射後激發產生氧原子，而後又與氧氣作用產生臭氧，其反應式如下所示：

$O_2 + hv \rightarrow O + O$　$\lambda = 200$ nm（平流層）———— ①

$O + O_2 + M \rightarrow O_3 + M'$ ———— ②

(2) 消失的原因：平流層臭氧消失的原因包括自然破壞與人爲破壞兩種，其中人爲破壞爲主因。自然破壞包括臭氧的光解反應，人爲破壞則爲臭氧與氟氯碳化物反應後生成氧氣。其反應式如下所示：

臭氧光解反應 $O_3 + hv \rightarrow O + O_2$ ———— ①

臭氧與氟氯碳化物反應 $CF_2Cl_2 + hv \rightarrow Cl\bullet + CF_2Cl\bullet$

$$Cl\bullet + O_3 \rightarrow ClO\bullet + O_2$$

$$O + ClO\bullet \rightarrow Cl\bullet + O_2$$

淨反應 $O_3 + O \rightarrow 2O_2$ —— ②

（二）$E = hv = \dfrac{hC}{\lambda}$

$$\Rightarrow 495 = \frac{6.626\times10^{-34}\times3\times10^{8}}{\lambda}$$

$$\Rightarrow \lambda = 4.02\times10^{-28}\text{m}$$（波長）

三、參考解答

（一）Equivalent（當量）：一個元素獲得或失去一莫耳氫離子（或電子）所需的量，稱爲該元素的當量。

Equivalent weight（當量數）：一個當量的質量，即爲當量數，當量數是用來描述當量的數量。

（二）$[Ca^{2+}] = 200\ \text{mg/L} = \dfrac{200\times50}{40.08/2} = 499\ \text{mg/L as } CaCO_3$

$$[Mg^{2+}] = 50\ \text{mg/L} = \frac{50\times50}{24.31/2} = 205.7\ \text{mg/L as } CaCO_3$$

→ 水中的硬度 $= 499 + 205.7 = 704.7$ mg/L as $CaCO_3$

四、參考解答

1. 環保署公告之「室內空氣中細菌濃度檢測方法」（NIEA E301.12C）規定，該方法係使用衝擊式採樣器抽吸適量體積之空氣樣本，直接衝擊於適合細菌生長的培養基上。
2. 本方法所使用之培養基爲胰蛋白大豆瓊脂培養基（Tryptic soy agar）。
3. 將上述成分 40 g 溶於 1 公升蒸餾水中，經 121℃滅菌 15 分鐘後，置於 48±2℃的水浴槽中冷卻，依採樣器不同分裝適量之培養基至培養皿中，置於室溫下凝固，pH 值以表面電極測定應爲 7.3±0.2(在 25℃)，保存期限 14 天。
4. 爲提高實驗結果之準確性及可重複性：
   (1) 每次採樣時，應進行運送空白。每批次需進行一次設備空白。空白樣品經培養後均不得檢出。
   (2) 每個採樣點需至少進行二重複。
   (3) 培養基於實驗室保存、採樣運送及培養期間，均應保持倒置。

五、參考解答

以下各舉一例說明：

1. 傳統方法——鏡檢法

鏡檢法爲最傳統也最直觀的微生物測定方法，主要如其名，是以顯微鏡直接觀察微生物的方法。鏡檢法搭配各種染色技術、自動控制技術、電腦圖像分析技術等先進科技仍爲現代相當重要的一種微生物定性／定量工具。

2. 分子生物技術——PCR 法

PCR 法可算是近代分子生物學方法的基礎，其原理爲利用微生物 DNA 聚合酶鏈鎖反應（Polymerase Chain Reaction, PCR）來放大環境樣本中特定 DNA 的數量，其關鍵爲引子（Primer）之選擇。在 PCR 反應過程中，理想狀態下目標 DNA 片段會以 2 的 n 次方放大，可藉此反推回該 DNA 之原始濃度。PCR 法搭配核酸定序技術亦可作爲微生物鑑定（定性）之工具。惟 PCR 過程由於諸多干擾因素及引子選擇性的問題，造成其定量及定性結果尤其在環境樣本上爲許多研究者質疑。

六、參考解答

1. 生物復育（Bioremediation）爲利用微生物移除場址中污染物的措施技術，依美國環保署之定義，其爲「以現地自然產生之微生物進行污染物之移除或減毒程序」，包含現地（In-Situ）或非現地（Ex-Situ）之各種處理方法。常見的生物復育方法有：植栽復育（Phytoremediation）、堆肥（Composting）等。
2. 消毒劑（Disinfectant）通常爲一種抑制微生物之化學藥劑，用以殺死（Destroy）介質中大部分的微生物。消毒（Disinfection）與滅菌（Sterilization）之目標並不同，其於理想狀態下應於無害人體及其他生物，便宜並且無其他不良影響（如腐蝕性）的前提下，盡可能接近完全的去除或抑制目標微生物的活性。以自來水加氯消毒來說，加氯消毒僅能抑制大部分微生物的生長，在給水管線末端餘氯效果消失後（如老舊複雜管線及水塔），並不能保障用水安全。

104 年環工高考／環化與環微

一、參考解答

（一）大氣中的 PAHs 主要是含碳的燃料如煤炭、木材、瓦斯、燃油等在不完全燃燒的狀況下產生。

（二）Bay region 表示 PAH 結構中電子密度較高，形成環氧鍵結的區域，因電子密度高，提高其致癌性。

（三）$C_{18}H_{12}$ 的五種異構物

1. Benz (a) anthracene

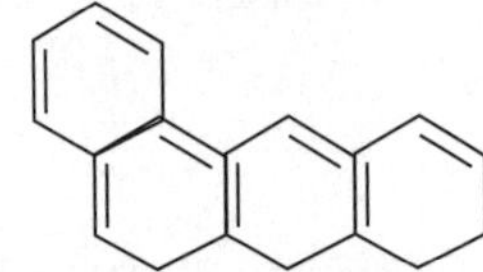

2. Benzo (c) phenanthren

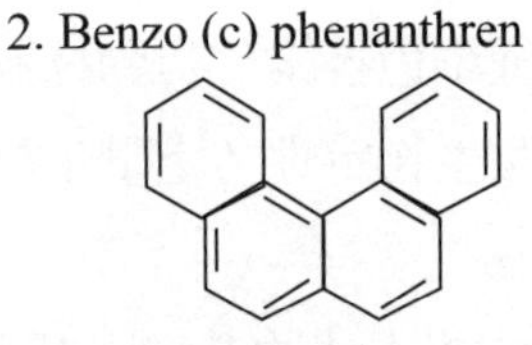

3. Chrysene

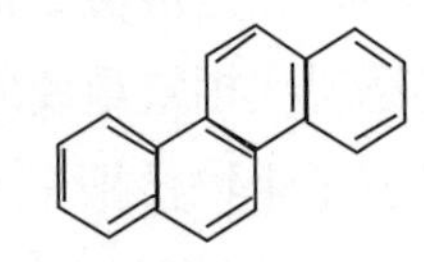

4. Tetracene

5. Triphenylene

因 4.Tetracene 屬直鏈結構，不會形成 Bay region，較不具致癌性。

二、參考解答

（一）303 K時之反應速率常數$k = 5.0\times10^{-13}\exp(-300/303) = 1.86\times10^{-13}\dfrac{cm^3}{molecules\cdot sec}$

（二）根據理想氣體方程式 $PV = nRT$，可計算 1 mole 氣體的體積

$\rightarrow 1\times V = 1\times0.082\times303$

$\rightarrow V = 24.85$ L　所以 1 mole 氣體的體積爲 24.85 L

$$20\text{ ppm 的 CO} = 20\times10^{-6}\frac{cm^3}{cm^3} = 20\times10^{-6}\times10^{-3} = \frac{L}{cm^3} = \frac{20\times10^{-6}\times10^{-3}}{24.85}\frac{mole}{cm^3}$$

$$= \frac{20\times10^{-6}\times10^{-3}\times6.02\times10^{23}}{24.85}\frac{molecules}{cm^3} = 4.84\times10^{14}\frac{molecules}{cm^3}$$

（三）$Rate = k[\bullet OH][CO] = 1.86\times10^{-13}\times8.7\times10^{-13}\times4.84\times10^{14} = 7.83\times10^{-11}\dfrac{molecules}{cm^3\ sec}$

三、參考解答

根據 H_2O 與 O_2 之氧化半反應式 $\Rightarrow pE = pE^0 - \dfrac{1}{n}\log\dfrac{1}{P_{O_2}^{\frac{1}{4}}\cdot[H^+]}$

$$\Rightarrow pE = 20.77 - \log\frac{1}{0.21^{\frac{1}{4}}\cdot10^{-5}} = 15.6$$

當兩半反應式之 pE 相同，代表反應達平衡

→將 pE = 15.6 代入 $Fe(OH)_{3(s)}$ 還原爲 Fe^{2+} 的反應

$$\rightarrow 15.6 = pE^0 - \frac{1}{n}\log\frac{[H^+]^3}{[Fe^{2+}]}$$

$$\rightarrow 15.6 = 16 - \log \frac{[10^{-5}]^3}{[Fe^{2+}]}$$

$$\rightarrow [Fe^{2+}] = 10^{-15.4}M$$

四、參考解答

基本構成的磷脂分子具有一個極性的親水端以及兩條疏水性的長碳鏈。當磷脂質分子處於水溶液中，由於分子極性的作用力自然地形成雙層膜構造。該構造會隨著磷脂質碳鏈的長度及化學特徵，以及磷脂質膜間鑲嵌的各種蛋白質及醣類而改變特性。

一般而言，碳鏈越長甚至分支則磷脂膜的穩定性越高，流動性及通透性越小；較短或是部分未飽和的碳鏈則會提高通透性及流動性。很多情況下細胞膜上會鑲嵌各種蛋白質酵素及醣類，由細胞主動控制通透性及運輸物質，展現各種複雜的生物反應。

五、參考解答

一般而言，生化反應依據化學反應動力學原理，微生物之生長速率隨溫度提高而呈對數增加，直到溫度接近其耐受範圍上限時，由於高溫所造成的酵素蛋白變性失活、細胞磷脂質膜流動及通透性受到影響、或是 DNA 變性等因素影響，其生長速率開始急遽降低。微生物學家針對各種微生物對於溫度之耐受範圍不同，而將其區分爲嗜低溫菌（Psychrophiles）、耐低溫菌（Psychrotrophs）、中溫菌（Mesophiles）、嗜高溫菌（Thermophiles）、極嗜高溫菌（Hyperthermophiles）等等。由於微生物對於溫度之耐受性直接決定於其蛋白質結構、細胞膜構成，以及 DNA 組成之差異性，對於溫度耐受範圍不同之微生物其於演化分類、生理反應，及酵素化學構成上往往具有極大的差異性。生活於極低或極高溫環境的微生物在演化上針對效率—穩定性—彈性三者平衡（Activity-stability-flexibility relationship）上所採取的策略與常溫下不同。

在極度低溫環境下生長之微生物往往要面對水結冰的問題，微生物維持生命現象之各種生化反應爲基於水溶液化學，沒有液態水就無法維持目前已知的各種生化反應。最基本的條件下，在極度低溫環境下的微生物會具備較爲彈性的細胞膜以抵抗凍害，並且在細胞質內具有抗凍成分以維持水溶液狀態以進行各種生化反應並保護 DNA 物質，其生長及生化反應之效率則較爲低落。再舉例來說，於極高溫度環境下生長之微生物之細胞膜構造主要重視穩定性，常常是以支鏈結構爲主，能耐高溫而運輸效率低落，通透性差。

六、參考解答

微生物之鑑定在近年來主要爲採取分子生物學方法進行，其中針對原核生物（包含古細菌眞細菌）而言，16S r-RNA 序列分析是當前對細菌進行分類學研究中較精確的一種技術。

由於 RNA 在實驗處理上十分困難，極易受污染或降解，故一般實務操作上爲操作對應的 DNA 模板——16S r-RNA 爲主，實驗操作步驟簡單說明如下：

1. DNA 萃取。
2. PCR 放大。
3. 序列比對及統計親源分析。

定出 DNA 序列後上傳至 NCBI 網站可獲得該菌株之分類鑑定資料。

105 年環工高考／環化與環微

一、參考解答

（一）水之鹼度是其對酸緩衝能力（Buffer capacity）的一種度量。一般鹼度常以 $CaCO_3$（mg/L）表示。

（二）3000 $CaCO_3$（mg/L）

$$\Rightarrow \frac{3000}{50}\times 10^{-3} = 6\times 10^{-2}M$$

$$總鹼度 = [HCO_3^-] + 2[CO_3^{2-}] + [OH^-] - [H^+] = 6\times 10^{-2}M$$

$$\Rightarrow 10^{-10.3} = \frac{[CO_3^{2-}][H^+]}{[HCO_3^-]} = \frac{[CO_3^{2-}]\times 10^{-7.3}}{6\times 10^{-2}}$$

$$\Rightarrow [CO_3^{2-}] = 6\times 10^{-5}$$

（三）① 緩衝強度各濃度

$$\frac{[HCO_3^{2-}][H^+]}{[H_2CO_3]} = 10^{-6.3}$$

② 將濃度代入

$$\Rightarrow \frac{6\times 10^{-2}\times 10^{-7.3}}{[H_2CO_3]} = 10^{-6.3}$$

$$\Rightarrow [H_2CO_3] = 6\times 10^{-3}$$

③ $\beta = 2.303\times\left[[H^+] + [OH^-] + \frac{[H_2A][HA^-]}{[H_2A]+[HA^-]} + \frac{[HA^-][A^{2-}]}{[HA^-]+[A^{2-}]}\right]$

$$\Rightarrow \beta = 2.303\cdot\left(10^{-7.3} + \frac{10^{-14}}{10^{-7.3}} + \frac{(6\times 10^{-3})(6\times 10^{-3})}{(6\times 10^{-3})+(6\times 10^{-3})} + \frac{(6\times 10^{-2})(6\times 10^{-5})}{(6\times 10^{-2})+(6\times 10^{-5})}\right.$$

$$= 1.27\times 10^{-2}M/DH$$

④ $1.27\times10^{-2}\times(8-7.3)\times40(NaOH) = 0.356\ g/L$

二、參考解答

$$\ln\frac{k_2}{k_1}=\frac{-\Delta H^\circ}{R}\left(\frac{1}{T_2}-\frac{1}{T_1}\right)$$

溫度由 800℃增加到 1100℃

$$\Rightarrow \ln\frac{k_2}{9.7\times10^{10}}=-\frac{-75.3\times10^3}{1.987}\left(\frac{1}{1373}-\frac{1}{1073}\right)$$

$\Rightarrow k_2 = 2.19\times10^{14}$（L/mol・s）

三、參考解答

（一）$C_{總} = [Cu^{2+}] + [Cu^{+}] = 0.1mg/L$

$PE^0 = 16.9\times0.16 = 2.704$

$$PE = PE^0 - \log\frac{[Cu^+]}{[Cu^{2+}]}$$

$$\Rightarrow -4 = 2.704 - \log\frac{[Cu^+]}{[Cu^{2+}]}$$

$$\Rightarrow -\log\frac{[Cu^+]}{[Cu^{2+}]} = -6.704$$

$$\Rightarrow \log\frac{[Cu^+]}{[Cu^{2+}]} = 6.704$$

$\Rightarrow [Cu^+] = 10^{6.704}[Cu^{2+}]$

代回 $C_{總} = [Cu^{2+}] + [Cu^+] = 0.1(mg/L)$

$\Rightarrow [Cu^+] = 0.1mg/L$

$[Cu^{2+}] = 1.98\times10^{-8}mg/L$

（二）$pE = 20.8 + \frac{1}{4}\log P_{O_2} = pH$

當 pH 增加，pE 會下降；

當 pH 降低，pE 會上升。

（三）O_2 分壓爲 0.21atm

$$pE_1 = 1.23\times16.9 + \frac{1}{4}\log 0.21 - 10 = 10.63$$

$$pE_2 \Rightarrow pE_0 - \log\frac{[Cu^+]}{[Cu^{2+}]} = 10.63$$

$$\Rightarrow 2.704 - \log\frac{[Cu^+]}{[Cu^{2+}]} = 10.63$$

$\Rightarrow [Cu^{2+}] = 10^{7.926}[Cu^{+}]$

代回 $C_{總} = 10^{7.926}[Cu^{+}] + [Cu^{+}] = 0.1mg/L$

$\Rightarrow [Cu^{+}] = 1.185 \times 10^{-9}mg/L$

$\Rightarrow [Cu^{2+}] = 10^{7.926} \times 1.185 \times 10^{-9}$

$\fallingdotseq 0.1mg/L$

四、參考解答

生物刺激方法是活用生存在污染場址的微生物，透過外加營養，如糖蜜、乳化油、營養鹽（如氮、磷）及其他電子接受者（如氧或硝酸鹽）可促進微生物繁殖與生長的手段，增加本土微生物活動，從而增強土壤對污染物降解的能力。糖蜜可扮演快分解基質、乳化油可扮演界面活性劑，乳化慢分解基質。

分解三氯乙烯的厭氧菌屬：甲烷分解菌和苯環類分解菌。

五、參考解答

1. 甲烷菌屬絕對厭氧。可以在海底沉積物、河湖淤泥、沼澤地、水稻田、人和動物的腸道或厭氧消化槽發現。

2.

可利用基質：甲烷菌屬名

H_2 / CO_2 / 甲酸：甲烷桿菌

H_2 / CO_2 / 甲酸：甲烷球型菌

H_2 / CO_2 / 甲酸：產甲烷菌

H_2 / CO_2 / 甲酸：甲烷囊菌

H_2 / CO_2 / 甲酸：甲烷螺菌

105 年地方特考／環化與環微

一、參考解答

(1) 在 0℃，1atm ⇒ $500mg/m^3$

$$\text{Now } x \text{ mg/m}^3 = \frac{500 \times 64}{22.4} = 1428.6\text{mg/m}^3$$

⇒ 1428.6 > 500 ⇒ 超過標準

(2) $1 \times V = 0.0821 \times (273 + 200)$

⇒ $V = 38.83$L/mol（在 200℃，1atm 下）

$$\text{Now } y \text{ mg/m}^3 = \frac{500 \times 64}{38.83} = 824.1\text{mg/m}^3$$

$$\Rightarrow 824.1\text{mg/m}^3 \times (0.5 \times 0.5 \times 3.14) \times 15\text{m/s} \times (60 \times 60 \times 24) = 838.41\text{kg/day}$$

二、參考解答

半衰期 $\Rightarrow T_{1/2} = \frac{\ln^2}{k}$

$\Rightarrow 30.17 = \frac{0.693}{k}$

$\Rightarrow k = 0.02297$

$C_2O = 1 \times e^{-0.02297 \times 20} = 0.63\text{kg}$

三、參考解答

（一）壬基苯酚和塑化劑都是一種環境賀爾蒙，會干擾負責維持生物體內恆定、生殖、發育或行爲的內生賀爾蒙之外來物質影響荷爾蒙的合成、分泌、傳輸、結合、作用及排除。且壬基苯酚具有千擾內分泌系統特性，在環境中不易分解並有生物循環蓄積作用。

（二）由於大氣中含有大量的 CO_2，故正常雨水本身略帶酸性，pH 值約爲 5.6，因此一般是以雨水中的 pH 值小於 5.6 稱爲酸雨。雨水除受 CO_2 影響外，其他外部因素也可使 pH 值的變化介於 4.9 ～ 6.5 之間，因此以 pH 值小於 5.0 作爲酸雨的定義。

（三）等速採樣爲煙道粒狀物採樣中，採樣管流速與煙道內廢氣流速保持相同。一般在採取煙道廢氣的粒狀物樣品時，爲採到具代表性的樣品，必須使採樣管內採樣的流速保持與煙道內採樣點的流速相同；若採樣管流速過大時，將採到比實際濃度值小的樣品；相反，如果採樣管流速較小，將採到比實際濃度值大的樣品。

（四）BOD 放流水爲液體，30ppm 爲液相濃度，密度是爲 1，故單位爲 mg/L；SO_2 爲氣相濃度，密度不爲 1，故單位不是 mg/L。

四、參考解答

先電荷平衡

$[H^+] = [OH^-] + [HCO_3^-] + [HSO_3^-] + [CO_3^-] + [SO_3^-]$

$\Rightarrow$ 簡化 $\Rightarrow [H^+] = [HCO_3^-] + [HSO_3^-]$

① $[HCO_3] = P_{CO_2} \times k = 1 \times 400 \times 10^{-6} \times 0.1 = 4 \times 10^{-5}M$

② $[HSO_3] = P_{SO_2} \times k = 1 \times 10 \times 10^{-9} \times 1.23 = 1.26 \times 10^{-8}M$

$$[HCO_3] = \frac{k_{a1} \times [H_2CO_3]}{[H^+]} \text{；} [HSO_3] = \frac{k_{a2} \times [H_2SO_3]}{[H^+]}$$

代回 $[H^+] = [HCO_3^-] + [HSO_3^-]$

$$\Rightarrow [H^+] = \frac{k_{a1} \times [H_2CO_3]}{[H^+]} + \frac{k_{a2} \times [H_2SO_3]}{[H^+]}$$

$$\Rightarrow [H^+]^2 = 4.3 \times 10^{-7} \times 4 \times 10^{-5} + 1.3 \times 10^{-2} \times 1.23 \times 10^{-8}$$

$$\Rightarrow [H^+] = 1.33 \times 10^{-5} \Rightarrow \text{pH 值} = 4.88$$

五、參考解答

(1) Monod 方程式 $\Rightarrow \mu = \mu_{max} \dfrac{S}{k_S + S}$

是描述微生物比增殖速度與有機物濃度之間的函數關係

（廢水處理中，S 可加 BOD, COD, TOC）

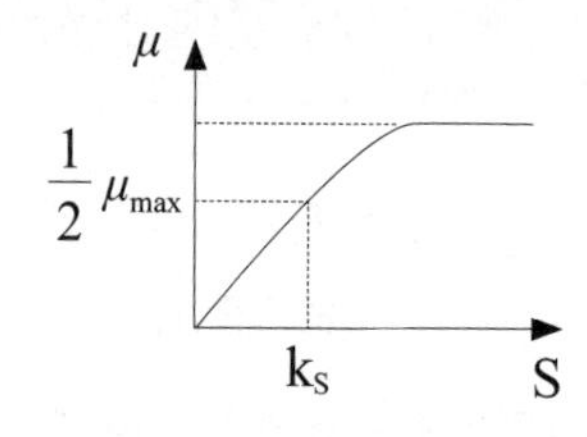

① If 處於高基質濃度 $\Rightarrow S >> k_S$

$\mu = \mu_{max} \dfrac{S}{k_S + S}$ 可簡化成 $\mu = \mu_{max}$

故比生長速率和基質濃度無關 ⇒ 零級反應

② If 處於低基質濃度 $\Rightarrow k_S >> S$

$\mu = \mu_{max} \dfrac{S}{k_S + S}$ 可簡化成 $\mu = \mu_{max} \dfrac{S}{k_S}$

⇒ 為一級反應

六、參考解答

常見的厭氧菌包括發酵菌、甲烷生成菌、硫酸還原菌，會因為電子供給者和接受者消長而變化。當廢水含高濃度硫酸鹽時，有機物含量少，需另添加電子提供者，使硫酸還原。那假如加入的電子提供者為氫氣，會使甲烷生成菌生長，但硫酸還原菌就會缺乏氫氣而受抑制。那相反硫酸還原菌生長時，會將硫酸鹽轉為硫化氫，硫化氫會抑制甲烷生成菌生長。

七、參考解答

活性污泥系統內除去 BOD，假單孢菌屬負責碳水化合物的分解，當碳水化合物分解完後產生黃桿菌、無色桿菌、產鹼桿菌負責蛋白質分解，這些屬化學異營菌。而硝化菌可進行硝化作用，以化學自營菌爲主。

106 年環工高考／環化與環微

一、參考解答

（一）忽略離子

$$kSP = 6\times10^{-31} = [Cr^{3+}][OH^-]^3$$

$$\Rightarrow [Cr^{3+}] = \frac{6\times10^{-31}}{\left[\frac{10^{-14}}{10^{-8.5}}\right]^2} = 6\times10^{-14.5}M$$

$$6\times10^{-14.5} < 0.5mg/L$$

（二）不忽略離子

$$① \ [Cr^{3+}] = \frac{6\times10^{-31}}{(10^{-5.5})^3} = 6\times10^{-14.5} \quad ①$$

$$② \begin{cases} Cr(OH)_{3(s)} \rightleftharpoons Cr^{3+} + 3OH^- \\ Cr^{3+} + OH^- \rightleftharpoons Cr(OH)^{2+} \end{cases} \Rightarrow Cr(OH)_{3(s)} \rightarrow 2OH^- + Cr(OH)^{2+}$$

$$\Rightarrow [Cr(OH)^{2+}] = \frac{6\times10^{-31}\times10^{10}}{10^{-11}} \quad ②$$

$$③ \begin{cases} Cr(OH)_{3(s)} \rightleftharpoons 2OH^- + Cr(OH)^{2+} \\ Cr(OH)^{2+} + OH^- \rightleftharpoons Cr(OH)^+_{2(aq)} \end{cases} \Rightarrow Cr(OH)_{3(s)} \rightarrow OH^- + Cr(OH)^+_2$$

$$\Rightarrow [Cr(OH)^+_2] = \frac{12\times10^{-13}}{10^{-5.5}} \quad ③$$

$$④ \begin{cases} Cr(OH)_{3(s)} \rightleftharpoons OH^- + Cr(OH)^+_2 \\ Cr(OH)^+_2 + OH^- \rightleftharpoons Cr(OH)_{3(aq)} \end{cases} \Rightarrow Cr(OH)_{3(s)} \rightarrow OH^- + Cr(OH)_3$$

$$\Rightarrow [Cr(OH)_3] = 60\times10^{-8} \quad ④$$

$$⑤ \begin{cases} Cr(OH)_{3(s)} \rightleftharpoons Cr(OH)_{3(aq)} \\ Cr(OH)_3 + OH^- \rightleftharpoons Cr(OH)^-_4 \end{cases} \Rightarrow Cr(OH)_{3(s)} \rightarrow OH^- + Cr(OH)^-_4$$

$$\Rightarrow [Cr(OH)^-_4] = 240\times10^{-4}\times10^{-5.5} \quad ⑤$$

$$C_{總}Cr^{3+} = ① + ② + ③ + ④ + ⑤$$

$$\fallingdotseq 4.2\times10^{-6}M \fallingdotseq 0.22mg/L < 0.5mg/L$$

二、參考解答

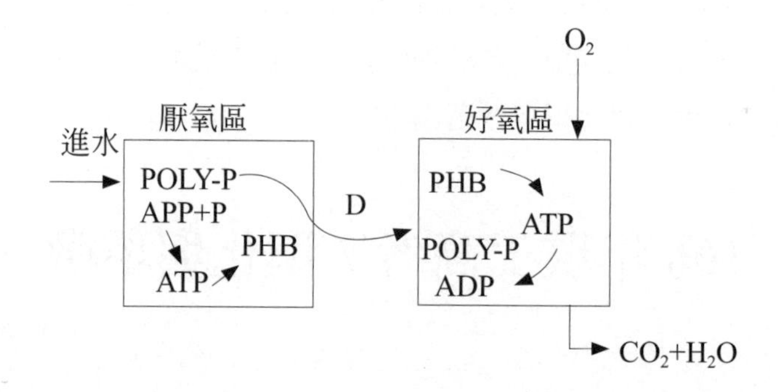

生物除磷主要是利用兼氣性的聚磷菌，由PAO在厭氧狀態下分解聚磷酸鹽（poly-p）並產生能量，攝取外部短鏈脂肪酸，並以胞內聚合物 PHB 型式儲存，而胞內分解的聚磷酸鹽會轉成正磷酸鹽的形式排放至水中；然後在好氧狀態下分解 PHB 獲得能量進行增殖，並將外部正磷酸鹽超量攝取至體內，最後再經由排泥程序達到系統除磷的目的。

三、參考解答

（題目給的式子由上到下由左到右編式 1-10）

(1) 基礎光化學反應：

$(1) NO_2 + h\nu(\lambda < 420nn) \rightarrow NO + O$

$(2) O_2 + O + M \rightarrow O_3 + M$（M 是一種 energy-absorbing 物質）

其生成的 O_3 可與 NO 反應生成 NO_2 和 NO。

(2) 白天去除機制：白天因爲有太陽光照射較易形成自由基，其 NOX 去除反應可包括（式 1、2）。

那生成的 O_3 和 NO 反應會生成 NO_2 和 O_2，可參考（式 3、4、5、8、9）；

而晚上沒有日照則不易形成自由基，其 NOX 去除反應包括（式 5、8、9）。

四、參考解答

	碳源	電子供給者	能量來源	包括
光合自營	二氧化碳	無機物	光能	綠藻
化學自營	二氧化碳	無機物	化能	亞硝酸菌
化學異營	有機物	有機物	化能	眞菌
光合異營	有機物	有機物	光能	

五、參考解答

	可做爲電子最終接受者	參與反應
1	氧氣	有氧呼吸
2	結合氧（硝酸根、硫酸根……）	無氧（酒精發酵、乳酸發酵等）

有氧呼吸：

$C_6H_{12}O_6 + 6O_2 + 36ADP + 36Pi \rightarrow 6CO_2 + 6H_2O + 36ATP$

酒精發酵：

$C_6H_{12}O_6 + 2ADP + 2Pi \rightarrow 2C_2H_5OH + 2CO_2 + 2ATP$

乳酸發酵：

$C_6H_{12}O_6 + 2ADP + 2Pi \rightarrow 2C_2H_4OHCOOH + 2ATP$

六、參考解答

1. **大腸桿菌群**並非指特定菌株，而是指一群在人體腸胃道內有相同生理活性的菌群，具有能使葡萄糖醱酵轉換成乳糖的能力。
2. 而**大腸桿菌**則是指特定的菌種，普遍存在人畜的大腸內，若在食品或水體中發現，表示其受到糞便污染，它比大腸桿菌群更能表示有腸內病原菌之危害。
3.

若測到：	
大腸桿菌群	樣品可能受到糞便污染。
糞大腸桿菌	可區分大腸菌是否有受到糞便污染的可能性。
大腸桿菌	很大機率確定有病原菌污染，但因其在非人畜環境不易生存，故可以 E.coli 數量多寡推估污染時間。

106 年地方特考／環化與環微

一、參考解答

（一）用 pe^0 推 k、E^0、ΔG^0

① $pe^0 = \frac{1}{n}(\log k) \Rightarrow 1.32 = 1 \times \log k \Rightarrow k = 10^{13.2}$

② 在 25℃下

$pe^0 = 16.9E^0 \Rightarrow 1.32 = 16.9E^0 \Rightarrow E^0 = 0.781\text{volt}$

③ $\Delta G^0 = -nFE^0 = -1.23061 \times 0.781 = -18.01kcal$

（二）$Fe^{3+} + e^- \rightarrow Fe^{2+}$ $(E^0 = 0.781)$

$pE^0 = 16.9 \times 0.781 = 13.2$

$pE = 16.9 \times 0.485 = 8.2$

$\because 8.2 < 13.2$

$\therefore [Fe^{2+}] = 0.2mM$

$$pE = pE^0 - \log\frac{[Fe^{2+}]}{[Fe^{3+}]} \Rightarrow 8.2 = 13.2 - \log\frac{[Fe^{2+}]}{[Fe^{3+}]}$$

$$\Rightarrow 5 = \log\frac{[Fe^{2+}]}{[Fe^{3+}]} \Rightarrow 10^5 = \log\frac{[Fe^{2+}]}{[Fe^{3+}]}$$

$\Rightarrow [Fe^{3+}] = 2 \times 10^{-6}mM$

（三）$pE = 16.9 \times 0.485 = 8.2$

$pE^0 = 16.9 \times 0.68 = 11.492$

$\because 11.492 > 8.2$

$\therefore$可還原

$$pE = pE^0 - \log\frac{[Cl^-][RH]}{[H^+][RCl]} \Rightarrow 8.2 = 11.492 - \log\frac{1 \times [RH]}{10^{-6} \times [RCl]}$$

$\Rightarrow 2.708 = \log\frac{[RH]}{[RCl]} \Rightarrow 510 = \log\frac{[RCl]}{[RH]}$，設 RH 爲 x，$510 = \log\frac{0.1 - x}{x}$

$\Rightarrow [RH] = 1.96 \times 10^{-4}mM$，$[RCl] = 9.98 \times 10^{-2}mM$

二、參考解答

（一）0.5% 硫、6% 氫、15% 氧、78% 碳

$$\frac{10 \times 0.78}{12} \times 44 + \frac{10 \times 0.005}{32} \times 64 = 28.7 \text{ 噸}$$

（二）先電荷平衡

$[H^+] = [OH^-] + [HSO_3^-] + 2[SO_3^-]$

$\Rightarrow [H^+] = [HSO_3^-] = 10^{-4}$

$$k_a = 1.7 \times 10^{-2} = \frac{[H^+][HSO_3^-]}{[H_2SO_3]}$$

$$\Rightarrow [H_2SO_3] = \frac{10^{-4} \times 10^{-4}}{1.7 \times 10^{-2}} = 5.88 \times 10^{-7}$$

$P_{SO_2} \times kH = P_{SO_2} \times [H_2SO_3] = [SO_2] \times 5.88 \times 10^{-7} = 10^6 \times 5.88 \times 10^{-7}$

$= 0.588ppm$

四、參考解答

（一）基質磷酸化是爲一化合物移去磷酸根，產生能量，爲直接氧化。

① EMP 路徑——糖解反應

1.3- 二磷酸甘油酸→ 3- 磷酸甘油酸 + ATP

磷酸烯醇式丙酮酸→丙酮酸 + ATP

② TOA 循環——琥珀醯輔酶 A →琥珀酸 + GTP

（二）氧化磷酸酯化——電子傳遞鏈

在好氧和厭氧時，電子經由 NADH、$FADH_2$、由還原電位低處經由電子傳遞鏈至高處，產生能量，爲間接氧化。

五、參考解答

硝化菌屬化學自營，通過卡爾文循環固定二氧化碳爲碳源，NH_3 和 H_2S 爲其能源。

藍綠細菌屬光合自營，二氧化碳爲碳源，陽光爲其能源。

六、參考解答

硝化行爲是一個生物用氧氣將氨氧化爲亞硝酸鹽然後在氧化爲硝酸鹽的作用。可分爲自營性硝化及異營性硝化。硝化菌有兩種類別，亞硝酸菌與硝酸菌。硝化菌最重要是能將水中的氨分解爲較無毒性的硝酸根。

脫硝行爲指細菌將硝酸鹽中的氮通過中間產物還原爲氮氣分子的過程。參與細菌通常爲脫硝細菌或脫氮細菌。而脫硝菌分自營及異營。

107 年環工高考／環化與環微

一、參考解答

1. 由於藻類吸收 CO_2 行光合作用，當 CO_2 減少，相當於水中二氧化碳（H_2CO_3）被吸收，

   故 $[H_2CO_3] = [H^+] + [HCO^{3-}]$ 反應向左進行，

   反應式 $[HCO_3^-] = [H^+] + [HCO_3^{2-}]$ 也因上式向左進行，$[H^+]$減少，故pH值上升，約 10.5 左右。

2. ①酚酞鹼度：找 pH = 8.3

   $200 \times x_1 = 0.02 \times 5.125$

$\Rightarrow x_1 = 5.25\times10^{-4}M$

②總鹼度：找 pH = 4.5

$200\times x_2 = 0.02\times11.7$

$\Rightarrow x_2 = 1.17\times10^{-3}M$

3. 全 $= [HCO_3^-] + 2[CO_3^-] + [OH^-] - [H^+] = 1.17\times10^{-3}$

（pH = 4.5）

$\Rightarrow [HCO_3^-] + 2[CO_3^-] - 10^{-4.5} = 1.17\times10^{-3}$

$\Rightarrow [HCO_3^-] + 2[CO_3^-] = 1.2\times10^{-3}$

酚酞（pH = 8.3）$= [CO_3^-] + [OH^-] - [H_2CO_3] - [H^+] = 5.25\times10^{-4}$

$\Rightarrow [CO_3^-] + 10^{-5.7} - 0 - 10^{-8.3} = 5.25\times10^{-4}$

$\Rightarrow [CO_3^-] = 5.23\times10^{-4}M$

代回 $[HCO_3^-] + [2CO_3^-] = 1.2\times10^{-3}$

$\Rightarrow [HCO_3^-] = 1.54\times10^{-4}M$

$[OH^-] = \frac{10^{-4}}{10^{-10.5}} = 3.16\times10^{-4}M$

二、參考解答

1. 阿端尼斯方程式：$k = Ae^{-Ea/(RT)}$

代入 $\Rightarrow k = 1.8\times10^{-12}e^{-1370/T}$

$\Rightarrow 1370 = Ea/8.314$

$\Rightarrow Ea = 11390.18J$

2. $NO + O_3 \rightarrow NO_2 + O_2$

$\Delta H = 33.18 + 0 - 90.25 - 142.7$

$= -199.77kJ$

$\Rightarrow$ 屬放熱反應

三、參考解答

1. 將數值代入 $T = e^{-\varepsilon bc}$

$T_{320} = e^{-0.8\times0.35} \Rightarrow 75.58\%$

2. $T_{280} = e^{-100\times0.35} - e^{-100\times0.35\times0.99} \Rightarrow 2.64\times10^{-16}$

$T_{320} = e^{-0.8\times0.35} - e^{-0.8\times0.35\times0.99} \Rightarrow 0.0021$

T_{280} 增加 2.64×10^{-16}，T_{320} 增加 0.0021

3. 濃度減少，透光率增加。（降低 1%）

四、參考解答

1.

aerobic	好氧系統	氧氣爲電子接受者
anoxic	無氧系統	結合氧爲電子接受者
anaerobic	厭氧系統	有機物爲電子接受者

2. 操作程序如下：

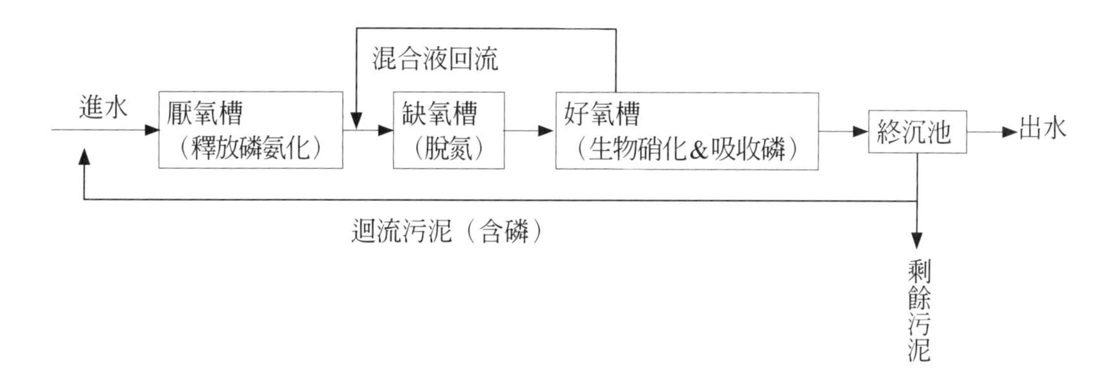

當厭氧段存在大量硝酸鹽時，反硝化菌會以有機物爲碳源進行反硝化，等脫氮完全後才開始磷的厭氧釋放，這就使得厭氧段進行磷的厭氧釋放的有效容積大爲減少，從而使得除磷效果較差，而脫氮效果較好。

反之，如果好氧段硝化作用不完善，則隨迴流污泥進入厭氧段的硝酸鹽減少，改善厭氧段的厭氧環境，使磷能充分厭氧釋放，所以除磷的效果較好，但由於硝化不完全，故脫氮效果不佳。所以在脫氮除磷方面不能同時取得較好的效果。

改善：

(1) 將迴流污泥分二點加入，減少加入到厭氧段的迴流污泥量，從而減少進入厭氧段的硝酸鹽和溶解氧。

(2) 系統中剩餘污泥含磷量較高，在其消化過程中磷會重新釋放和溶出。同時由於剩餘污泥沉澱性能較好，所以可取消消化池，直接經濃縮壓濾後作爲肥料使用。

五、參考解答

leading strand：領先股，5′ → 3′ 方向合成（以 3′ → 5′ 爲模版）能連續合成，爲連續性模式。

lagging strand：落後股，3′ → 5′ 方向合成（以 5′ → 3′ 爲模版）以岡崎片段複製，爲不連續性模式。

複製一開始，DNA 解旋酶在局部解開雙螺旋結構的 DNA 分子爲單股，引子酶辨認起始位點，用解開的一段 DNA 爲模板，按照 5′ 到 3′ 方向合成 RNA 短鏈。因引子提供了 3′-OH 的末端，DNA 聚合酶催化 DNA 的兩條鏈同時進行複製過程，複製過程只能由 5′→3′ 方向合成，因此僅一條鏈能夠連續合成，另一條鏈需要分段合成，是爲岡崎片段。

六、參考解答

可利用變性梯度膠體電泳（DGGE）技術。具有相似長度的 DNA 用普通的凝膠電泳無法進行分離，但利用 DGGE 可以分離長度只有 200 ～ 700bp 的 DNA 片段。DGGE 凝膠中的變性劑濃度下方往上方逐漸降低。在電泳過程中，一開始雙鏈 DNA 以直線形狀向正極移動。隨著變性劑（ex. 甲醯胺或尿素）濃度的提高，DNA 中具有低 G + C 含量的序列部分被打開，而高 G + C 含量的部分仍保持雙鏈。如此便能將具有相似長度而序列有差異的 DNA 分子分離開。以四氯乙烯爲例，若在處理過程中，DGGE 由單純變向複雜，表示整治有效。

107 年地方特考／環化與環微

一、參考解答

（一）

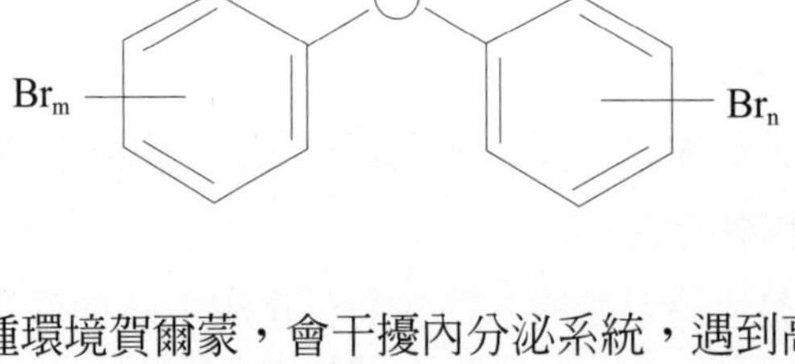

Br_m Br_n

多溴二苯醚是一種環境賀爾蒙，會干擾內分泌系統，遇到高溫會揮發到空氣中，但沒有異味較難察覺。因可抑制燃燒起火，故常添加在產品中當阻燃劑。其結構具強脂溶性，進入到循環系統後會沉積在生物體脂肪組織中進行累積。

（二）

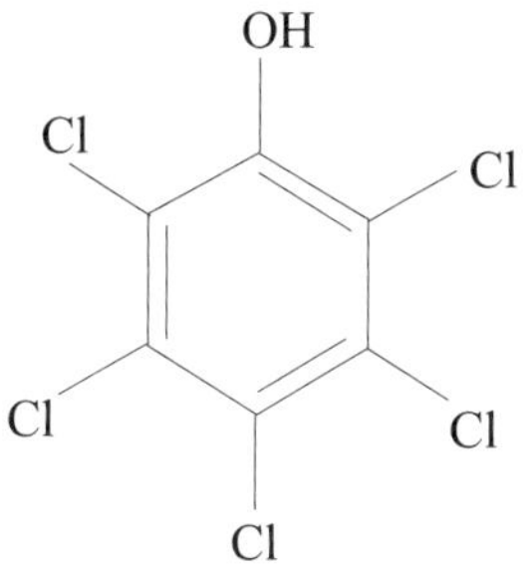

$$\text{(structure: pentachlorophenol, } C_6Cl_5OH\text{)}$$

OH, Cl, Cl, Cl, Cl, Cl

一種人造化學物質，大多用於木材防腐劑和殺蟲劑，可在空氣、水、土壤中發現。長時間暴露於高濃度的五氯酚發現會有肝臟傷害和破壞免疫系統。

（三）

	環境中轉化	移動性
十溴二苯醚	不易轉化	較不溶於水，較不會隨水移動
五氯酚	較易轉化	較溶於水，較會隨水移動

（四）

1. $C = Co \times e^{-kt}$

$$\Rightarrow \frac{C}{Co} = e^{-kt}$$

$$\Rightarrow 0.1 = e^{-0.5t}$$

$$\Rightarrow t = 4.61hr$$

2. 25℃加熱到 30℃

$$\ln\frac{k_2}{k_1} = \frac{\Delta H^0}{R}\left(\frac{1}{T_1} - \frac{1}{T_2}\right)$$

$$\Rightarrow \ln\frac{k}{0.5} = \frac{10 \times 10^3}{1.987}\left(\frac{1}{(273+30)} - \frac{1}{(273+25)}\right)$$

$$\Rightarrow k_{30} = 0.66$$

$$\frac{C}{Co} = e^{-kt}$$

$$\Rightarrow \frac{10}{200} = e^{-0.66t}$$

$$\Rightarrow t = 4.54hr$$

二、參考解答

（一）

膠體是一種均勻混合物，是非勻相的，大小介於 1nm ～ 1000nm 之間，而在 1nm 時稱爲奈米顆粒。

（二）

親水性膠體會因水合作用將粒子互相隔開。

而疏水性膠體顆粒間會具有電雙層斥力和凡德瓦引力作用，這兩個力會相互平衡，使其保持穩定狀態。

（三）

會因電雙層（擴散層）壓縮、吸附及電性中和、沉澱物絆除、吸附及架橋作用而聚集。

（四）

以沉澱物絆除舉例

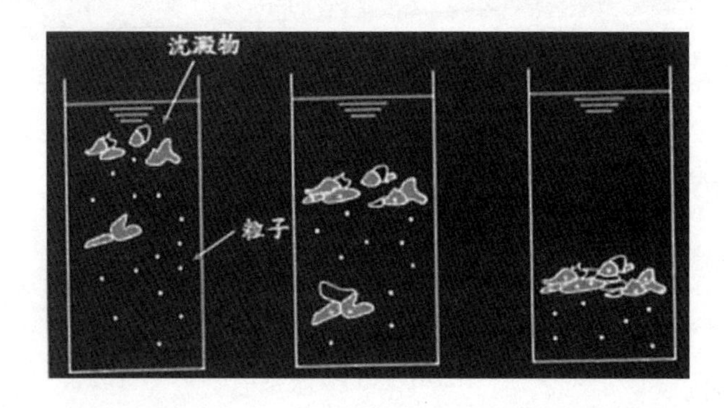

可在水中加入混凝劑如硫酸鋁，若加藥量大時，可迅速產生不容性沉澱物，故膠體粒子可以在不容性沉澱物沉澱過程中被絆除。其機制與表面電中性無關。

三、參考解答

登革熱透過帶有登革熱病毒的雌性伊蚊叮咬而傳染給人類。當登革熱患者被病媒蚊叮咬後，病媒蚊便會帶有病毒，若再叮咬其他人，便有機會將病毒傳播。此病並不會經由人與人之間傳播。在 2015 年最初出現在北區六甲里，而後擴散到全市。臺南市確診病例超過 2 萬人，主要爲第二型病毒，連同高雄以第一型病毒爲主的病例合計爲 4 萬人，其擴散主要與當年聖嬰現象有關。而 2018 年主要是第一型病毒，新北市和臺中發生最多。

四、參考解答

（一）微囊藻

特性：屬藍綠藻，是小型的細胞，且沒有鞘的包覆，可聚集呈圓形、狹長或不規則型，會產生毒素。

環境上的意義：會產生微囊藻毒，其毒素會導致肝臟、膽囊病變，嚴重會致死。

（二）硫酸還原菌

特性：爲厭氧菌，化學異營，以 SO_4^{2-} 作爲電子接受者產生能量。

環境上的意義：硫酸還原菌生長時，會將硫酸鹽轉爲硫化氫，硫化氫會抑制甲烷生成菌土長。硫化氫會有毒氣或臭氣，也會造成腐蝕。

五、參考解答

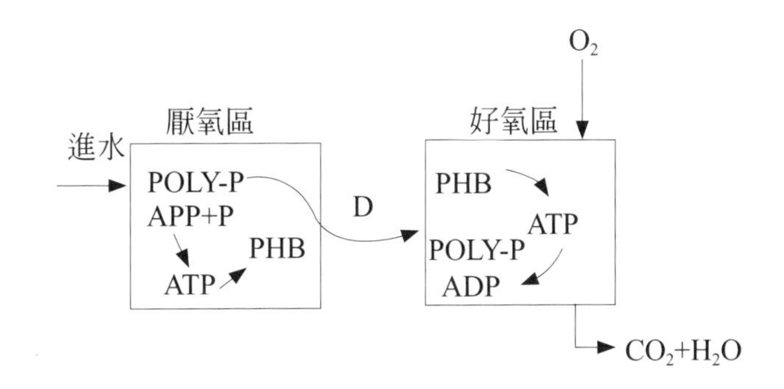

生物除磷主要是利用兼氣性的聚磷菌，由PAO在厭氧狀態下分解聚磷酸鹽（poly-p）並產生能量，攝取外部短鏈脂肪酸，並以胞內聚合物 PHB 型式儲存，而胞內分解的聚磷酸鹽會轉成正磷酸鹽的形式排放至水中；然後在好氧狀態下分解 PHB 獲得能量進行增殖，並將外部正磷酸鹽超量攝取至體內，最後再經由排泥程序達到系統除磷的目的。

其他影響因素

溶解氧	控制好好氧、厭氧區
溫度	一般在 5 ～ 30℃
pH 值	一般在 7 ～ 8 之間
水停留時間	1 ～ 2hr
污泥停留時間	5 ～ 12day

附錄三　環境微生物基本重點

一、基礎微生物

1. 微生物細胞成分

   好氧：$C_5H_7O_2N$

   厭氧：$C_5H_9O_3N$

2. 湖泊

湖上層
越溫層
湖下層

   夏天：湖中三層未混合「成層」

   秋天：湖上層溫度下降，引起「翻轉（Over tum）」（因爲 4℃時比重最重，會沉入湖下層）

   春天：冰溶解達 4℃時，又沉入湖下層，造成翻轉

3. 測藻類生長方法

   (1) 生物量

   (2) 氧氣生成量

   (3) 碳 14

   (4) DNA, ATP 濃度

   (5) 葉綠素當量

4. 藻類生存條件

   (1) 營養：N, P, C, H, O 及微量 Fe, Mg, S

   (2) 環境因子：日光、溫度

5. 藻類所引起問題

   (1) 藻毒素（Algae toxic）：水華→形成紅潮→毒死魚類

   (2) 臭味

   (3) 濾床阻塞

   (4) 影響溶氧

   (5) 產生三鹵甲烷，致癌

   (6) 提高 pH 至 10

6. 藻類過度繁殖，對用水影響
   (1) 因光合作用，影響碳酸系統平衡，使 pH 可達 10 及溶氧降低。
   (2) 對飲用水造成臭及色。
   (3) 阻塞濾層。
   (4) 藻類死亡釋出內毒素。
   (5) 藻類為有機物，加氯會形成三鹵甲烷。
7. 優養化控制方法
   (1) 生態管理：管制氮磷進入水體。
   (2) 三級處理：去除氮磷再進入水體。
   (3) 化學殺藻劑：硫酸銅、氯氣。
   (4) 生物殺藻劑：以微生物來吃藻類。
   (5) 水庫、湖泊去分層：加強曝氣混合，改變藻類生長環境。
8. 細菌：水傳播之病原菌
   (1) 沙門氏菌：傷寒。
   (2) 致賀氏菌：痢疾。
   (3) 弧菌：霍亂。
9. 病毒（Viruses）：感染肝炎、小兒麻痺
10. 空氣污染微生物指標
   (1) E. Coli：對臭氧及光化學煙霧敏感。
   (2) 草履蟲：碳氫化合物（致癌、難分解碳氫化合物）。
   (3) 地衣：空氣污染對綠色植物影響。
11. 優養化指標

   $TSI(CHL) = 9.81 \ln(Chl - a) + 30.6$

   Chl - a 為葉綠素 -a 濃度（μg/L）

   $TSI(SD) = 60 - 14.4 \ln(SD)$

   SD 為透明度（m）

   $TSI(TP) = 14.42 \ln(TP) + 4.15$

   TP 為總磷濃度（μg/L）

   以上所得之數值平均即為實際指數

   若 TSI > 50 則為優養

   若 TSI < 40 則為貧養

   若 TSI = 40 ~ 50 則為中養

12. $ATP = ADP + H_3PO_4 + E$；E：能量

13. 河川污染狀況

（污染段）開始分解段	→	積極分解段	→	復原段	→	清水段
細菌		纖毛蟲		輪蟲		甲殼類
污泥蟲		鼠尾蟲		血蟲		

14. 脂肪 $\xrightarrow{\text{酶}}$ 甘油、脂肪酸→丙酮酸，乙醯基輔酶→ TCA 循環
    TCA 循環：產生 2ATP 與 NADH 及 FADH2 二種電子攜帶者，再進入電子傳遞鏈產生大量 ATP

15. 蛋白質 $\xrightarrow{\text{蛋白質酶}}$ 胜肽→胺基酸→脫酸、脫胺、轉胺→草醋酸鹽、琥珀酸鹽→ TCA 循環→產生電子攜帶者→進入電子傳遞鏈→產生能量

16. 醣 $\xrightarrow{\text{酶、水解作用}}$ 雙醣、單醣 $\xrightarrow{\text{醣解作用}}$ 丙酮酸 + 2ATP $\xrightarrow{\text{發酵作用}}$ 乙醇
    纖維素爲非分支狀聚合物之多醣類，多醣類之聚合單元爲葡萄醣，由於聚合單元之連結造成微生物之難分解性，僅少數細菌、眞菌可分解，且大多是厭氧分解。

17. 一般藉減衰增殖期及體內呼吸期之微生物處理廢水。當進入體內呼吸期，微生物以自體細胞質爲能源，進行氧化及分解，另一部分由於餓死，以致微生物量減少。

18. 藻類之限制因子爲磷之原因爲：
    (1) 磷溶解度低。
    (2) 磷平衡濃度，較實際濃度低。

19. pH 影響微生物之原因
    (1) 影響組成酵素成分之蛋白質，當酵素受到抑制，生理受到影響。
    (2) 細胞膜之帶電性，進而影響物質進出。
    (3) 改變所處環境之毒性，進而影響微生物。

20. 界面活性劑
    (1) 高濃度時，影響細胞膜之表面張力。
    (2) 低濃度時，可幫助海水中微生物分解海上浮油，使油乳化。

21. TCA cyclc（Citric acid cycle; Krebs cycle）：
    此階段可以產生 2ATP，最主要產生 NADH 及 $FADH_2$ 二種還原性電子攜帶者，可進入 E.T.S（電子傳遞鏈產生大量 ATP）

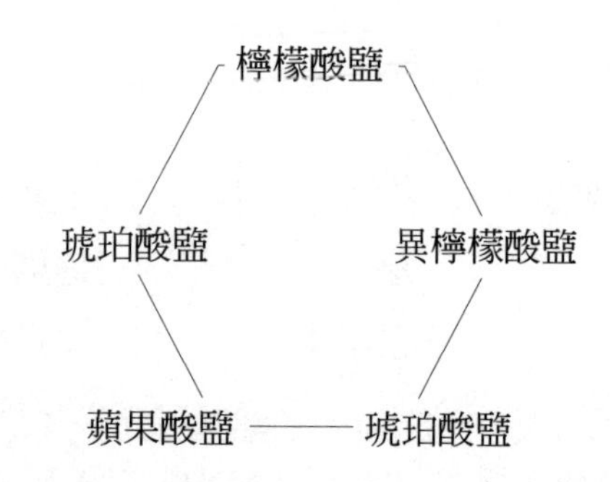
檸檬酸鹽
琥珀酸鹽
異檸檬酸鹽
蘋果酸鹽
琥珀酸鹽

22.基質分解

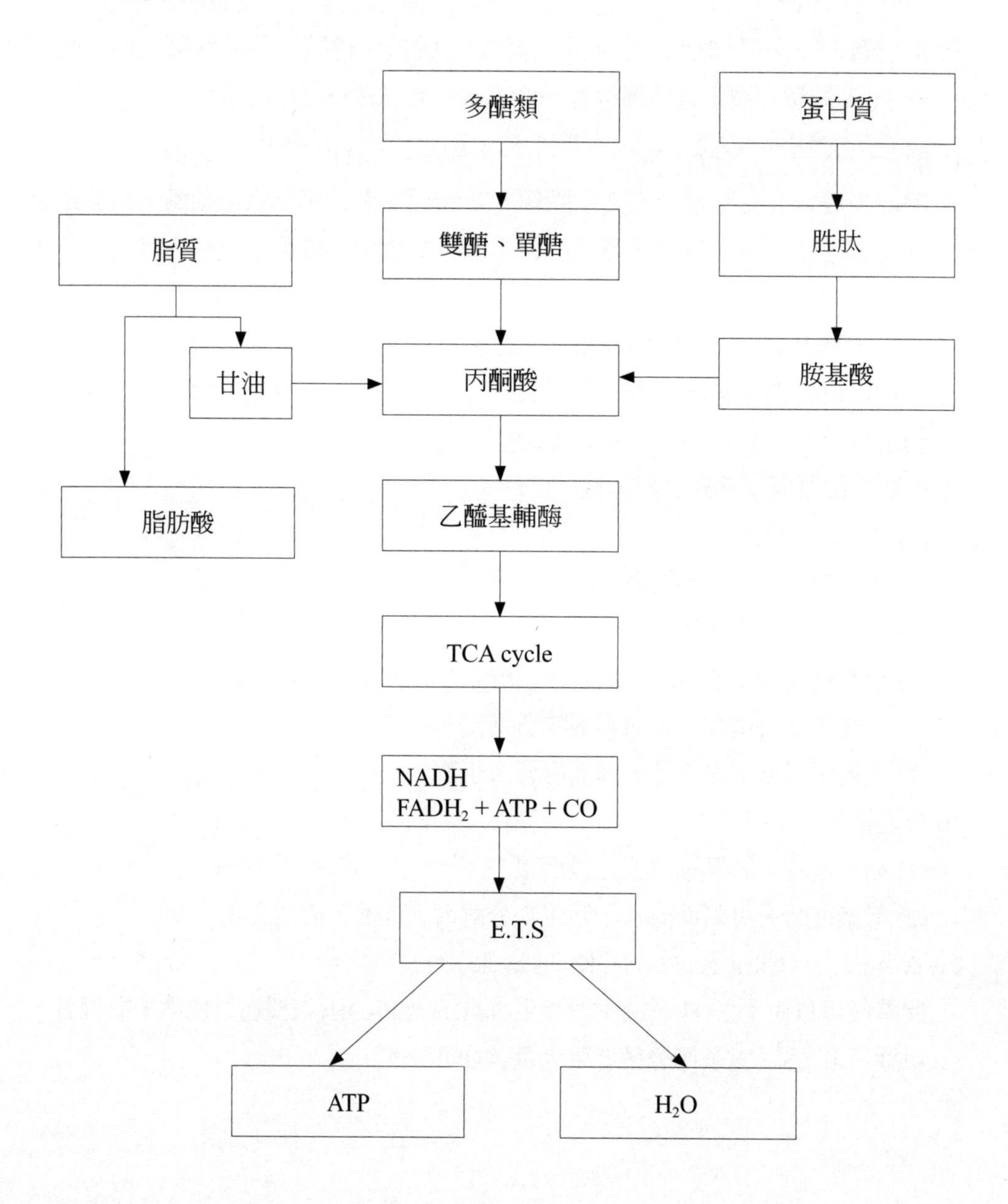
多醣類
蛋白質
脂質
雙醣、單醣
胜肽
甘油
丙酮酸
胺基酸
脂肪酸
乙醯基輔酶
TCA cycle
NADH
$FADH_2$ + ATP + CO
E.T.S
ATP
H_2O

23.微生物實驗篇

(1) 分離

(a) 劃碟（Streak plates）

接種環燒紅滅菌，待冷卻再取細菌樣品依同方向逐一劃線，每次劃線完均須滅菌再劃，再放入保溫箱培養（37℃，24 小時）

(b) 倒碟（Poured plates）

以稀釋水，稀釋菌種水樣 3~4 次，取出 1 mL，放置予已滅菌培養皿中央，再倒入培養液，搖動混合均勻，再取出計數

(c) 抹碟（Spread plates）

以塗抹方式，代替劃碟方式

(2) 鑑定（Identification）

(a) 顯微鏡觀察

如細菌外形、大小、排列、運動性、染色、顏色、透明度、鞭毛個數

(b) 生化方面特性

碳源之利用：乳糖之利用，產生酸，降低 pH，產生水及二氧化碳

氮源之利用：硝酸鹽之還原作用：$NO_3^- \rightarrow NO_2^- \rightarrow NH_3$

胺基酸產生 H_2S 及 NH_3

(3) 純化步驟

(a) 分離

(b) 培養

(c) 菌種保存

(4) 培養技術

(a) 純種培養：單一菌種

步驟

(i) 分離

(ii) 培養

(iii) 菌種保存

(b) 混合培養

(5) 培養基種類

(a) 普通培養基：營養液加洋菜（Agar）

(b) 優厚培養基

(c) 選擇培養基：抑制其他微生物

(d) 鑑別培養基：欲分離者，呈特殊效應

(e) 分析培養基：了解何爲抑制劑、何爲生長劑

(6) 染色之種類

(a) 格蘭氏染色：結晶紫 → 碘液 → 乙醇 → 番紅

(b) 莢膜染色

(c) 孢子染色

(d) 鞭毛染色

(e) 活體染色：中性染料，死細胞才可被染上

(7) 細菌染色方法

(a) 簡單染色：只用一種染料

(b) 鑑別染色：一種以上之染料，如格蘭氏染色法

(c) 陰性染色：背景染色，菌體不著色

(8) Enumeration（計算）of bacteria

(a) 直接顯微鏡下計數

(b) 標準盤計算

盤上數出的細菌數乘以稀釋倍數，即實際細菌數。

(c) 過濾：細菌很少時可使用本法

(d) 最大可能數：$MPN = \dfrac{\text{正管數} \times 100}{\sqrt{\text{負水樣（mL）} \times \text{正水樣（mL）}}}$

= Thomas formula

(e) 濁度

(f) 代謝活性

24. 培養基依成分可分爲

(1) 天然培養基：馬鈴薯 + 葡萄糖 + 洋菜

(2) 合成培養基：E.M.B

25. 微生物產生能量方式

(1) 基質磷酸化作用

(a) 厭氧生物行發酵代謝，此爲唯一獲得能量方式

(b) 電子接受者爲有機物

(c) $ADP + H_3PO_4 \rightarrow ATP + H_2O$，$\Delta G = 7.3$ kcal/mole

(2) 氧化磷酸化作用

(a) 好氧或厭氧生物的呼吸代謝

(b)最終電子接受者

好氧：O_2

厭氧：O_3^-、SO_4^{2-}

(c) ATP 的形成，主要是電子在細胞色素中傳遞所產生

(3)光合磷酸化作用

(a)光合性生物形成 ATP 過程，可分成循環與非循環光合磷酸化作用

(b)循環：色素傳現出 E.T.S，產生 ATP，只需光反應中心 I

非循環：ATP 產生，需光反應中心 I 與 II

26.氮循環

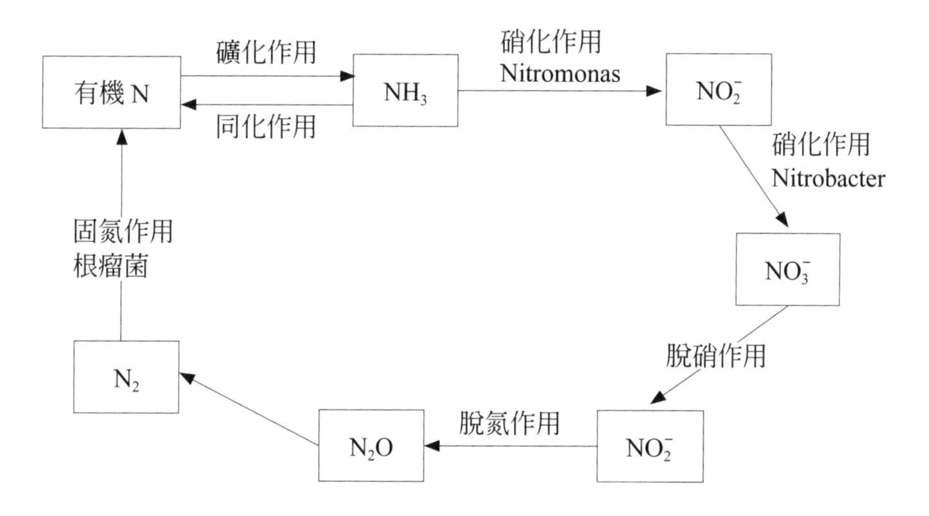

Nitrification: $NH_3 \rightarrow NO_2^- \rightarrow NO_3^-$

Denitrification：$NO_3^- \rightarrow NO_2^- \rightarrow N_2O \rightarrow N_2$

Nitrogen fixation：$N_2 \rightarrow$有機 N

27.硫循環

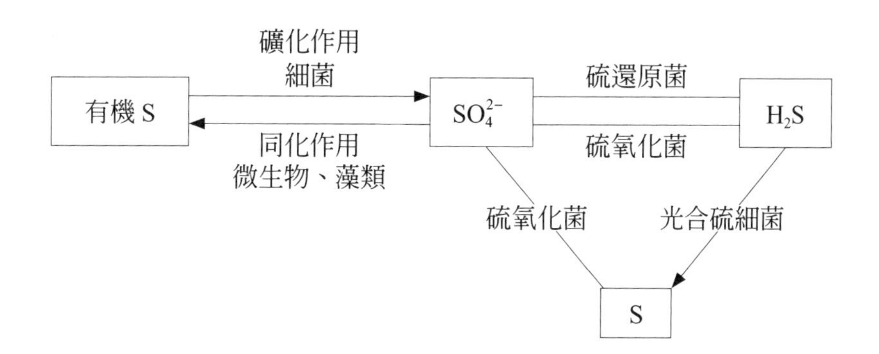

硫氧化菌：Beggiatoa

硫還原菌：Thiothrix

光合硫細菌：紫硫菌、綠硫菌

28.微生物生長以個數可分爲四期

微生物生長以比生長率可分爲六期

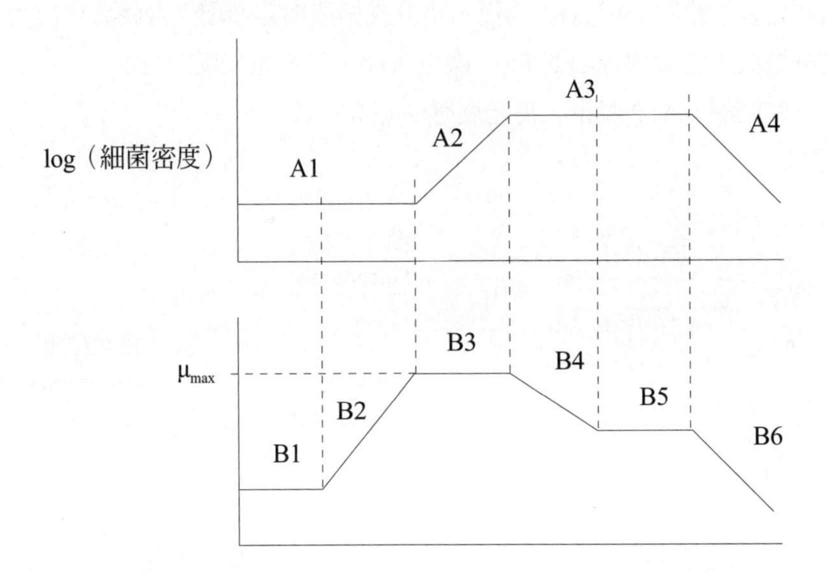

A1：遲滯期

A2：對數期

A3：穩定期

A4：死亡期

B1：遲滯期

B2：加速生長期

B3：對數期

B4：衰減增殖期

B5：穩定期

B6：內呼吸期

29.$\mu = Y_q - k_d$

μ：比生長率

Y：生長係數

q：比基質利用率

k_d：衰減係數

30.Monod model：

比生長率：$\mu = \frac{\mu_{max} \cdot S}{k_s + S}$

μ_{max} 爲最大比生長率

$\mu = 0.5\mu_{max}$ 之 S 爲 k_s

31.Michalis-Menten

反應速率：$r = \frac{r_{max} \cdot S}{k_m + S}$

r_{max} 爲最大比生長率

$r = 0.5r_{max}$ 之 S 爲 k_m

基質利用率：

$$\frac{dS}{dt} = qX = \frac{\mu}{Y}X = \mu\frac{X}{Y} = \frac{\mu_{max} \cdot S}{k_s + S}\frac{X}{Y} = \frac{X \cdot S}{k_s + S}\frac{\mu_{max}}{Y} = \frac{kXS}{k_s + S}$$

32.好氧呼吸與發酵作用

好氧呼吸

(1) 有氧下進行

(2) 1 分子葡萄糖產生 38ATP

(3) 最終產物爲二氧化碳和水（低能量）

(4) 以氧氣爲最終電子接受者

發酵作用

(1) 有氧或無氧下進行

(2) 1 分子葡萄糖產生 2ATP

(3) 最終產物爲酒精和乳酸（高能量）

(4) 以有機物爲最終電子接受者

33.眞核與原核微生物的差異

眞核	原核
藻類、眞菌、原生動物	細菌、綠藻、放射線菌
有核膜	無核膜
有絲分裂	無有絲分裂
許多染色體	單一染色體
有粒線體、高爾基體、內質網溶解酶體	構造簡單
光合性生物、光合色素在藻綠體中	色素散佈在細胞質中
80-S 之核醣體	70-S 之核醣體
鞭毛成束的（20 條纖維）	鞭毛爲單一

二、應用微生物

1. 大腸菌當指標微生物的條件
   (1) 在水體內分布均勻。
   (2) 生存期較致病菌長。
   (3) 對人畜無害。
   (4) 對檢測處理之抵抗性較致病菌高。
   (5) 對環境之適應力較致病菌高。
   (6) 容易測定。
2. 大腸菌作爲指標微生物之優缺點

   優點

   (1) 呈陽性反應，可判定受到人或動物糞便污染。
   (2) 大腸菌在環境中生存力弱，可由大腸菌之出現，表示受污染時間。
   (3) 大腸菌在外界不易繁殖，其數目只會遞減不會增加。

   缺點

   (1) 測出量未必與致病菌數量成正比。
   (2) 欲求 Fecal coliform（糞便型）和 Total coliform 之比例要同時測，因爲比例會隨時間而變。
3. $\dfrac{Fecal\ coliform}{Fecal\ streptococci}=\dfrac{FC}{FS}=\dfrac{\text{糞便性大腸菌}}{\text{糞便性鏈球菌}}$

   當$\dfrac{FC}{FS}>4$，人類污染；

   當$\dfrac{FC}{FS}<0.7$，動物污染；

   當$\dfrac{FC}{FS}=1\sim2$，人類與動物污染均可能。
4. P/H index：研究河川有機污染及自淨過程之指標

   P：光合自營性；

   H：異營性。

   P/H > 40：自營性微生物占優勢；

   P/H < 20：異營性微生物占優勢；

   40 > P/H > 20：自營性微生物與異營性微生物共存。
5. P：藻類產率（光合作用）

R：藻類呼吸率（呼吸作用）

當 P > R：表示 N, P 污染，藻類數量多、種類少；

當 P = R：表示河川 N, P 穩定。

6. 生物指標（Biotic Index）

   (1) class Ⅰ：不能忍受污染生物。

   (2) class Ⅱ：可以忍受污染生物。

   Biotic Index = 2(n×claas Ⅰ) − (n×class Ⅱ); n: species

   BI > 10 表示乾淨；

   BI = 1~6 表示中度污染；

   BI → 0 表示污染嚴重。

7. 河川自淨作用四階段

   (1) 清水段（Clean water）：高等魚類

   (2) 污染段（Degration）：底棲生物

   (3) 急速分解段（Active decomposition）：底棲生物，末期出現藻類、原生動物

   (4) 復原段（Recovery）：輪蟲、甲殼類

8. 河川自淨過程生物出現之順序

   (1) 細菌

   (2) 原生動物

   (3) 纖毛類

   (4) 後生動物

   (5) 甲殼類

9. 河川污染程度四等級

   (1) 未受污染：石蠅、網蚊

   (2) 輕度污染：蜻蛉、肩泥蟲

   (3) 中度污染：水蛭、浮游

   (4) 重度污染：紅蟲、鼠尾蛆

10. 活性污泥生物出現順序

   (1) 菌類

   (2) 原生動物

   (3) 後生動物

11. 原生動物診斷曝氣槽狀況

   (1) 小型游動性生物之鞭毛蟲或纖毛蟲大量存在，曝氣槽有機物亦多。

(a) 增加曝氣量

(b) 增加污泥量

(c) 減少 BOD-SS 負荷

(d) 增長停留時間

(e) 迴流污泥量增加（即降低食微比）

(2) 匍匐性及固著性生物多（輪蟲、纖毛蟲）。

水質良好、正常

(3) 大型阿米巴蟲等原生動物、後生動物多時（絲狀菌）。

(a) 食微比太小、污泥解體

(b) 減少溶氧量

(c) 排棄污泥（減少微生物量，因基質少）

(d) 增加 BO、SS 負荷

(e) 縮短停留時間

12. 以原生動物相判斷活性污泥生長狀況

(1) 變形蟲：表示剛開始操作，系統惡化轉趨正常。

(2) 鞭毛蟲：表示膠羽輕且鬆散、細菌少、有機負荷高，需增加活性污泥停留時間。

(3) 自由游動纖毛蟲：表示曝氣系統趨近最佳狀態。

(4) 有柄纖毛蟲：表示活性污泥曝氣系統達到穩定有效處理程度。

(5) 輪蟲：表示系統穩定，污泥沉降性佳，出水水質良好。

13. 活性污泥異常下之生物

(1) 解體：Vahkamfia limax, Ameoeba radiosa（阿米巴原蟲）

(2) 膨化：Sphaerotilus natans 等絲狀菌

(3) 溶氧不足：Beggiatoa alba

(4) 有機物濃度低：Euplotes, Oxytricha, Stylonychia 等下毛類及 Lurella, Lepadella 等輪蟲類

(5) 有害毒物流入：Aspidisca

14. 消毒

$$K = \log\frac{N_1}{N_2} = C^n \cdot t$$

K：越大表示消毒劑消毒力越大

N_1：消毒前細菌濃度

N_2：消毒後細菌濃度

C：消毒劑之濃度

t：接觸時間

n：稀釋因子

$n>1$ 表示消毒劑濃度比消毒時間重要；

$n<1$ 表示消毒時間比消毒濃度重要；

$n=1$ 表示消毒時間與消毒濃度一樣重要。

15.活性污泥鬆化（Bulking）形成的微生物種類

(1) 細菌中的絲狀菌（Filamentous bacteria）

(a) Nitrifying bacteria 硝化菌

(b) Sphaerotilus 鐵細菌之一

(c) Beggiatoa 硫氧化菌之一

(d) Thiothrix 硫還原菌之一

(2) 眞菌（Fungi）

(3) Zoogloea 細菌凝聚團異常繁殖

16.污泥鬆化原因

(1) 若是絲狀菌造成，原因可能如下：

(a) 溶氧過低

(b) 碳氮比過低

(c) 有機負荷過低

(2) 若是眞菌造成，原因可能如下：

(a) 溫度降低

(b) pH 太低

(c) 碳氮比值太高

(d) 有機負荷過高

(e) 硫化物存在

(3) 排泥量不足，Zoogloea 細菌凝聚團異常繁殖

(4) MLSS 過高或過低

(5) 缺乏營養源（N, P）

17.使 Bulking sludge 回復之對策

(1) 排泥

(2) 加凝集劑（如黏土、矽藻土等）

(3) 加氯鹽

(4) 加過氧化氫

(5) 針對每個鬆化原因改善

(6) 增加氮磷

18.接觸氧化（污泥計算）

Y ≒ 0.2 kg-MLSS/kg-BOD

MLSS ≒ 5,000 mg/L

體內自行氧化率：b = 0.02

總剩餘污泥量

$= Q \times SS_{in} \times \eta_s + Q \times Y \times BOD_{in} \times \eta_B - b \times MLSS \times V$

19.活性污泥異常現象之主要原因及對策

項目	區分	異常之現象	原因	對策	備註
1	變色	雙黑 雙白	活性污泥腐敗 發生絲狀菌	參照第 7 項 參照第 3 項	正常活性污泥為灰褐色～褐色
2	膠羽輕	(1) 污泥呈灰黑色，BOD 低 (2) 淡棕色，不能沉降或上升，BOD 高	(1) 污泥老化 (2) a. 污泥未成熟 b. 水利負荷過高 c. 設備不正常	(1) 增加排泥 (2) a. 增加迴流污泥 b. 調整或減低 c. 檢查溢流堰整流設備是否正常，調整之	上澄液有細小顆粒
3.	膨化	(1) 活性污泥變白，不調和狀 (2) 沉澱、分離性不良、不壓密 (3) SVI 在 200 以上 (4) 活性污泥由沉澱地溢出，處理水水質不良	(1) 污泥抽除不足致 Zooglea 菌異常繁殖 (2) 下述原因致絲狀菌異常繁殖 a. 曝氣量不足 b. MLSS 濃度過高或過低 c. 流入水 BOD 過高 d. 流入水含有害物質 e. pH 降低	(1) 排泥 (2) 探討原因擬定對策，為提早恢復正常可採下列措施 a. 投入凝聚劑（硫酸錳、氯化亞鐵、黏土、矽藻土等） b. 添加氯鹽、次氯酸鈉、矽藻土等 c. 添加過氧化氫	以顯微鏡確認原因，若為絲狀菌異常繁殖，其恢復較遲，有時甚至需要換污泥

項目	區分	異常之現象	原因	對策	備註
4	上浮	污泥浮於沉澱池上面流出	(1)脫氮現象 (2)活性污泥之腐敗 (3)膨化 (4)解體 (5)沉澱池的缺陷 (6)流量變化太大	(1)a. 控制曝氣風量 b. 增加迴流污泥量、排泥 (2)參照第 7 項 (3)參照第 3 項 (4)參照第 6 項 (5)沉澱池改造、調整 (6)設置流量調整槽	(1)時 pH 下降，上浮污泥附著氣泡 (2)爲發生於尖峰流量
5	混濁	處理水懸浮物濃度高，水色混濁	(1)Protozoa 增殖，毒性物質流入 (2)無 Protozoa，主要爲食微比過高 (3)過分曝氣	(1)預先處理控制 (2)減少流量或增加迴流污泥 (3)減少送風量	通常爲暫時性，原因去除即可恢復
6	解體	污泥被破壞成細微的膠羽現象	(1)過分曝氣 a. 曝氣時間過長過分氧化之狀態 b. BOD 負荷過低 (2)特定微生物異常繁殖 (3)有害物質流入 (4)機械性的破壞	(1)控制曝氣量，增加流入水量使負荷適當 (2)增加迴流污泥量 (3)管制有害物質流入 (4)減少攪拌強度	(2)之特定微生物 Amore-ba，小型鞭毛蟲等
7	腐敗	污泥發生腐敗、變黑及不悅臭氣	(1)氣量不足 a. 曝氣量不足 b. 曝氣設備故障或停電 (2)沉澱池內長期儲積污泥 (3)曝氣槽、沉澱池之構造有缺陷	(1)停止污水流入，增加曝氣以恢復程度調節流入水量 (2)增加迴流污泥量，加強排泥 (3)改善構造物	停止曝氣在夏天 1 天，多天 2 天，以上就發生腐敗
8.	發泡	曝氣槽顯著發泡	(1)污水基質之原因 (2)一般清潔劑多量流入	(1)提高 MLSS 操作濃度 (2)添加消泡劑 (3)設置消泡設備	
9	異常 pH	pH 下降	(1)進行硝化 (2)混入酸性物質	(1)a. 維持適當 MLSS 濃度 b. 控制曝氣量（放風、分批曝氣等） c. 增加迴流污泥量 (2)管制流入水水質	

附錄四　下水道 2.0 版

陳宏銘

一修（2021/8 月）

以往臺灣下水道建設著重於管網建設以及廠區水量水質的提升，是一個以量爲主，兼顧水質成長的課題，因此從民國 81 年國家六年建設計畫開始，污水下水道歷經五期計畫（目前五期建設中，五期 104 年～ 109 年），硬體方面頗具成效，截至 110 年 8 月底完成廠區 71 座，總污水處理量超過 410 萬 CMD，用戶接管戶數已達 330 萬戶，整體污水處理率已逾 60%，總建設經費已接近 3,000 億，具體之成效已逐步達到提升河川溶氧而不發臭，減少底泥淤積量等效果，同時在污水接管率較高的城市，下水道建設普及除提升河川水質外，河川水岸整體景觀得以改善，優化周遭居住品質，帶動各類商業、觀光與休憩活動，有助於都市環境規劃與周邊產業發展。

然而污水下水道建設除淺顯易懂之家戶環境改善外，河川水質河岸景觀之改善亦是宣傳之重點，家戶接管之污水經由分支管以及主次幹管收集到污水處理廠（又稱爲水資源回收中心，日本則稱爲水質淨化中心，新加坡則爲 NEWATER）經二、三級處理後放流排至承受水體，因此污水經物理、化學、生物機制之轉換最終產物有液態（Liquid）之放流水、氣態（Gas）之溫室氣體（CO_2、N_2O、H_2S 等）以及近固態（Solid）之污泥、早期都把它們當廢棄物處理掉，惟近年都已將之視爲資源（Resource），如同環保之垃圾成爲資源般回收再利用，這是觀念及技術進步的象徵，也確實是我們持續在進行的，因此循環性經濟的來臨也與此息息相關。

在揭櫫資源回收再利用的環保理念中，下水道的永續（可持續性）也將搭配進行，早期管線維護管理的觀念，已漸進式地轉化爲長壽命化的步驟，何謂「管線設施長壽命化」根據日本下水道之經驗，意指：藉由有效的營運管理以維持管線設施的機能，延長使用壽命，同時確保污水下水道作爲維生系統的安全性，避免發生災害於未然，減少生命財產損失，更能使污水下水道生命週期總成本降到最低。目前臺灣早期興建之污水下水道系統，諸如臺北市衛生下水道建設系統、臺北近郊污水下水道建設系統以及高雄之污水下水道建設系統等許多管網都已超過 30 年或將屆 30 年，常態系維護亟待更新以及完成長壽命化之工作，有鑑於以往圖資不夠健全及完整，一般僅有二維（2D）之圖面，每當都市道路建設路平之執行時，人孔下地的情形相當普遍，更配合其他管線之管遷既有圖資相當紊亂，正確圖資亟需建立完妥，臺北市因此成立「臺北市道路管線暨資訊中心」，目前已將臺北市境內所有地下管線完成建置三維

（3D）圖資，且於現場施工中，配合 AR 技術執行，配合後續管線、管網、管段之履歷資料，可逕行辦理污水下水道系統之長壽命化維護更新規劃工作，控管期程及經費，使管網管材之穩定使用得以確保，污水下水道系統穩定化操作也能落實。

進入二十一世紀第二個十年後，由於網路及手機的極度普遍，物聯網（Internet of things, IOT）技術的成熟，污水下水道的經營也應配合智慧化時代的來臨，調整步伐及思考方向；回顧以往污水下水道系統的廠區即時監控，以及管網監測早已執行多年，惟上世紀的作法仍採用 cable 數位或類比的方式辦理，監控點固定件隨現地各種環境問題，設備易毀損且訊息模糊，即便如此污水下水道也曾是物與物聯結，訊息與自動控制落實的系統之一，只不過採用廠區中央控制及地區監控的方式，區域性及普遍性較為侷限。然而如前所述，由於網路時代及物聯網技術的成熟將可注入下水道系統「智慧」的元素，使即時監控更落實（由點而線由線而面），網路連結資訊更迅速多元，也更普遍，若再經整合資料及大數據分析，經資訊公開及介接將成為無形之資產。未來利用智慧手機、平板及電腦配合網路可即時監控污水處理廠之操作營運，也可控管管網系統各個節點之水量及水質，同時亦可藉由空拍機以及地面電動機械車的行動偵測背景環境數據，如此全面之物聯網以及網路的連結將成為未來的趨勢。

近年來極端氣候的來臨非旱即澇，處於旱季時回收水再利用常成為媒體追逐的焦點，所幸政府已於民國 105 年完成再生水發展條例，未來依此原則逐步推展，配合使用者付費之精神以及自來水合理水費的調整，定能完成回收水再利用資源化之目標；至於遇逢澇季時，必須採用排水機制有效疏導雨水及污水，有鑑於下水道有雨水下水道及污水下水道兩種，理論上應各自蒐集各自排除及處理，惟囿於各管網設施施工技術及設備老舊以及未有效雨污分流的施作方式，於平日時尚可雨污水分離處理處置，然而當豪大雨時雨污合流的情形就相當明顯，其造成局部系統水阻滯流影響人孔設施氣沖及上浮現象與時俱增，未來配合不明水來源及分析可逐步落實改善，尤其當管線更新時必須嚴格執行雨污分流才是治本之道，惟多年來一些早期完成之系統應急治標之道，配合以往豪大雨及強降雨之歷史大數據資料完成 3D 模式保護系統操作模組必須儘速建立，否則每年徒手煉鋼，應急操作過了今年難保明年，尤甚者臺北市迪化污水處理廠之進流抽水站以及臺北近郊獅子頭污水抽水站應立即建模處置。

廠區的營運管理以及管網的定期維護，必須回復固有 real time 監控以及操作施工等之 APP、全程攝影；如前所述配合工業 4.0 的概念，網路的大量使用以及現場攝影機之連結，營運管理更為即時及可靠，現場人員每日操作維護以及施工都納入即時影像及 APP 管控，以往廠站代操作以及管網代維護影像將隨時介接至下水道管理模組，營運及維護顧問監造廠商隨時監控，若操作不善公部門廠站及管網維護人員可命令改善，同時可給予必要之懲處，相關資料可儲存半年以為後續稽核之參考，相信以此層層管控廠站操作以及管線維護將會眞正落實 SOP，操作正確率及設備妥善率將提高，資源得以有效運用。

大數據（Big data）時代的來臨也只是回復資料分析的理念，然而其運用更廣泛，疊層更多元，也與生活更息息相關，早期污水下水道系統可運用建設之參數及資料庫採用灰色模式及類神經網路、模糊理論等分析推估入出廠（Influent, effluent）水質及水量，未來由於下水道資料庫更豐富，網路連結更迅速更多元，其推估分析也將更準確，所欠缺者為輸入何種參數以及要達到何種推估分析結果，這有待持續分析及建立資料庫。

回顧臺北市之污水（衛生）下水道從民國 62 年成立，64 年開始執行迄今已經過 46 個年頭，從早期篳路藍縷摸索前進，接續政府經費全力投入，用戶接管普及率以每年約 3% 普及率快速成長，目前雖已達到成長遲緩期，整體污水處理率已達到 86.33%，位居全國首位，所轄管三座污水處理廠皆已操作多年面臨更新汰換以及擴建之階段，囿於機關已老化，前進以及革新之動能不足，近年曾遭遇組織改造縮編以及人員汰換之窘境，所幸在大環境環保意識仍存在的情形下，派用機關已蛻變為一般任用機關，新的組織亟需有革新之動能及佈局且新的廠站，如：民生及濱江水資源再生中心也已施工及規劃完成，持續進行中，同時配合前述中央政府組織改造銜接環資部之下水道及環境工程局之方向，期待有全新願景及使命，值此下水道觀念進階以及執行蛻變之時，吾人大膽創立下水道 2.0 版之觀念，其概念主要為結合節能減碳、資源回收永續發展、智慧科技、IOT 物聯網以及大數據資料分析，更甚者 3D 圖資多面向運用功能，使下水道從建設、營運、維護、更新長壽命化等與民眾息息相關及連結，舉例而言，民眾可以由政府入口網站及 APP 藉由手機及電腦介接至下水道建設營運管理模組，民眾所關心下水道收費資料、居家附近施工狀態即時攝影、所在區域動態水位狀態以及豪大強降雨時可能產生回流之情境都可由模組查詢得知以為因應，對於周遭人孔位置、管渠維護狀態亦能準確查詢，如此城市安全居家品質提升將能進一步得到確保。

總結而言，臺灣下水道建設已經過五期建設，目前第六期正執行中（110 至 115 年）值此組織改造之時，中央內政部營建署下水道工程處將調整為環境資源部之一環，未來將為此污水下水道建設百年大計確立前瞻的方向，同時在地方的臺北市工務局衛生下水道工程處持續扮演地方污水下水道執行龍頭的角色，奮力盤整及尋求方向及目標，兩個機關共同願景及使命，要為下水道之時代責任賦予明確道路，因此下水道 2.0 版應時應需而產生，這是從事下水道工作者所必須明瞭的，最後綜整前述概念及精神闡述下水道 2.0 版之目標如下：

一、既有污水下水道管線設施長壽命化與推動新建工程併進。

二、廠區節能減碳趨向碳中和、資源回收再利用及再生水建設，積極配合循環性經濟。

三、完成各個系統之管渠履歷資料並隨時更新。

四、新技術及智慧手機配合 IOT 之全面應用。

五、3D 圖資完妥建置配合各縣市之地下管線資料，辦理 VR（虛擬實境）以及 AR（擴增實境）施工及維護工作之試辦推行。

六、污水下水道系統大數據資料之分析與應用。

七、辦理雨污混流之緊急應變操作模式及模組，建構韌性系統。

八、污水下水道系統智慧化營運管理，以及雲端管理。

九、配合水環境提升之具體作爲。

十、污水下水道系統產業的再創新及擴大。

以上期勉吾輩污水下水道系統從業同仁及同業，齊心共同努力，爲這百年大計盤整再出發，創造全民福祉。

索引

十劃

十一劃

十二劃

十三劃

十四劃

十五劃

十六劃

十七劃

十八劃

十九劃

二十劃

二十一劃

二十三劃

二十四劃

二十五劃

國家圖書館出版品預行編目資料

環境微生物及生物處理／陳宏銘著. -- 三版.
-- 臺北市：五南圖書出版股份有限公司,
2021.09
面；　公分
ISBN 978-626-317-025-4（平裝）

1.環境微生物學　2.汙水處理

369　　110012387

5G32

環境微生物及生物處理

作　　者 — 陳宏銘（247.5）
發 行 人 — 楊榮川
總 經 理 — 楊士清
總 編 輯 — 楊秀麗
副總編輯 — 王正華
責任編輯 — 許子萱、張維文
封面設計 — 姚孝慈、王麗娟
出 版 者 — 五南圖書出版股份有限公司
地　　址：106台北市大安區和平東路二段339號4樓
電　　話：(02)2705-5066　　傳　　真：(02)2706-6100
網　　址：https://www.wunan.com.tw
電子郵件：wunan@wunan.com.tw
劃撥帳號：01068953
戶　　名：五南圖書出版股份有限公司
法律顧問　林勝安律師事務所　林勝安律師
出版日期　2015年 6 月初版一刷
　　　　　2018年10月二版一刷
　　　　　2021年 9 月三版一刷
定　　價　新臺幣420元